河合塾
SERIES

2025
年版

大学入試攻略
数学問題集

問題編

● 河合塾数学科 編 ●

河合出版

2025年版 大学入試攻略 数学問題集
問題編

CONTENTS

はじめに　—2025年度入試に向けて—

着実な1歩が未来を切り開く

　この問題集は，2024年度に行われた全国の大学入試問題に目を通し，その中から2025年度入試において役立ち，解くことによって得るものが多いと思われる問題を，基本的なものから発展的なものまで幅広く厳選して収録しています．各問題の解答は，練習を積めば受験生が試験場でも思いつきやすい標準的な解法を心掛けました．さらに，今後の学習につながるように，必要に応じて方針，別解，注，参考をつけています．今まで磨いてきた自分の数学力を試す材料として，夏以降の実戦的な力を身につけるための対策として，また，過去問に挑戦するまでに行う弱点補強として，是非活用してください．

　1題1題真剣に考えた時間は，大きな力になっていきます．2025年度の入試において，問題をひらいた瞬間，答まで辿り着く解答方針と明るい未来への道が開かれることを期待しています．

河合塾　数学科

（注）
- ・問題編はとりはずしが可能な別冊になっています．解答と照らし合わせて考えたいときに活用してください．
- ・問題番号の左上に＊印のついた問題は，実際の入試に若干の修正を加えています（穴埋め→記述式の変更も含む）．また，整数（数学A）は数学Ⅱ，Bの知識を必要とする問題があるため，そのような問題には問題番号の左下に△印をつけています．

本書を用いての学習アドバイス

利用法1　本番の入試のつもりで先入観を持たずに時間を計って解く．
復習のときに次のページに書かれている各問題のテーマを参考にして，自分が
持っている参考書などで理解を深めていくとよいでしょう．

利用法2　基本的な問題から始め，応用，発展へとつなげていく．
各問題に対して，次のページで大まかな目安をつけています．

◆　　「その分野の基本的な発想・知識・計算技術を学ぶのに適した問題」

　入試までに，確実に身につけたい基本事項が詰まった問題です．自分の力で
完答できるまで，何度も繰り返し練習しましょう．

◆◆　　「融合色のある実戦的な問題や，有名なテーマの問題」

　入試において，合否を決める問題です．なかには，例年よく出題される，経
験のあるなしで大きな差となる問題も含まれています．各分野で学んだ基本事
項をどのように応用していけばよいか，問題演習を通して習得しましょう．

◆◆◆　「思考力を鍛える問題や，高度な技法を用いる問題」

　難関大学の入試において差のつく問題です．なかには，受験勉強の総仕上げ
にふさわしい難問も含まれています．すぐに答えを見るのではなく時間をかけ
て自分自身で解法の糸口を見つける訓練をしましょう．

　ただし，◆が少ない問題が必ずしも易しいというわけではないので注意して
ください．

4

収録問題の概要

記号◆の意味については前ページを参照してください.

記号の隣に書かれている事柄は各問題のテーマです. この問題集の一題から広げて, 自分が使ってきたテキスト・参考書などで復習し, 問題ごとのつながりを考えることで理解を深め, 次の一題につなげてください.

6

数 学 I·A

1　$a = \dfrac{8}{3-\sqrt{5}} - \dfrac{1}{\sqrt{5}-2}$ とし，a の小数部分を b とする．

(1)　b の値を求めよ．

(2)　$2a^2 - b^3$ を超えない最大の整数を求めよ．

（名城大）

2　$\sqrt{11}$ が無理数であることを用いて，

$$p\sqrt{11} = q$$

となる有理数 p，q は，$p=0$，$q=0$ であることを示せ．さらに，$\sqrt{11}$ の小数部分を x と表すとき，

$$x^2 = ax + \dfrac{b}{x}$$

を満たす有理数 a，b を求めよ．

（三重大）

*3　a を実数とし，座標平面上の放物線 $y = x^2 + 2ax + 3a^2 - 8a$ を C とする．放物線 C は x 軸と異なる 2 点 P，Q で交わっているとする．

(1)　a のとり得る値の範囲を求めよ．また，PQ^2 を a を用いて表せ．

(2)　PQ が最大となる a の値を求めよ．このとき，放物線 C を，x 軸方向に 3，y 軸方向に b（b は実数の定数）だけ平行移動した放物線が原点を通るような b の値を求めよ．

（関西学院大）

4　2次関数 $f(x)=ax^2+2x+2a-1$（a は $a\neq0$ を満たす実数）がある.

(1)　$f(x)$ のとり得る値の範囲を a を用いて表せ.

(2)　2次方程式 $f(x)=0$ が実数解をもつとき, a のとり得る値の範囲を求めよ.

(3)　(2)のとき, $-1<x<2$ において $f(x)$ のとり得る値の範囲を a を用いて表せ.

（名城大）

*5　k を負の実数とし, x の2次方程式
$$x^2+(k+1)x+k^2+k-1=0 \qquad \cdots(*)$$
は実数解 α, β をもつとする.

(1)　$\alpha=\beta$ であるような k の値を求めよ. また, $\alpha\leq0\leq\beta$ であるような k の値の範囲を求めよ.

(2)　$-1<\alpha\leq\beta<1$ であるような k の値の範囲を求めよ.

（関西学院大）

6　x の方程式
$$x|x+1|-x=c$$
の異なる実数解の個数を定数 c の値により分けて求めよ.

（福島大）

7　三角形 ABC において, 各辺の長さが AB$=2x+2$, BC$=3x-2$, CA$=5$ であるとする.

(1)　x のとり得る値の範囲を求めよ.

(2)　$\cos A=\dfrac{3}{4}$ のとき, x の値を求めよ.

(3)　$\cos A=\dfrac{3}{4}$ のとき, 三角形 ABC の外接円の半径 R, および内接円の半径 r の値を求めよ.

（関西大）

8 三角形 ABC は，半径 $\dfrac{5}{2}$ の円に内接し，$\cos A = \dfrac{4}{5}$ であるとする．

(1) 辺 BC の長さを求めよ．

(2) 三角形 ABC の面積が 3 であり，AB＞AC が成り立つとき，辺 AB の長さを求めよ．

（南山大）

9 円に内接する四角形 ABCD があり，AB＝4，BC＝3，CD＝1，DA＝4 である．∠ABC＝θ とする．

(1) $\cos\theta$ の値および線分 AC の長さを，それぞれ求めよ．

(2) 線分 AC と線分 BD の交点を P とするとき，線分 AP の長さを求めよ．

（長崎大）

10 水平な地面に垂直に建つ塔がある．目の高さが 1.5m の人が，塔の先端の真下の地点 A から 25m 離れた地点 B で計測した塔の先端の仰角は θ であり，地点 A から 10m 離れた地点 C での仰角は 2θ であった．m を単位として塔の高さを小数第 1 位まで求めよ．ただし，小数第 2 位を四捨五入せよ．必要があれば，近似値として $\sqrt{2}=1.414$，$\sqrt{3}=1.732$，$\sqrt{5}=2.236$，$\sqrt{7}=2.646$ を用いよ．

（山梨大）

*11 四面体 ABCD において，AB＝AC＝AD＝7，BC＝5，CD＝7，DB＝8 とする．頂点 A から平面 BCD に下ろした垂線を AH とする．

(1) ∠CBD の大きさを求めよ．また，三角形 BCD の面積を求めよ．

(2) 線分 BH の長さを求めよ．

(3) 線分 AH の長さを求めよ．また，四面体 ABCD の体積を求めよ．

（立命館大）

*12 10 個の値

$$9, \ 10, \ 1, \ 2, \ 2, \ 8, \ 10, \ a, \ a+3, \ b$$

をもつデータがあり，その平均値は 6 である．

(1) b を a の式で表せ．

(2) $a, \ b$ が $a \leqq b$ を満たす整数であるとき，このデータの中央値が 7 となるような $a, \ b$ の値の組 $(a, \ b)$ の個数を求めよ．

（福岡大）

13 表 1 は，ある大学周辺のアパートの部屋について，広さ（単位：帖），通学時間（単位：分），家賃（単位：万円）をまとめたデータである．ただし，広さと通学時間の標準偏差の値は，小数第 4 位を四捨五入した値である．以下の問に答えよ．

番号	1	2	3	4	5	6	7	8	9	10	平均値	分散	標準偏差
広さ	8	9	9	11	10	9	10	12	a	b	10	1.6	1.265
通学時間	8	10	7	8	3	2	4	10	3	5	c	8	2.828
家賃	2.7	2.9	3.0	3.1	3.2	3.3	3.4	3.5	3.8	4.1	3.3	0.16	0.4

表 1：ある大学周辺のアパートの部屋の広さ，通学時間，家賃

(1) $a, \ b, \ c$ の値をそれぞれ求めよ．ただし，$a < b$ であるとする．

(2) 表 2 は，このデータについて共分散と相関係数を計算した結果をまとめたものである．ただし，相関係数の値は，小数第 4 位を四捨五入した値である．表 2 には，計算結果が明らかに間違っている数値が 1 つある．表中のどの数値かを指摘し，正しい数値を小数第 4 位を四捨五入した形で求めよ．

	広さと通学時間	広さと家賃	通学時間と家賃
共分散	0.3	0.37	-0.49
相関係数	0.084	1.170	-0.433

表 2：広さ，通学時間，家賃の共分散と相関係数

（福井大）

14 図のような格子状の道路において，最短距離で A 点から B 点まで行く道順を考える．以下の問に答えよ．

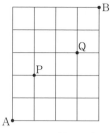

(1) 道順の総数は何通りあるか．

(2) P 点を通過する道順は何通りあるか．

(3) P 点も Q 点も通過しない道順は何通りあるか．

(鳥取大)

15 a, b, c をそれぞれ 1, 2, 3, 4, 5, 6, 7 のうちいずれか 1 つの数とする．ただし，a, b, c のうち，等しい数があってもよいこととする．以下の問に答えよ．

(1) $(b-a)(c-b)(a-c) \neq 0$ を満たす (a, b, c) は何通りあるか．

(2) $(b-a)(c-b) > 0$ を満たす (a, b, c) は何通りあるか．

(3) $(b-a)(c-b) < 0$ を満たす (a, b, c) は何通りあるか．

(4) $(b-a)(c-b)(a-c) > 0$ を満たす (a, b, c) は何通りあるか．

(岐阜大)

16 3 つの箱 A，B，C と，赤球 8 個，白球 30 個がある．この 38 個の球から 30 個選び，3 つの箱 A，B，C に 10 個ずつ入れるとき，次の問に答えよ．ただし，同じ色の球は区別しないものとする．

(1) どの箱にも少なくとも 1 個の赤球が入り，かつ，すべての赤球がいずれかの箱に入るような入れ方は何通りあるか．

(2) 入れ方は全部で何通りあるか．

(信州大)

17 半径 1 の円に内接する正三十六角形 K の頂点を P_0, P_1, $\cdots$, P_{35} とする. この 36 個の頂点から 4 つの頂点を選び, それらを結んで四角形を作る.

(1) 正方形は全部で [＿＿＿] 個できる. また, その正方形の面積は

[＿＿＿] である.

(2) 長方形は全部で [＿＿＿] 個できる.

(3) 正三十六角形 K とちょうど 2 辺を共有する四角形は, 全部で [＿＿＿]

個できる.

（東京医科大）

18 n を自然数とする. 以下の問に答えよ.

(1) 1 個のサイコロを投げて出た目が必ず n の約数となるような n で最小のものを求めよ.

(2) 1 個のサイコロを投げて出た目が n の約数となる確率が $\dfrac{5}{6}$ であるような n で最小のものを求めよ.

(3) 1 個のサイコロを 3 回投げて出た目の積が 20 の約数となる確率を求めよ.

（神戸大）

19 4人がじゃんけんで勝ち抜き戦を行う．ただし，グー，チョキ，パーを出す確率は4人ともすべて $\frac{1}{3}$ とする．1回目のじゃんけんであいこであるか，勝者が複数の場合に限り，1回目で負けた者を除いて2回目のじゃんけんを行うことにする．

(1) 1回目のじゃんけんで1人だけが勝つ確率は◻︎である．

(2) 1回目のじゃんけんで2人だけが勝つ確率は◻︎である．

(3) 1回目のじゃんけんであいこになる確率は◻︎である．

(4) 1回目のじゃんけんでちょうど2人が勝ち残り，勝った2人で2回目のじゃんけんを行って勝者が1人決まる確率は◻︎である．

(5) ちょうど2回目のじゃんけんで勝者が1人決まる確率は◻︎である．

(関西大)

20 n 個の異なる色を用意する．立方体の各面にいずれかの色を塗る．各面にどの色を塗るかは同様に確からしいとする．辺を共有するどの二つの面にも異なる色が塗られる確率を p_n とする．次の問に答えよ．

(1) p_3 を求めよ．

(2) p_4 を求めよ．

(京都大)

21 　数直線上を動く点 P がある. 点 P は，原点 O を出発して，1 枚の コインを 1 回投げるごとに，表が出たら数直線上を正の向きに 1 だけ進み， 裏が出たら数直線上を負の向きに 1 だけ進むものとする. コインの表が出る 確率と裏が出る確率はともに $\frac{1}{2}$ であるとし，コインを n 回投げ終えた時点で の点 P の座標を x_n とする. コインを 10 回投げるとき，以下の問に答えよ.

(1)　$x_{10} = 0$ となる確率を求めよ.

(2)　$x_5 \neq 1$ かつ $x_{10} = 0$ となる確率を求めよ.

(3)　$0 \leq x_n \leq 2$ $(n = 1, 2, \cdots, 9)$ かつ $x_{10} = 0$ となる確率を求めよ.

(岡山大)

22 青いさいころ 1 個と赤いさいころ 1 個を同時に振って出た目に応じて，原点を O とする座標平面上で点 A を進める以下のような試行 T を考える．

> ─ 試行 T ──────────
> 試行前の点 A の座標を (p, q) とする．青いさいころの目を b，赤いさいころの目を r で表すとき，点 A を $(p+(-1)^b, q+(-1)^r)$ に進める．

(1) 原点 O にいる A を，試行 T を 2 回繰り返して進める場合を考える．1 回目の試行 T がおわったときに，A がいることができる点の座標をすべて列挙すると [ ] である．さらに，2 回目の試行 T がおわったときに，A がいることができる点の座標をすべて列挙すると [ ] である．

(2) 原点 O にいる A を，試行 T を 2 回繰り返して進める場合を考える．2 回目の試行 T がおわったときに，A が原点 O にいる確率は [ ] である．2 回目の試行 T がおわったときに，A が y 軸上にいる確率は [ ] である．また，2 回目の試行 T がおわったときに，線分 OA のとり得る長さの最大値は [ ] であり，線分 OA の長さが最大値をとる確率は [ ] である．

(3) 原点 O にいる A を，試行 T を 4 回繰り返して進める場合を考える．4 回目の試行 T がおわったときに，A が原点 O にいる確率は [ ] である．

（京都薬科大・改）

23 赤玉が 2 個，白玉が 1 個入っている袋がある．さいころを投げ，3 の倍数の目が出たら白玉を 1 個，3 の倍数ではない目が出たら赤玉を 1 個，この袋の中に追加することにする．さいころを 2 回投げて袋の中に 2 個の玉を追加した後，よく混ぜ，袋の中から 3 個の玉を同時に取り出す．このとき，以下の問に答えよ．

(1) 袋から取り出した玉が 3 個とも白玉である確率を求めよ．

(2) 袋から取り出した玉が赤玉 2 個，白玉 1 個である確率を求めよ．

(3) 袋から取り出した玉が赤玉 2 個，白玉 1 個であったとき，袋の中に残っている 2 個の玉がどちらも白玉である確率を求めよ．

(福井大)

24 n を 4 以上の自然数とする．合計 $2n$ 本のくじがある．そのうち，「あたり」の本数が 6 であり，「はずれ」の本数が $2n-6$ である．この $2n$ 本のくじを無作為に赤箱と白箱にそれぞれ n 本ずつ入れる．$k=2$ または $k=3$ とし，2 つの箱のうち少なくとも一方に「あたり」がちょうど k 本入っている確率を $P(k, n)$ とする．このとき，次の問に答えよ．

(1) $k=3$，$n=6$ のときの確率 $P(3, 6)$ の値を求めよ．また，$k=2$，$n=6$ のときの確率 $P(2, 6)$ の値を求めよ．

(2) $k=2$ のときの確率 $P(2, n)$ を n を用いて表せ．

(3) $k=2$ とする．n が 4 以上の自然数として変化するとき，$\dfrac{P(2, n+1)}{P(2, n)}$ と 1 との大小関係に注目することによって，$P(2, n)$ が最大となるような n の値をすべて求めよ．

(同志社大)

25 n を 3 以上の奇数とする．円に内接する正 n 角形の頂点から無作為に相異なる 3 点を選んだとき，その 3 点を頂点とする三角形の内部に円の中心が含まれる確率 p_n を求めよ．

(一橋大)

26 四角形 ABCD は円に内接している．辺 AB の延長と辺 DC の延長の交点を P，2 つの線分 AC と BD の交点を Q とする．AB=1，BP=1，三角形 QDC の面積は三角形 QAB の面積の 4 倍である．

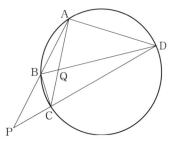

(1) 線分 PC の長さを求めよ．

(2) 三角形 QBC の面積は三角形 QAB の面積の何倍であるかを求めよ．

（産業医科大）

整数問題

27 次の問に答えよ.

(1) 自然数 m, n について, $2^m \cdot 3^n$ の正の約数の個数を求めよ.

(2) 6912 の正の約数のうち, 12 で割り切れないものの総和を求めよ.

（北海道大）

28 a, b はともに正の整数とし, $p = a^2 + b + 44$, $q = a^2 + 3b + 1$ とおく. 以下の問に答えよ.

(1) q は 3 の倍数ではないことを示せ.

(2) 2 つの数 p, q の一方は奇数であり, 他方は偶数であることを示せ.

(3) $pq = 2520$ となる a, b の組をすべて求めよ.

（奈良女子大）

29 次の問に答えよ.

(1) $(x+1)^5$ を展開せよ.

(2) p を素数, k を $0 < k < p$ を満たす自然数とするとき, $_pC_k$ は p の倍数であることを示せ. ただし, $_pC_k$ は p 個から k 個取る組合せの総数とする.

(3) p を素数, n を自然数とするとき, $n^p - n$ は p の倍数であることを, 数学的帰納法によって証明せよ.

（島根大）

30 (1) $x^2-9y^2+36y+20=0$ は，「平方完成」を利用することで，

$$\left(\boxed{\text{ア}}\,y-\boxed{}+x\right)\left(\boxed{}\,y-\boxed{}-x\right)=\boxed{}$$

と変形できるので，$x^2-9y^2+36y+20=0$ を満たす 0 以上の整数 x, y の組は，

$$(x,\ y)=(\boxed{},\ \boxed{}),\ (\boxed{},\ \boxed{}).$$

ただし，$\boxed{\text{ア}}>0$ とする.

(2) $x^2-3xy-6x+18y+14=0$ を x について解くと，

$$x=\frac{\boxed{}\,y+\boxed{}\pm\sqrt{\boxed{}\,y^2-\boxed{}\,y-\boxed{}}}{2}$$

となるので，$x^2-3xy-6x+18y+14=0$ を満たす 0 以上の整数 x, y の組は，

$$(x,\ y)=(\boxed{},\ \boxed{}),\ (\boxed{},\ \boxed{}),$$
$$(\boxed{},\ \boxed{}),\ (\boxed{},\ \boxed{}).$$

（久留米大）

31 $a,\ b,\ c,\ d$ はいずれも自然数で $a \leqq b \leqq c \leqq d$ とする.

(1) 等式 $\dfrac{1}{a}+\dfrac{1}{b}=\dfrac{1}{4}$ を満たす $a,\ b$ の組は

$$(a,\ b)=(\boxed{\quad ア \quad},\ \boxed{\qquad}),\ (\boxed{\quad イ \quad},\ \boxed{\qquad}),$$

$$(\boxed{\qquad},\ \boxed{\qquad})$$

である. ただし, $\boxed{\quad ア \quad} < \boxed{\quad イ \quad}$ とする.

(2) 等式 $\dfrac{1}{a}+\dfrac{1}{b}+\dfrac{1}{c}=\dfrac{2}{3}$ を満たす $a,\ b,\ c$ の組の総数は $\boxed{\qquad}$ である.

そのうち a が最大となる組は

$$(a,\ b,\ c)=(\boxed{\qquad},\ \boxed{\qquad},\ \boxed{\qquad})$$

であり, c が最大となる組は

$$(a,\ b,\ c)=(\boxed{\qquad},\ \boxed{\qquad},\ \boxed{\qquad})\ \text{である.}$$

(3) 等式 $\dfrac{1}{a}+\dfrac{1}{b}+\dfrac{1}{c}+\dfrac{1}{d}=1$ を満たす $a,\ b,\ c,\ d$ の組の総数は $\boxed{\qquad}$

である.

（東京理科大）

△**32** 素数を小さい順に並べて得られる数列を

$$p_1,\ p_2,\ \cdots,\ p_n,\ \cdots$$

とする.

(1) p_{15} の値を求めよ.

(2) $n \geqq 12$ のとき, 不等式 $p_n > 3n$ が成り立つことを示せ.

（大阪大）

33 自然数 $1, 2, 3, \cdots, n$ のうち，n と互いに素であるものの個数を $f(n)$ とする.

(1) 自然数 a, b, c および相異なる素数 p, q, r に対して，等式
$$f(p^a q^b r^c) = p^{a-1} q^{b-1} r^{c-1} (p-1)(q-1)(r-1)$$
が成り立つことを示せ.

(2) $f(n)$ が n の約数となる 5 以上 100 以下の自然数 n をすべて求めよ.

（大阪大）

34 n を自然数とし，
$$f(n) = n^4 + 3n^3 + 6n^2 + 76n + 76,$$
$$g(n) = n^3 + 2n^2 + 3n + 73$$
とおく. $f(n)$ と $g(n)$ が互いに素でない最小の n を n_0 とすると，$n_0 = \boxed{}$ であり，$f(n_0)$ と $g(n_0)$ の最大公約数は $\boxed{}$ である.

（名城大）

35 整数 n に対する不定方程式 $5x + 7y = n$ の整数解 (x, y) を考える. $n = 141$ のとき，$x > 0$ かつ $y > 0$ となる整数解は全部で $\boxed{}$ 組ある. また $x > 0$ かつ $y < 0$ かつ $x - y \leqq 48$ となる整数解がちょうど 3 組になる n のうち最大のものは $\boxed{}$ である.

（防衛医科大）

△**36** ある自然数を八進法，九進法，十進法でそれぞれ表したとき，桁数がすべて同じになった. このような自然数で最大のものを求めよ. ただし，必要なら次を用いてもよい.
$$0.3010 < \log_{10} 2 < 0.3011, \quad 0.4771 < \log_{10} 3 < 0.4772$$

（京都大）

37 (1) a, b, c を正の実数とする．このとき，不等式
$$a^2b^2+b^2c^2+c^2a^2 \geqq abc(a+b+c)$$
を証明せよ．また，等号が成り立つときの a, b, c の条件を求めよ．

(2) 鋭角三角形の3つの内角を A, B, C とおく．以下の問に答えよ．

(i) 等式
$$\tan A+\tan B+\tan C=\tan A \tan B \tan C$$
を証明せよ．

(ii) 不等式
$$\frac{1}{\tan A}+\frac{1}{\tan B}+\frac{1}{\tan C} \geqq \sqrt{3}$$
を証明せよ．また，等号が成り立つときの鋭角三角形の条件を求めよ．

(浜松医科大)

38 a, b, c を実数の定数とする．x についての整式 $A(x)$ と $B(x)$ を
$$A(x)=x^3-3ax^2+3bx+c, \quad B(x)=x^2-2ax+b$$
とおく．3次方程式 $A(x)=0$ は $x=-1$ を解にもつとし，$A(x)$ を $x+1$ で割った商を $Q(x)$ とする．以下の問に答えよ．

(1) $Q(x)$ を求めよ．また，c を a と b を用いて表せ．

(2) 方程式 $Q(x)=0$ が実数解をもつとき，方程式 $B(x)=0$ も実数解をもつことを示せ．

(3) 2つの方程式 $Q(x)=0$，$B(x)=0$ がともに $x=a+1$ を解にもつとき，定数 a の値を求めよ．

(群馬大)

39　m, n を正の整数とする．以下の問に答えよ．

(1)　$x^{3m}-1$ は x^3-1 で割り切れることを示せ．

(2)　x^n-1 を x^2+x+1 で割った余りを求めよ．

(3)　$x^{2024}-1$ を x^2-x+1 で割った余りを求めよ．

（岡山大）

40　a, b を実数とする．$x=2+i$ は方程式

$$x^3+ax^2+bx+10=0 \qquad \cdots(*)$$

の解である．a, b を求めよ．また，方程式 $(*)$ の解をすべて求めよ．ただし，i は虚数単位を表す．

（学習院大）

41　関数 $f(x)$ を

$$f(x)=x^4-3x^3+2x^2-3x+1$$

と定める．また，0 でない複素数 x に対して，$t=x+\dfrac{1}{x}$ とする．

(1)　$\dfrac{f(x)}{x^2}$ を t を用いて表せ．

(2)　$f(x)=0$ を満たす x をすべて求めよ．

（関西大・改）

42　a, b, c を実数とする．$x=a+b+c$, $y=bc+ca+ab$, $z=abc$ とおくとき，以下の問に答えよ．

(1)　$a^2+b^2+c^2$ を x, y を用いて表せ．

(2)　$a^3+b^3+c^3$ を x, y, z を用いて表せ．

(3)　次の等式を満たす実数 p, q, r は存在しないことを示せ．

$$\frac{1}{p}+\frac{1}{q}+\frac{1}{r}=\frac{1}{p^2}+\frac{1}{q^2}+\frac{1}{r^2}=\frac{1}{p^3}+\frac{1}{q^3}+\frac{1}{r^3}=1$$

（静岡大）

43 k を正の実数とし，直線 $l : y = 3x$ に関して点 A$(0,\ k)$ と対称な点 B の座標を $(p,\ q)$ とする．

直線 AB は直線 l に直交することから

$$q - k = \boxed{} p \qquad \cdots ①$$

が成り立つ．また，線分 AB の中点は直線 l 上にあることから

$$q + k = \boxed{} p \qquad \cdots ②$$

が成り立つ．①，②を連立させて $p,\ q$ について解くと，B の座標は k を用いて $\boxed{}$ と表されることがわかる．

点 C$(1,\ 4)$ をとる．線分 BC の長さは

$$\frac{1}{5}\sqrt{25k^2 - \boxed{}\,k + \boxed{}}$$

である．l 上の点 P を線分 AP と線分 CP の長さの和 AP+CP が最小となるように定める．AP+CP は $k = \boxed{}$ のとき最小となり，最小値は $\boxed{}$ である．

（関西大）

44 xy 平面上に，

円 $C : x^2 - 6x + y^2 - 4y + k = 0$ （k は $k < 13$ を満たす実数）

直線 $l : y = ax$ （a は $a > 0$ を満たす実数）

があり，C は x 軸と接しているものとする．次の問に答えよ．

(1) k の値を求めよ．

(2) C と l が接するとき，a の値を求めよ．

(3) C と l が 2 点 A，B で交わるとする．線分 AB の長さが $\sqrt{14}$ のとき，a の値を求めよ．

（名城大）

*45 平面上に，半径 1 の円 C_1，半径 4 の円 C_2，半径 r の円 C_3 と，3 本の直線 l_1, l_2, l_3 を，次の条件をすべて満たすように定める．

・円 C_1 は直線 l_1 に点 A で接し，直線 l_2 は A を通って直線 l_1 に直交する．

・円 C_2 は，中心が l_2 上にあり，かつ A とは異なる点で C_1 に外接している．

・円 C_3 は C_1, C_2 のどちらにも外接し，かつ l_1 に点 B で接する．

・直線 l_3 は，C_2 と C_3 の共通接線であり C_1 と共有点をもたない．

l_3 と l_1 の交点を D，l_3 と l_2 の交点を E とするとき，以下の問に答えよ．

(1) r の値を求めよ．また，線分 AB の長さを求めよ．

(2) 線分 AD，AE の長さをそれぞれ求めよ．

（関西医科大）

46 a, b, c は実数で，$a \neq 0$ とする．放物線 C と直線 l_1, l_2 をそれぞれ

$$C : y = ax^2 + bx + c$$
$$l_1 : y = -3x + 3$$
$$l_2 : y = x + 3$$

で定める．l_1, l_2 がともに C に接するとき，以下の問に答えよ．

(1) b を求めよ．また c を a を用いて表せ．

(2) C が x 軸と異なる 2 点で交わるとき，$\dfrac{1}{a}$ のとり得る値の範囲を求めよ．

(3) C と l_1 の接点を P，C と l_2 の接点を Q，放物線 C の頂点を R とする．a が(2)の条件を満たしながら動くとき，三角形 PQR の重心 G の軌跡を求めよ．

（神戸大）

47 実数 m に対し，2直線
$$l_1 : mx+y=m+1, \quad l_2 : x-my=2m-3$$
を考える．このとき，次の問に答えよ．

(1) l_1 と l_2 は垂直であることを示せ．

(2) 直線 l_1 は m の値によらないある1点を必ず通る．その点の座標を求めよ．

(3) m が正の実数全体を動くときの l_1 と l_2 の交点の軌跡を求め，図示せよ．

（香川大）

48 xy 平面において，連立不等式
$$x \leqq 6, \quad y \leqq 4, \quad 2x+7y+23 \geqq 0, \quad 7x+2y+13 \geqq 0$$
の表す領域を D とする．このとき，次の問に答えよ．

(1) 領域 D を図示せよ．

(2) 点 (x, y) が領域 D を動くとき，$3x+y$ がとる値の最大値および最小値と，そのときの x, y の値を求めよ．

(3) 点 (x, y) が領域 D を動くとき，x^2-2x+y がとる値の最大値および最小値と，そのときの x, y の値を求めよ．

（同志社大）

***49** O を原点とする座標平面上に2点 A$(-2, 4)$，B$(2, 6)$ があり，3点 O，A，B を通る円を C とする．また，直線 AB に関して円 C と対称な円を K とする．ただし，直線に関して対称な円とは，円の中心が直線に関して対称で，半径が等しい円のことをいう．

(1) 円 C の中心の座標を求めよ．

(2) 円 K の方程式を求めよ．

(3) 円 K およびその内部と直線 AB の上側の部分の共通部分を D とする．ただし，境界線を含む．点 (x, y) が領域 D 内を動くとき，$y-3x$ の最大値と最小値をそれぞれ求めよ．

（関西学院大）

28

50 ある業者は，三つの工場 A，B，C から廃棄物を回収し，その中に含まれる三つの金属 P，Q，R を取り出して新たな製品 K を作る．各工場の廃棄物から取り出される P，Q，R の量は以下の通りである．

・工場 A の廃棄物 10kg から P が 3kg，Q が 5kg，R が 1kg 取り出される．

・工場 B の廃棄物 10kg から P が 1kg，Q が 3kg，R が 2kg 取り出される．

・工場 C の廃棄物 10kg から P が 4kg，Q が 1kg，R が 1kg 取り出される．

また，P が 2kg と，Q が 2kg と，R が 1kg で製品 K が 1 個作られる．工場 A，B，C から合わせて 200kg の廃棄物が回収できるとき，製品 K をできるだけ多く作るには，工場 A から ☐ kg，工場 B から ☐ kg，工場 C から ☐ kg の廃棄物を回収すればよく，そのとき製品 K は ☐ 個作ることができる．

（慶應義塾大）

51 $0 \leqq x < 2\pi$ において，関数 $f(x) = 2\sin^2 x + 2\sqrt{3} \sin x \cos x + 4\cos^2 x$ を考える．$f(x)$ は $2x$ を用いて変形すると，

$$f(x) = \boxed{\text{ア}} \sin\left(2x + \boxed{\text{イ}}\right) + \boxed{\text{ウ}}$$

と表される．ただし，$0 \leqq \boxed{\text{イ}} < 2\pi$ とする．

このとき，$f(x)$ の最大値は $\boxed{\text{エ}}$ であり，最大値をとる x のなかで最も大きな値は $\boxed{\text{オ}}$ である．

また，a が実数であるとき，x についての方程式 $f(x) = a$ の異なる実数解が $0 \leqq x \leqq \dfrac{3}{2}\pi$ に3つあるような a の値の範囲は，$\boxed{\text{カ}}$ である．

（立命館大）

52 a を実数の定数とするとき，関数 $y = 2\cos 2\theta + 4\cos\theta + a + 3$ $(0 \leqq \theta < 2\pi)$ について，次の問に答えよ．

(1) $x = 2\cos\theta$ として，y を x の関数で表せ．

(2) 関数 y の最大値と最小値をそれぞれ求めよ．

(3) $a = 0$ のとき，$y = 0$ を満たす θ を求めよ．

(4) $y = 0$ を満たす θ の個数が2個であるとき，a のとり得る値の範囲を求めよ．

（秋田大）

*$\boldsymbol{53}$ θ は $|\theta| < \dfrac{\pi}{2}$ を満たすとする. $x = \tan\theta$ とおくと,

$$\frac{x}{x^2+1} = \frac{\boxed{}}{\boxed{}} \sin 2\theta \ \text{かつ} \ \frac{1}{x^2+1} = \frac{\boxed{}}{\boxed{}}(\cos 2\theta + 1) \ \text{であるので,}$$

$y = \dfrac{x^2 + 3x + 5}{x^2 + 1}$ とすると,

$$y = \frac{\boxed{}}{\boxed{}} \sin(2\theta + \alpha) + \boxed{}$$

と表せる. ただし, $\cos\alpha = \dfrac{\boxed{}}{\boxed{}}$, $\sin\alpha = \dfrac{\boxed{}}{\boxed{}}$ である. また, x が

$|x| \leqq 1$ の範囲を動くとき, θ のとり得る値の範囲は $|\theta| \leqq \dfrac{\pi}{\boxed{}}$ である.

よって, $|x| \leqq 1$ における y の最大値は $\dfrac{\boxed{}}{\boxed{}}$, 最小値は $\dfrac{\boxed{}}{\boxed{}}$ であ

る.

(慶應義塾大)

54 次の ☐ をうめよ. ③ と ④ は k を用いて表せ.

k を正の実数とする. 座標平面において, 傾きがそれぞれ k, $k(4k^2+3)$ である2直線のなす鋭角を2等分する直線 l の傾きを求める.

$\tan\alpha=k$, $\tan\beta=k(4k^2+3)$ となる角 α, β をとる $\left(0<\alpha<\dfrac{\pi}{2},\ 0<\beta<\dfrac{\pi}{2}\right)$.

このとき, l と x 軸のなす角を α, β で表せば ① となる.

$k\neq$ ② ならば $\tan(\alpha+\beta)=$ ③ なので, $\tan$ ① $=$ ④ が得られる.

$k=$ ② ならば $\tan\dfrac{\alpha}{2}=$ ⑤ , $\tan\dfrac{\beta}{2}=$ ⑥ なので,

$\tan$ ① $=$ ⑦ となる.

よって, いずれの場合も l の傾きは ④ で与えられる.

（関西大）

55 θ は $-\dfrac{\pi}{2}<\theta<\dfrac{\pi}{2}$ を満たす実数とし, $t=\tan\theta$ とおく. 以下の問に答えよ.

(1) $\cos 2\theta$ と $\sin 2\theta$ をそれぞれ t を用いて表せ.

(2) t が有理数であることは, $\cos 2\theta$ と $\sin 2\theta$ がともに有理数であるための必要十分条件であることを示せ.

（広島大）

56 a, b を実数とする．関数 $f(x) = a\sin^5 x + b\sin^3 x + 5\sin x$ について，以下の問に答えよ．

(1) $f(x) = \dfrac{a}{16}\sin 5x - \dfrac{5a+4b}{16}\sin 3x + \dfrac{5a+6b+40}{8}\sin x$ が成り立つことを示せ．

(2) $a \neq 16$ または $b \neq -20$ ならば $f(x)$ の周期が $\dfrac{2}{5}\pi$ にならないことを示せ．

（京都府立大）

57 (1) 等式
$$(\log_4 x)(\log_{\sqrt{2}}\sqrt{x}) - (\log_8 x^3)^2 + \log_2(8x^3) + 1 = 0$$
を満たす実数 x をすべて求めよ．

（学習院大）

(2) 不等式 $2\log_4(1-x) < 1 + \log_2 3 - \log_2(3-x)$ を満たす x の範囲は，$\boxed{}$ である．

（京都薬科大）

58 $y = 9^x + 9^{-x} + 3^x - 3^{-x} + 7$ とする．y の最小値を求めよ．

（名城大・改）

59 x の方程式
$$\log_3(x-2) = \log_9(2x^2 - 12x - a + 23)$$
を考える．$a = 5$ のとき，この方程式の解は $x = \boxed{}$ である．また，この方程式が異なる2つの実数解をもつとき，実数 a の値の範囲は $\boxed{}$ である．

（名城大）

60 ある市の 2022 年度のゴミの年間排出量は 10000 トンで，前年度（2021 年度）と比べると 4 ％の減少であった．毎年度この比率と同じ比率でゴミの年間排出量が減少すると仮定した場合，2024 年度におけるゴミの年間排出量を求めると， ☐ トンである．また，ゴミの年間排出量が 2022 年度以降で初めて 5000 トン以下となるのは ☐ 年度である．ただし，$\log_{10}2=0.3010$，$\log_{10}3=0.4771$ とする．

（南山大）

61 $\log_{10}2=0.3010$，$\log_{10}3=0.4771$ とする．このとき，2^n が 202 桁の整数となるような自然数 n の最大値は ☐ であり，このとき 2^n の最高位の数字は ☐ である．

（名城大）

62 以下の問に答えよ．必要ならば，$0.3<\log_{10}2<0.31$ であることを用いてよい．

(1) $5^n>10^{19}$ となる最小の自然数 n を求めよ．

(2) $5^m+4^m>10^{19}$ となる最小の自然数 m を求めよ．

（東京大）

63 関数 $f(x)=x^3-6x^2+9x-3$ について，次の問に答えよ．

(1) $y=f(x)$ の増減を調べ，極値を求めよ．また，そのグラフの概形をかけ．

(2) 実数 t に対して，$t \leqq x$ における $f(x)$ の最小値を $m(t)$ とするとき，$m(t)$ を求めよ．

(3) (2)で求めた $m(t)$ に対して，$m(t) \geqq t-3$ を満たすような t をすべて求めよ．

（静岡大）

64 $f(x)=\cos^3 x+\sin^3 x+\dfrac{1}{2}\cos x\sin x-\dfrac{1}{2}(\cos x+\sin x)$ とし,

$t=\cos x+\sin x$ とおく. 次の問に答えよ.

(1) x が実数全体を動くとき, t の最大値と最小値, およびそれらを与える x を求めよ.

(2) $f(x)$ を t の式として表せ.

(3) x が実数全体を動くとき, $f(x)$ の最大値と最小値を求めよ.

(名古屋市立大)

65 p を定数とし, 曲線 $y=x^3-px$ を C とおく. C 上の異なる 2 点 $\mathrm{P}(a,\ a^3-pa)$, $\mathrm{Q}(b,\ b^3-pb)$ における C の接線をそれぞれ $l,\ m$ とする. 次の問に答えよ.

(1) l の方程式を求めよ.

(2) m が P を通るとき, a を b を用いて表せ.

(3) m が P を通り, さらに l と m が直交しているとする. このとき, p のとり得る値の範囲を求めよ.

(関西大)

66 k を実数とする. $0\leqq\theta\leqq\dfrac{\pi}{2}$ のとき, θ についての方程式

$\sin 4\theta=k\cos\theta$ の実数解の個数を求めよ.

(岐阜大・改)

67 $f(x)=x^3-3a^2x+1$ （a は $a>1$ を満たす実数）とし，xy 平面上の曲線 $C:y=f(x)$ を考える．次の問に答えよ．

(1) $f(x)$ が極小となる C 上の点を P とする．P における C の接線と C の共有点のうち，P と異なるものを $Q(q, f(q))$ とする．このとき，q を a を用いて表せ．

(2) 方程式 $f(x)=0$ の実数解を小さい順に α, β, γ とする．このとき，$|\beta-a|$ と $|\gamma-a|$ の大小を比較せよ．

（名城大・改）

68 図1のように，底面が半径 a の円で高さが b の直円錐に内接する直円柱 C_1 を考える．C_1 の底面の半径を r_1 $(0<r_1<a)$ とする．以下の問に答えよ．

(1) C_1 の体積が最大となるとき，$r_1=\dfrac{2}{3}a$ となることを示せ．

(2) 図2のように底面が半径 r_1 の円で高さが b' の直円錐に内接する直円柱 C_2 を考える．C_1 と C_2 の体積の和が最大となるときの r_1 を，a を用いて表せ．

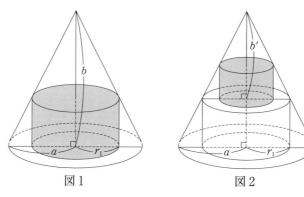

図1　　　　　図2

（京都府立大）

69 $f(x) = -\dfrac{\sqrt{2}}{4}x^2 + 4\sqrt{2}$ とおく. $0 < t < 4$ を満たす実数 t に対し, 座標平面上の点 $(t, f(t))$ を通り, この点において放物線 $y = f(x)$ と共通の接線をもち, x 軸上に中心をもつ円を C_t とする.

(1) 円 C_t の中心の座標を $(c(t), 0)$, 半径を $r(t)$ とおく. $c(t)$ と $\{r(t)\}^2$ を t の整式で表せ.

(2) 実数 a は $0 < a < f(3)$ を満たすとする. 円 C_t が点 $(3, a)$ を通るような実数 t は $0 < t < 4$ の範囲にいくつあるか.

(東京大)

70 等式

$$f(x) = 12x^2 + 6x\int_0^1 f(t)\,dt + 2\int_0^1 t f(t)\,dt$$

を満たす関数 $f(x)$ を求めよ.

(慶應義塾大)

71 a を $a > 0$ を満たす実数とし, $f(a) = \displaystyle\int_0^1 |x^3 - a^3|\,dx$ とおく.

$f(a)$ の増減を調べ, 最小値を求めよ.

(南山大・改)

*72 2つの放物線

$$C_1 : y = 2x^2, \quad C_2 : y = 2x^2 - 8x + 16$$

の両方に接する直線を l とする.

(1) l の方程式を求めよ.

(2) C_1, C_2, l の3つで囲まれた図形の面積を求めよ.

(九州大)

*73　a は実数とする．座標平面において，2つの2次関数
$$y=-x^2+a, \quad y=(x-a)^2$$
のグラフを考える．

　⑴　2つの関数のグラフが異なる2点で交わるような a の値の範囲を求めよ．

　⑵　⑴のとき，2つのグラフで囲まれる図形の面積 $S(a)$ の最大値を求めよ．

（信州大）

*74　座標平面上に放物線 $C:y=x^2$ と，C 上の点 $\mathrm{P}(p,\ p^2)$ がある（ただし，$p>0$）．P における C の接線に垂直で，P を通る直線を l とする．

　⑴　l の方程式を求めよ．

　⑵　l と C の共有点のうち，P と異なる点の x 座標を p を用いて表せ．

　⑶　l と C で囲まれる図形の面積を S とする．S が最小になるような p の値，および S の最小値を求めよ．

（南山大）

*75　xy 平面上の2つの曲線
$$C_1:y=ax(x-\alpha)^2, \quad C_2:y=-(x-\alpha)^2$$
を考える．ただし，$a,\ \alpha$ は $\alpha>0$，$\alpha a<-1$ を満たす実数とする．C_1 と x 軸で囲まれた図形の面積を S_1 とし，C_1 と C_2 で囲まれた図形の面積を S_2 とする．

　⑴　S_1 を $\alpha,\ a$ を用いて表せ．

　⑵　$\dfrac{S_2}{S_1}=\dfrac{1}{16}$ が成り立つとき，a を α を用いて表せ．

（名城大）

*76 曲線 $y=|x^2-1|$ を C，直線 $y=2a(x+1)$ を l とする．ただし，a は $0<a<1$ を満たす実数とする．

(1) C と l の共有点の x 座標をすべて求めよ．

(2) C と l で囲まれた 2 つの図形の面積が等しくなるような a の値を求めよ．

（大阪大）

*77 関数 $f(x)=\dfrac{x^3}{3\sqrt{3}}$ を考える．x 軸上の点 A$(a,\ 0)$ $(a>0)$ を中心とする円 C が，点 P$(\sqrt{3},\ 1)$ において，曲線 $D:y=f(x)$ に接している．ただし，2 つの曲線が接するとは，共有点をもち，その共有点で接線が一致することをいう．

(1) P における D の接線 l の方程式を求めよ．さらに，a の値を求めよ．

(2) C の $x\leqq a$ の部分と D と x 軸とで囲まれる図形の面積 S を求めよ．

（南山大）

78 座標平面上で，放物線 $C:y=ax^2+bx+c$ が 2 点 P$(\cos\theta,\ \sin\theta)$，Q$(-\cos\theta,\ \sin\theta)$ を通り，P，Q のそれぞれにおいて円 $x^2+y^2=1$ と共通の接線をもっている．ただし，$0°<\theta<90°$ とする．

(1) $a,\ b,\ c$ を $s=\sin\theta$ を用いて表せ．

(2) C と x 軸で囲まれた図形の面積 A を s を用いて表せ．

(3) $A\geqq\sqrt{3}$ を示せ．

（東京大）

数 学 B

79 数列 $\{a_n\}$ を，初項 $a_1=a$，公比 r の等比数列とし，この数列の初項から第 n 項までの和を S_n とする．次の問に答えよ．

(1) $a=8$，$r=5$ のとき，$S_k=1248$ となる自然数 k を求めよ．

(2) $a=6$ で，ある自然数 k に対し，$S_k=378$，$S_{2k}=24570$ であるとき，公比 r と k を求めよ．

(3) ある自然数 k に対し，$a_k=54$，$S_k=80$，$S_{2k}=6560$ であるとき，数列 $\{a_n\}$ の一般項を求めよ．

(金沢大)

*80 座標平面上に 3 点 O$(0,\ 0)$，A$(n,\ 3n)$，B$(10n,\ 0)$ がある．このとき，三角形 OAB の周および内部にある格子点 $(x,\ y)$ の個数を求めよ．

ただし，n は正の整数であり，座標平面上で，x 座標と y 座標がいずれも整数である点 $(x,\ y)$ を格子点という．

(兵庫医科大)

81 自然数からなる数列 $\{a_n\}$ を次のように群に分ける．

(i) 第 m 群には $(2m-1)$ 個の自然数が含まれる．

(ii) 第 m 群の k 番目の自然数は $m \cdot 2^{k-1}$ である．

ただし $m,\ k$ は自然数とする．つまり $\{a_n\}$ は

$$1\,|\,2,\ 4,\ 8\,|\,3,\ 6,\ 12,\ 24,\ 48\,|\,4,\ \cdots\cdots$$

と表される．第 m 群のすべての自然数の和を T_m とする．

(1) a_{70} を求めよ．

(2) $a_n=24$ となる n をすべて求めよ．

(3) T_m を m を用いて表せ．

(4) 第 1 群から第 m 群までのすべての自然数の和 $S_m=\displaystyle\sum_{i=1}^{m}T_i$ を m を用いて表せ．

(名古屋工業大)

82 次の条件によって定められる数列 $\{a_n\}$ について考える.

$$a_1=3, \quad a_{n+1}=3a_n-\frac{3^{n+1}}{n(n+1)} \quad (n=1,\ 2,\ 3,\ \cdots)$$

(1) $b_n=\dfrac{a_n}{3^n}$ とおくとき,b_{n+1} を b_n と n の式で表せ.

(2) 数列 $\{a_n\}$ の一般項を求めよ.

(北海道大)

83 次の条件によって定められる数列 $\{a_n\}$ の一般項を求めよ.

$$a_1=0, \quad a_{n+1}+a_n=2n^2 \quad (n=1,\ 2,\ 3,\ \cdots)$$

(北海道大)

84 次のように定められる各項が正の数である数列 $\{a_n\}$ を考える.

$$a_1=100, \quad \left(\frac{a_{n+1}}{a_n}\right)^{n^2+n}=10 \quad (n=1,\ 2,\ 3,\ \cdots)$$

次の問に答えよ.

(1) $\log_{10} a_n=b_n$ とおく.$b_{n+1}-b_n$ を n の式で表せ.

(2) 一般項 b_n を求め,さらに一般項 a_n を求めよ.

(3) $a_n \geqq 800$ となる最小の自然数 n を求めよ.ただし,$\log_{10} 2=0.3010$ とする.

(関西大)

*85 数列 $\{a_n\}$ の初項から第 n 項までの和を S_n とし,

$$\begin{cases} a_1=\dfrac{2}{3},\ a_2=2 \\ S_{n+2}-4S_{n+1}+3S_n=0 \quad (n=1,\ 2,\ 3,\ \cdots) \end{cases}$$

が成り立つとする.

(1) 数列 $\{S_n\}$ の一般項を求めよ.

(2) 数列 $\{a_n\}$ の一般項を求めよ.

(宮城教育大)

86　n が自然数のとき，$3^{n+1}+7^n$ が 4 の倍数であることを証明せよ．

（愛媛大）

87　次の条件によって定められる数列 $\{a_n\}$ を考える．
$$a_1=2,\quad a_{n+1}=a_n{}^2+a_n+1\quad (n=1,\ 2,\ 3,\ \cdots)$$
(1)　a_n-2 は 5 で割り切れることを証明せよ．
(2)　$a_n{}^2+1$ は 5^n で割り切れることを証明せよ．

（上智大）

88　座標平面上の，x 軸に接する円 C_0，C_1，C_2，$\cdots$ を，(i)から(iii)のように定める．

(i)　円 C_0 は，$x^2+(y-1)^2=1$ とする．

(ii)　円 C_1 は，y 軸に接し，中心 P_1 の x 座標が正であり，C_0 と外接する．

(iii)　$n=2,\ 3,\ 4,\ \cdots$ のとき，円 C_n は，2 つの円 C_0，C_{n-1} の両方と外接し，かつ，x 軸および C_0，C_{n-1} に囲まれた領域に含まれる．

$n=1,\ 2,\ 3,\ \cdots$ のとき，円 C_n の中心 P_n の x 座標を a_n とする．このとき，次の問に答えよ．

(1)　$X>0$ とする．点 $P(X,\ Y)$ を中心とする円 C は，x 軸に接し，C_0 と外接する．このとき，Y を X を用いて表せ．

(2)　a_1 の値を求めよ．

(3)　$n=1,\ 2,\ 3,\ \cdots$ のとき，a_{n+1} を a_n を用いて表せ．

(4)　$n=1,\ 2,\ 3,\ \cdots$ のとき，a_n の逆数を b_n とする．b_{n+1} を b_n を用いて表せ．

(5)　数列 $\{a_n\}$ の一般項を求めよ．

（同志社大）

89 一方の面が白，他方の面が黒く塗られたカードが4枚机の上にある．4枚のカードのうち2枚は表の面（見えている面）が白，残り2枚は表の面が黒である．4枚のカードのうち2枚のカードを無作為に選び裏返す．これを1回の試行とする．

この試行を n 回繰り返したとき，表の面が白であるカードと黒であるカードが2枚ずつとなる確率を a_n，表の面がすべて白となる確率を b_n，表の面がすべて黒となる確率を c_n とする．このとき，次の問に答えよ．

(1) a_1, b_1, c_1 を求めよ．

(2) a_2, b_2, c_2 を求めよ．

(3) a_{n+1} を a_n で表せ．

(4) a_n を求めよ．

（立命館大）

90 箱 A には玉が1個入っており，箱 B，箱 C には玉が入っていない．次の試行を行う．1個のさいころを投げ，次の(a), (b)に従って玉を操作する．

(a) 箱 A または箱 B に玉が入っている場合，

・1または2の目が出たときには，箱 A と箱 B のうち玉が入っている方の箱から玉が入っていない方の箱に玉を移動させる．

・3または4または5の目が出たときには玉を箱 C に移動させる．

・6の目が出たときには玉を移動させない．

(b) 箱 C に玉が入っている場合，出た目によらず玉を移動させない．

このとき，次の問に答えよ

(1) この試行を n 回行ったとき，箱 A または箱 B に玉が入っている確率を求めよ．

(2) この試行を n 回行ったとき，箱 A に玉が入っている確率を p_n とする．試行を n 回行ったとき，箱 B に玉が入っている確率を p_n, n の式で表せ．

(3) p_{n+1} を p_n, n の式で表せ．

(4) $2^n p_n = q_n$ とおく．数列 $\{q_n\}$ の一般項を求めよ．

（関西大）

91 $\{a_n\}$ と $\{b_n\}$ を
$$(2+\sqrt{3})^n = a_n + \sqrt{3}\,b_n \quad (n=1,\ 2,\ 3,\ \cdots)$$
を満たす自然数の数列とする．このとき，次の問に答えよ．

(1) すべての自然数 n に対して，$(2-\sqrt{3})^n = a_n - \sqrt{3}\,b_n$ が成り立つことを示せ．

(2) 数列 $\{c_n\}$ を $c_n = \dfrac{a_n}{b_n} - \sqrt{3}\ (n=1,\ 2,\ 3,\ \cdots)$ により定める．このとき，すべての自然数 n に対して，$c_n > c_{n+1}$ が成り立つことを示せ．

（宮崎大）

92 平面上の異なる4点 A，B，C，P は等式 $\overrightarrow{AP}+3\overrightarrow{BP}+2\overrightarrow{CP}=\vec{0}$ を満たすとする．このとき，

$$\overrightarrow{AP} = \frac{\boxed{}\overrightarrow{AB} + \boxed{}\overrightarrow{AC}}{\boxed{}}$$

である．また，三角形 ABP，三角形 BCP，三角形 CAP の面積をそれぞれ S_1，S_2，S_3 とすると，

$$\frac{S_2}{S_1} = \frac{\boxed{}}{\boxed{}}, \quad \frac{S_3}{S_1} = \frac{\boxed{}}{\boxed{}}$$

である．

（東京理科大）

93 三角形 OAB が，$|\overrightarrow{OA}|=3$，$|\overrightarrow{AB}|=5$，$\overrightarrow{OA}\cdot\overrightarrow{OB}=10$ を満たしているとする．三角形 OAB の内接円の中心を I とし，この内接円と辺 OA の接点を H とする．

(1) 辺 OB の長さを求めよ．

(2) $\overrightarrow{OI}$ を $\overrightarrow{OA}$ と $\overrightarrow{OB}$ を用いて表せ．

(3) $\overrightarrow{HI}$ を $\overrightarrow{OA}$ と $\overrightarrow{OB}$ を用いて表せ．

（北海道大）

94 平面上の三角形 OAB において，OA＝1 とする．辺 OA を 2：3 に内分する点を M，辺 OB を 1：2 に内分する点を N とし，線分 AN と線分 BM の交点を P とする．ベクトル $\overrightarrow{OP}$ を $\overrightarrow{OA}$ と $\overrightarrow{OB}$ を用いて表すと，$\overrightarrow{OP}=\boxed{}$ である．また，三角形 ABP の外接円の中心を E とし，直線 OA と直線 OB が三角形 ABP の外接円に接しているとする．このとき，$\overrightarrow{OE}$ と $\overrightarrow{OA}$ の内積の値は $\overrightarrow{OE}\cdot\overrightarrow{OA}=\boxed{}$ であり，$\overrightarrow{OA}$ と $\overrightarrow{OB}$ の内積の値は $\overrightarrow{OA}\cdot\overrightarrow{OB}=\boxed{}$ である．

（同志社大）

95 2 点 A($\vec{a}$)，B($\vec{b}$) が条件 $2|\vec{a}|=3|\vec{b}|\neq0$ を満たし，$\vec{a}$ と $\vec{b}$ のなす角は 60° である．このとき，直線 AB 上にあり，原点 O($\vec{0}$) から最も近い点 P($\vec{p}$) について，$\vec{p}$ を $\vec{a}$ と $\vec{b}$ を用いて表せ．

（兵庫医科大）

96 三角形 ABC の辺 BC の中点を M とする．M から辺 AB，辺 AC に垂線を下ろし，交点をそれぞれ D，E とする．$\overrightarrow{AD}=3\overrightarrow{DB}$，$\overrightarrow{AE}=2\overrightarrow{EC}$ が成り立っている．$\vec{b}=\overrightarrow{AB}$，$\vec{c}=\overrightarrow{AC}$ とおく．

(1) $\overrightarrow{MD}$ を $\vec{b}$，$\vec{c}$ を用いて表せ．

(2) $\overrightarrow{ME}$ を $\vec{b}$，$\vec{c}$ を用いて表せ．

(3) 三角形 ABC の 3 辺 AB，BC，CA の長さの比 AB：BC：CA を求めよ．

（北海道大）

97 平面上に $\overrightarrow{OA}+\overrightarrow{OB}+\overrightarrow{OC}=\vec{0}$，$|\overrightarrow{OA}|=5$，$|\overrightarrow{OB}|=4$，$|\overrightarrow{OC}|=6$ を満たす 3 つのベクトル $\overrightarrow{OA}$，$\overrightarrow{OB}$，$\overrightarrow{OC}$ がある．このとき，次の間に答えよ．

(1) 内積 $\overrightarrow{OA}\cdot\overrightarrow{OB}$ の値を求めよ．

(2) 三角形 ABC の面積を求めよ．

（愛知医科大）

98 平面上の2つのベクトル $\vec{a}$, $\vec{b}$ は, $|\vec{a}|=2$, $|\vec{b}|=1$, および $\vec{a}\cdot\vec{b}=1$ を満たすとする. k を定数とし, 2点 Q$(2k\vec{a}+\vec{b})$, R$(-3\vec{b})$ を直径の両端とする円を C, 点 S$(-4\vec{b})$ を通り $\vec{a}$ に平行な直線を l とする. このとき, 次の問に答えよ.

(1) 円 C の半径 r を k を用いて表せ.

(2) 直線 l が円 C と共有点をもつとき, k のとり得る値の範囲を求めよ.

(信州大)

99 平面上に三角形 ABC を考え, その重心を G とする. 以下の問に答えよ.

(1) 等式 $\overrightarrow{GA}+\overrightarrow{GB}+\overrightarrow{GC}=\vec{0}$ が成り立つことを示せ.

(2) 平面上の任意の点 P に対して, 次の等式が成り立つことを示せ.
$$|\overrightarrow{PA}|^2+|\overrightarrow{PB}|^2+|\overrightarrow{PC}|^2=3|\overrightarrow{PG}|^2+|\overrightarrow{GA}|^2+|\overrightarrow{GB}|^2+|\overrightarrow{GC}|^2$$

(3) 次の等式が成り立つことを示せ.
$$|\overrightarrow{GA}|^2+|\overrightarrow{GB}|^2+|\overrightarrow{GC}|^2=\frac{|\overrightarrow{AB}|^2+|\overrightarrow{BC}|^2+|\overrightarrow{CA}|^2}{3}$$

(4) 三角形 ABC の外接円の半径を R とするとき, 次の不等式が成り立つことを示せ.
$$R^2\geqq\frac{|\overrightarrow{AB}|^2+|\overrightarrow{BC}|^2+|\overrightarrow{CA}|^2}{9}$$

(岡山大)

100 平行六面体 OAGB−CDEF において, 辺 OA を $t:1-t$ に内分する点を I, 辺 OB の中点を J, 辺 BF の中点を K とする. ただし, $0<t<1$ とする.

3点 I, J, K を通る平面が辺 DE と共有点をもつのは, $\boxed{}\leqq t<1$ のときである.

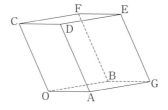

(慶應義塾大・改)

*__101__ 空間内に四面体 ABCD と点 P があり，等式
$\overrightarrow{AP}+3\overrightarrow{BP}+2\overrightarrow{CP}+6\overrightarrow{DP}=\vec{0}$ を満たすとする．また，3 点 B, C, D を通る平面 BCD と直線 AP の交点を Q とし，直線 DQ と直線 BC の交点を R とする．このとき，

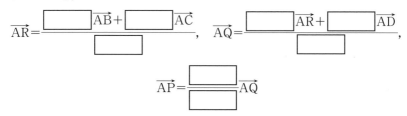

$$\overrightarrow{AR}=\frac{\boxed{}\overrightarrow{AB}+\boxed{}\overrightarrow{AC}}{\boxed{}}, \quad \overrightarrow{AQ}=\frac{\boxed{}\overrightarrow{AR}+\boxed{}\overrightarrow{AD}}{\boxed{}},$$

$$\overrightarrow{AP}=\frac{\boxed{}}{\boxed{}}\overrightarrow{AQ}$$

である．また，四面体 ABRQ，四面体 PBQD，四面体 PRCQ，四面体 ACDQ の体積をそれぞれ，V_1, V_2, V_3, V_4 とすると，

$$\frac{V_2}{V_1}=\frac{\boxed{}}{\boxed{}}, \quad \frac{V_3}{V_1}=\frac{\boxed{}}{\boxed{}}, \quad \frac{V_4}{V_1}=\frac{\boxed{}}{\boxed{}}$$

である．

（東京理科大）

__102__ 座標空間において，点 $(-1, 0, 0)$ を通りベクトル
$\vec{a}=(0, 1, 1)$ に平行な直線上の点と，点 $(0, 0, 4)$ を通りベクトル
$\vec{b}=(1, 2, 0)$ に平行な直線上の点の距離の最小値は $\boxed{}$ である．

（立教大）

103 四面体 OABC において, 点 P, Q, R は, それぞれ辺 OA, OB, OC を 1：1, 2：1, 3：1 の比に内分する. 点 C と三角形 PQR の重心 G を通る直線が平面 OAB と交わる点を H とする. ベクトル $\overrightarrow{OA}$, $\overrightarrow{OB}$, $\overrightarrow{OC}$ をそれぞれ $\vec{a}$, $\vec{b}$, $\vec{c}$ とおく.

(1) $\overrightarrow{OH}$ を, $\vec{a}$, $\vec{b}$ で表せ.

さらに, $\vec{a}\cdot\vec{b}=3$, $\vec{a}\cdot\vec{c}=1$, $\vec{b}\cdot\vec{c}=9$, $|\vec{c}|=\sqrt{3}$ であり, 直線 CH が平面 OAB に直交しているとする.

(2) $|\vec{a}|$, $|\vec{b}|$ を求めよ.

(3) 三角形 OAB の面積を求めよ.

(4) 四面体 OABC の体積を求めよ.

（横浜国立大）

104 座標空間に四面体 OABC があり, 頂点の座標がそれぞれ O(0, 0, 0), A(1, 2, 1), B(2, 1, 2), C(−2, 0, 2) であるとする. 以下の問に答えよ.

(1) 点 O から平面 ABC へ下した垂線を OH とするとき, 点 H の座標を求めよ.

(2) 四面体 OABC の体積を求めよ.

（愛知教育大・改）

105 四面体 OABC において, OA＝2, OB＝1, OC＝3, ∠AOB＝60°, ∠AOC＝∠BOC＝90° とする. ∠AOB の二等分線と線分 AB との交点を D, 三角形 OAC の重心を G とし, 線分 OA の中点を M, 線分 BM の中点を N とする. また, 3 点 O, C, D を通る平面を α とする. $\overrightarrow{OA}=\vec{a}$, $\overrightarrow{OB}=\vec{b}$, $\overrightarrow{OC}=\vec{c}$ とおくとき, 以下の問に答えよ.

(1) $\overrightarrow{OD}$, $\overrightarrow{OG}$ を $\vec{a}$, $\vec{b}$, $\vec{c}$ を用いて表せ.

(2) 線分 BM は平面 α と直交し, 点 N は平面 α 上にあることを示せ.

(3) 点 P が平面 α 上を動くとき, MP＋PG の最小値を求めよ.

（福井大）

106　空間に 3 点 O(0, 0, 0), A(1, 2, 2), B(1, −3, −2) をとり,
点 P は $|\overrightarrow{OP}|=5$, $|\overrightarrow{AP}|=4$ を満たしながら動くとする. また, 点 A を通り
$\overrightarrow{OA}$ に垂直な平面を α とする. 次の問に答えよ.

(1)　∠OAP を求めよ.

(2)　点 B から平面 α に下ろした垂線と平面 α との交点を H とする. 点 H
の座標を求めよ.

(3)　$|\overrightarrow{BP}|$ を最小とする点 P の座標を求めよ.

（名城大）

107　座標空間において, 3 点 A(1, 0, 0), B(0, −1, 0),
C(0, 0, −2) の定める平面を α とし, 方程式
$x^2+y^2+z^2+2x-10y+4z+21=0$ が表す球面を S とする. 次の問に答えよ.

(1)　球面 S の中心 P の座標と S の半径を求めよ.

(2)　実数 s, t に対して, 点 D を $\overrightarrow{AD}=s\overrightarrow{AB}+t\overrightarrow{AC}$ を満たすようにとる.
このとき, D の座標を s, t を用いて表せ.

(3)　点 Q が平面 α 上を動き, 点 R が球面 S 上を動くとき, Q と R の距離
の最小値を求めよ. また, そのときの Q と R の座標をそれぞれ求めよ.

（新潟大）

108　座標空間の 4 点 O, A, B, C は同一平面上にないとする. 線分
OA の中点を P, 線分 AB の中点を Q とする. 実数 x, y に対して, 直線
OC 上の点 X と, 直線 BC 上の点 Y を次のように定める.

$$\overrightarrow{OX}=x\overrightarrow{OC}, \quad \overrightarrow{BY}=y\overrightarrow{BC}$$

このとき, 直線 QY と直線 PX がねじれの位置にあるための x, y に関す
る必要十分条件を求めよ.

（京都大）

109 袋の中に −1, 0, 1 が書かれたカードがそれぞれ1枚, 1枚, m 枚入っている. ただし, m は自然数である. この袋の中から無作為に2枚同時に取り出す. 取り出されたカードに書かれた数をそれぞれ X, Y とする. ただし, $X \leq Y$ とする.

(1) $m = 2$ のとき, 確率 $P(X \geq 0)$ を求めよ.

(2) $m = 9$ のとき, 確率 $P(Y = 1)$ を求めよ.

(3) XY の期待値 $E(XY)$ が正となるような m のうち, 最小のものを求めよ.

（鹿児島大）

110   ある町の中学校 1 年生の 50 メートル走における所要時間（単位は秒）は，母平均 m，母分散 1 の正規分布に従うものとする．

高校生の花子さんと太郎さんは，この母集団から無作為に何人かを抽出して，母集団の調査をそれぞれ行った．

表 1 は，花子さんが 10 人の生徒（A，B，C，…，J）を無作為に抽出したときの各自の所要時間（測定値）を示している．以下の問に答えよ．必要に応じて，次のページの正規分布表を用いてもよい．

表 1

生徒	A	B	C	D	E	F	G	H	I	J
測定値（秒）	9.0	9.0	8.0	8.0	9.0	9.0	10.0	9.0	10.0	x

（x は正の実数）

(1) 花子さんが選んだ 10 人の生徒のうち，J を除いた 9 人の標本の平均 m_1 と分散 $S_1{}^2$ を，それぞれ求めよ．

(2) 花子さんが選んだ (1) の 9 人の測定値の標本を用いて，母平均 m に対する信頼度 95 ％の信頼区間を，小数第 3 位を四捨五入して求めよ．

(3) 花子さんが選んだ 10 人の標本の平均 m_2 と分散 $S_2{}^2$ を，x を用いてそれぞれ表せ．また，$8 \leqq x \leqq 10$ のとき，平均 m_2 と分散 $S_2{}^2$ のとり得る値の範囲を，それぞれ求めよ．

(4) 太郎さんは，花子さんとは別に 4 人の生徒を無作為に抽出して調べることとした．母平均 $m=8$ のとき，4 人の標本の平均が 9 秒以上となる確率を，小数第 3 位を四捨五入して求めよ．

（長崎大）

正 規 分 布 表

次の表は，標準正規分布の分布曲線における右図の
灰色部分の面積の値をまとめたものである。

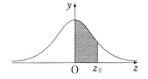

z_0	0.00	0.01	0.02	0.03	0.04	0.05	0.06	0.07	0.08	0.09
0.0	0.0000	0.0040	0.0080	0.0120	0.0160	0.0199	0.0239	0.0279	0.0319	0.0359
0.1	0.0398	0.0438	0.0478	0.0517	0.0557	0.0596	0.0636	0.0675	0.0714	0.0753
0.2	0.0793	0.0832	0.0871	0.0910	0.0948	0.0987	0.1026	0.1064	0.1103	0.1141
0.3	0.1179	0.1217	0.1255	0.1293	0.1331	0.1368	0.1406	0.1443	0.1480	0.1517
0.4	0.1554	0.1591	0.1628	0.1664	0.1700	0.1736	0.1772	0.1808	0.1844	0.1879
0.5	0.1915	0.1950	0.1985	0.2019	0.2054	0.2088	0.2123	0.2157	0.2190	0.2224
0.6	0.2257	0.2291	0.2324	0.2357	0.2389	0.2422	0.2454	0.2486	0.2517	0.2549
0.7	0.2580	0.2611	0.2642	0.2673	0.2704	0.2734	0.2764	0.2794	0.2823	0.2852
0.8	0.2881	0.2910	0.2939	0.2967	0.2995	0.3023	0.3051	0.3078	0.3106	0.3133
0.9	0.3159	0.3186	0.3212	0.3238	0.3264	0.3289	0.3315	0.3340	0.3365	0.3389
1.0	0.3413	0.3438	0.3461	0.3485	0.3508	0.3531	0.3554	0.3577	0.3599	0.3621
1.1	0.3643	0.3665	0.3686	0.3708	0.3729	0.3749	0.3770	0.3790	0.3810	0.3830
1.2	0.3849	0.3869	0.3888	0.3907	0.3925	0.3944	0.3962	0.3980	0.3997	0.4015
1.3	0.4032	0.4049	0.4066	0.4082	0.4099	0.4115	0.4131	0.4147	0.4162	0.4177
1.4	0.4192	0.4207	0.4222	0.4236	0.4251	0.4265	0.4279	0.4292	0.4306	0.4319
1.5	0.4332	0.4345	0.4357	0.4370	0.4382	0.4394	0.4406	0.4418	0.4429	0.4441
1.6	0.4452	0.4463	0.4474	0.4484	0.4495	0.4505	0.4515	0.4525	0.4535	0.4545
1.7	0.4554	0.4564	0.4573	0.4582	0.4591	0.4599	0.4608	0.4616	0.4625	0.4633
1.8	0.4641	0.4649	0.4656	0.4664	0.4671	0.4678	0.4686	0.4693	0.4699	0.4706
1.9	0.4713	0.4719	0.4726	0.4732	0.4738	0.4744	0.4750	0.4756	0.4761	0.4767
2.0	0.4772	0.4778	0.4783	0.4788	0.4793	0.4798	0.4803	0.4808	0.4812	0.4817
2.1	0.4821	0.4826	0.4830	0.4834	0.4838	0.4842	0.4846	0.4850	0.4854	0.4857
2.2	0.4861	0.4864	0.4868	0.4871	0.4875	0.4878	0.4881	0.4884	0.4887	0.4890
2.3	0.4893	0.4896	0.4898	0.4901	0.4904	0.4906	0.4909	0.4911	0.4913	0.4916
2.4	0.4918	0.4920	0.4922	0.4925	0.4927	0.4929	0.4931	0.4932	0.4934	0.4936
2.5	0.4938	0.4940	0.4941	0.4943	0.4945	0.4946	0.4948	0.4949	0.4951	0.4952
2.6	0.4953	0.4955	0.4956	0.4957	0.4959	0.4960	0.4961	0.4962	0.4963	0.4964
2.7	0.4965	0.4966	0.4967	0.4968	0.4969	0.4970	0.4971	0.4972	0.4973	0.4974
2.8	0.4974	0.4975	0.4976	0.4977	0.4977	0.4978	0.4979	0.4979	0.4980	0.4981
2.9	0.4981	0.4982	0.4982	0.4983	0.4984	0.4984	0.4985	0.4985	0.4986	0.4986
3.0	0.4987	0.4987	0.4987	0.4988	0.4988	0.4989	0.4989	0.4989	0.4990	0.4990

*111 関数 $f(x)=xe^x$ $(x>0)$ の逆関数を $g(x)$ とする.

$g\left(\dfrac{\sqrt{e}}{2}\right),\ g'\left(\dfrac{\sqrt{e}}{2}\right)$ の値をそれぞれ求めよ.

ただし,e は自然対数の底である.

(東京医科大)

112 i を虚数単位とし,複素数

$$\alpha=\cos\dfrac{2\pi}{15}+i\sin\dfrac{2\pi}{15}$$

を考える.

(1) α^5 の値を求めよ.

(2) $1+\alpha^3+\alpha^6+\alpha^9+\alpha^{12}=0$ を示せ.

(3) $(1-\alpha)(1-\alpha^4)+(1-\alpha^7)(1-\alpha^{13})$ の値を求めよ.

(大阪公立大)

113 $b,\ c$ は実数で $c>0$ とする.4 次方程式 $x^4+bx^2+c^2=0$ について,次の問に答えよ.

(1) 異なる 4 つの虚数解をもつための b と c の条件を求めよ.

(2) (1)で求めた条件の下で,二重根号を用いずに 4 つの解を表せ.

(3) (2)で求めた 4 つの解が,複素数平面上の同一円周上にあるための b と c の条件を求めよ.

(4) (2)で求めた 4 つの解が,複素数平面上の同一直線上に等間隔に並ぶための b と c の条件を求めよ.

(大阪公立大)

114 整式

$$f(z)=z^6+z^4+z^2+1$$

について，次の問に答えよ.

(1) $f(z)=0$ を満たすすべての複素数 z に対して，$|z|=1$ が成り立つことを示せ.

(2) 次の条件を満たす複素数 w をすべて求めよ.

条件：$f(z)=0$ を満たすすべての複素数 z に対して
$f(wz)=0$ が成り立つ.

(九州大)

115 3つの複素数の組 (z_1, z_2, z_3) が $z_1z_2z_3 \neq 0$ および次の ①，②，③ をすべて満たすとする.

$$z_1=z_2+\overline{z}_3 \cdots①, \quad z_2=\overline{z}_1z_3 \cdots②, \quad z_3=\frac{z_1}{z_2} \cdots③$$

ただし，$\overline{z}_1$，$\overline{z}_3$ はそれぞれ z_1，z_3 の共役複素数を表す.

(1) z_2 が実数であることを示せ.

(2) z_1 が実数である (z_1, z_2, z_3) の組をすべて求めよ.

(3) z_1 が実数でない (z_1, z_2, z_3) の組をすべて求めよ.

(北海道大)

116 複素数平面において，i を虚数単位とするとき，次の問に答えよ.

(1) $z+i\overline{z}=1+i$ を満たす複素数 z の全体の集合と $|z|=|z-\alpha|$ を満たす複素数 z の全体の集合が等しいとき，複素数 α を求めよ.

(2) 複素数 z が $z+i\overline{z}=1+i$ を満たすとき，3点 0，$\frac{1}{z}$，$\frac{1+\sqrt{3}\,i}{2z}$ を3頂点とする三角形の面積の最大値を求めよ.

(3) 複素数 z が $z+i\overline{z}=1+i$ を満たすとき，3点 3，$\frac{1}{z}$，$\frac{1}{z}+1+i$ を3頂点とする三角形の面積の最小値を求めよ.

(秋田大)

117 実数 x, y と虚数単位 i を用いて表される複素数 $z=x+yi$ に対して，z の絶対値を $|z|$ で表す．

(1) 複素数平面上の領域

$$E=\left\{z\left|\left|\frac{z-1-i}{z+1+i}\right|\leqq 1\right.\right\}$$

を複素数平面上に図示せよ．

(2) 複素数平面上の領域

$$D=\{z\,|\,|z-\sqrt{2}-\sqrt{6}\,|\leqq 2\}$$

を考える．また，複素数 $\alpha=\dfrac{-\sqrt{2}+\sqrt{6}\,i}{4}$ と領域 D を用いて領域 D' を次式で定義する．

$$D'=\{z\,|\,z=\alpha w,\ w\in D\}.$$

領域 D' と(1)の領域 E の共通領域の面積を求めよ．

（九州大・改）

118 α を，$|\alpha|<1$ を満たす複素数とする．$\overline{\alpha}z\neq 1$ となる複素数 z に対して，

$$w=\frac{\alpha-z}{1-\overline{\alpha}z}$$

と定める．ただし，$\overline{\alpha}$ は α の共役複素数を表す．

(1) z が $|z|=\dfrac{1}{3}$ を満たしながら動くとき，w の描く図形 D を求め，$\alpha=\dfrac{1}{2}$ のとき，D を複素数平面に図示せよ．

(2) α が $|\alpha|=\dfrac{1}{2}$ を満たしながら動くとき，(1)で求めた図形 D が通過する範囲 E を求め，E を複素数平面に図示せよ．

（横浜国立大）

119 複素数平面において，点 1 を中心とする半径 $\sqrt{2}$ の円を C とする．次の問に答えよ．

(1) 円 C 上の点 z に対し，点 $-\dfrac{1}{z}$ も円 C 上にあることを示せ．

(2) 円 C 上の点 z に対し，$w=z+\dfrac{1}{z}$ とする．複素数 w, z は

$$|w-2|=\frac{2}{|z|}$$

を満たすことを示せ．

(3) 円 C 上の点 z に対し，(2)で定めた複素数 w は

$$|w-2||w+2|=4$$

を満たすことを示せ．

(広島大)

120 $\displaystyle\lim_{x\to a}\dfrac{x^3-x^2+(2a-3)x+b}{x^2-(a-1)x-a}=3$ が成り立つように，定数 a, b の値を定めよ．

(信州大)

121 c を正の定数とし，数列 $\{a_n\}$ を初項 1，公比 $1+c$ の等比数列とする．

(1) d を正の定数とする．$S_n=\displaystyle\sum_{k=1}^{n}\dfrac{a_k}{(1+d)^k}$ を求めよ．

(2) (1)の数列 $\{S_n\}$ が収束するための必要十分条件を述べ，そのときの極限値を求めよ．

(東京理科大)

122

半径 1，中心 O の円 C がある．2 つの円 C_1 と C_2 が次の 2 つの条件を満たすとする．

・C_1 と C_2 はどちらも C に内接する．

・C_1 と C_2 は互いに外接する．

円 C_1，C_2 の中心をそれぞれ D，E とし，半径をそれぞれ p，q とする．$\theta = \angle$DOE とおく．

(1) q を p と θ を用いて表せ．

(2) p を固定する．θ が 0 に近づくとき，$\dfrac{q}{\theta^2}$ の極限値を求めよ．

さらに，円 C_3 が次の 2 つの条件を満たすとする．

・C_3 と C_1 は半径が等しい．

・C_3 は C に内接し，C_1，C_2 のどちらとも外接する．

このとき

(3) $p = \sqrt{2} - 1$ のとき，q の値を求めよ．

(4) θ が 0 に近づくとき，$\dfrac{q}{p}$ の極限値を求めよ．

（千葉大）

123

関数 $f(x)$ は実数全体で定義されており，$x \leqq 2$ において

$$\frac{2}{3} - \frac{1}{3}x \leqq f(x) \leqq 2 - x$$

を満たしているものとする．数列 $\{a_n\}$ は漸化式

$$a_{n+1} = a_n + f(a_n)$$

を満たしているものとする．

(1) $a_1 \leqq 2$ ならば，すべての自然数 n に対して $a_1 \leqq a_n \leqq 2$ となることを証明せよ．

(2) $a_1 \leqq 2$ ならば，a_1 の値によらず $\lim\limits_{n \to \infty} a_n = 2$ となることを証明せよ．

（慶應義塾大）

124 自然数 k に対して，$a_k = 2^{\sqrt{k}}$ とする．n を自然数とし，a_k の整数部分が n 桁であるような k の個数を N_n とする．また，a_k の整数部分が n 桁であり，その最高位の数字が 1 であるような k の個数を L_n とする．次を求めよ．

$$\lim_{n \to \infty} \frac{L_n}{N_n}$$

ただし，例えば実数 2345.678 の整数部分 2345 は 4 桁で，最高位の数字は 2 である．

（京都大）

125 すべての実数 x で定義された関数 $f(x) = |x|^3$ について，その第 2 次導関数 $f''(x)$ が $x = 0$ で微分可能でないことを示せ．

（信州大）

126 a を正の定数とする．関数 $f(x) = \left(x - \dfrac{1}{3}\right)\sqrt{x-a}$ の増減，極値，および，曲線 $y = f(x)$ の凹凸，変曲点を調べ，そのグラフをかけ．

（宮城教育大）

*127 a を正の定数とし，関数 $f(x) = \sqrt{x^2+a} + \dfrac{1}{\sqrt{x^2+a}}$ を考える．

$f'(x) = \dfrac{\boxed{}}{(x^2+a)^{\frac{3}{2}}}$ であるので，$f(x)$ が極大値をもつための条件は

$0 < a < \boxed{}$ であり，そのときの $f(x)$ の極大値は $\boxed{}$，極小値は

$\boxed{}$ である．

（愛知医科大）

128 四角形 ABCD の 3 辺の長さが AB＝BC＝CD＝1 であり，4 点 A，B，C，D は同一円周上にあるとする．∠ABC＝$\theta \left(\dfrac{\pi}{3} < \theta < \pi \right)$ とおく．以下の問に答えよ．

(1) ∠BCD＝θ を示せ．

(2) AD を θ を用いて表せ．

(3) 四角形 ABCD の面積 S を θ を用いて表せ．さらに，S の最大値およびそのときの θ の値を求めよ．

（奈良女子大）

129 a を実数とする．曲線 $y＝\log x$ の法線で，点 $(3,\ a)$ を通るようなものの本数を求めよ．

（神戸大）

*130 p, q を $p \leqq q$ を満たす正の実数とする．x の関数 y が，媒介変数 t を用いて，

$$x = \frac{\cos t}{p}, \quad y = \frac{\sin t}{q}$$

で表されるとする．ただし，$0 < t < \dfrac{\pi}{2}$ とする．$\dfrac{dy}{dx}$ は p, q, t を用いて

\boxed{} と表される．この媒介変数表示が表す曲線を C とする．曲線 C 上の $t = \theta \left(0 < \theta < \dfrac{\pi}{2} \right)$ に対応する点 $Q\left(\dfrac{\cos \theta}{p}, \ \dfrac{\sin \theta}{q} \right)$ における接線と x 軸との交点を $A(x_0, 0)$，y 軸との交点を $B(0, y_0)$ とする．このとき p, q, θ を用いて

$$x_0 = \frac{1}{\boxed{}}, \quad y_0 = \frac{1}{\boxed{}}$$

と表される．したがって，2 点 A，B 間の距離 L は θ の関数となる．そこで $L^2 = f(\theta)$ とおく．このとき $f(\theta)$ は開区間 $\left(0, \ \dfrac{\pi}{2} \right)$ で微分可能である．

θ_0 を $f'(\theta_0) = 0$ を満たす実数とするとき $\dfrac{\sin \theta_0}{\cos \theta_0}$ を p, q を用いて表すと

\boxed{} である．これより $\cos \theta_0 = \boxed{}$，$\sin \theta_0 = \boxed{}$ であり，L の最小値を p, q を用いて表すと \boxed{} である．

（立命館大）

131 $x \geqq 2$ を満たす実数 x に対し, $f(x) = \dfrac{\log(2x-3)}{x}$

とおく. 必要ならば, $\displaystyle\lim_{t \to \infty} \dfrac{\log t}{t} = 0$ であること, および, 自然対数の底 e が $2 < e < 3$ を満たすことを証明なしで用いてもよい.

(1) $f'(x) = \dfrac{g(x)}{x^2(2x-3)}$ とおくとき, 関数 $g(x)$ $(x > 2)$ を求めよ.

(2) (1)で求めた関数 $g(x)$ に対し, $g(\alpha) = 0$ を満たす 2 以上の実数 α がただ 1 つ存在することを示せ.

(3) 関数 $f(x)$ $(x \geqq 2)$ の増減と極限 $\displaystyle\lim_{x \to \infty} f(x)$ を調べ, $y = f(x)$ $(x \geqq 2)$ のグラフの概形を xy 平面上に描け. ただし, (2)の α を用いてよい. グラフの凹凸は調べなくてよい.

(4) $2 \leqq m < n$ を満たす整数 m, n の組 (m, n) に対して, 等式

$$(*) \quad (2m-3)^n = (2n-3)^m$$

が成り立つとする. このような組 (m, n) をすべて求めよ.

(東北大)

132 e を自然対数の底とし, a, b を実数の定数とする. 座標平面内の曲線

$$C : y = f(x) = \dfrac{e^{x-a} + e^{-x+a}}{2} + b$$

および直線

$$L : y = g(x) = x$$

について, 次の問に答えよ.

(1) $h(x) = f(x) - g(x)$ とおく. 極限 $\displaystyle\lim_{x \to \infty} h(x)$ と $\displaystyle\lim_{x \to -\infty} h(x)$ を求めよ. 必要ならば, $\displaystyle\lim_{x \to \infty} \dfrac{x}{e^x} = 0$ が成り立つことを用いてよい.

(2) C と L が接するための a, b の条件を求めよ.

(3) C と L が相異なる 2 点で交わるための a, b の条件を求めよ.

(大阪医科薬科大)

133 自然数 n に対して，関数 $f_n(x)$ を

$$f_n(x) = 1 - \frac{1}{2}e^{nx} + \cos\frac{x}{3} \quad (x \geqq 0)$$

で定める．ただし，e は自然対数の底である．

(1) 方程式 $f_n(x) = 0$ は，ただ1つの実数解をもつことを示せ．

(2) (1)における実数解を a_n とおくとき，極限値 $\lim_{n \to \infty} a_n$ を求めよ．

(3) 極限値 $\lim_{n \to \infty} n a_n$ を求めよ．

（大阪大）

134 $\log$ を自然対数，e をその底とする．次の問に答えよ．

(1) 定積分 $\displaystyle\int_0^{\sqrt{3}} \log(1+x^2)\,dx$ を求めよ．

(2) 等式

$$\int_{-\sqrt{3}}^{\sqrt{3}} \frac{\log(1+x^2)}{1+e^x}\,dx = \int_{-\sqrt{3}}^{\sqrt{3}} \frac{e^x \log(1+x^2)}{1+e^x}\,dx$$

が成り立つことを示せ．

(3) 定積分 $\displaystyle\int_{-\sqrt{3}}^{\sqrt{3}} \frac{\log(1+x^2)}{1+e^x}\,dx$ を求めよ．

（大阪公立大）

135 次の等式を満たす関数 $f(x)$ を求めよ．

$$f(x) = x + \int_0^\pi f(t)\cos(x+t)\,dt$$

（信州大）

136

自然数 $m,\ n$ に対して

$$I(m,\ n)=\int_1^e x^m e^x (\log x)^n\, dx$$

とする. 以下の問に答えよ.

(1) $I(m+1,\ n+1)$ を $I(m,\ n+1)$, $I(m,\ n)$, m, n を用いて表せ.

(2) すべての自然数 m に対して, $\displaystyle\lim_{n\to\infty} I(m,\ n)=0$ が成り立つことを示せ.

(九州大)

137

$0\leq x\leq 1$ の範囲で関数

$$f(x)=\int_1^e |x-\log t|\, dt$$

を考える. ただし, e は自然対数の底を表す.

(1) $f(x)$ を求めよ.

(2) x が $0\leq x\leq 1$ の範囲を動くとき, $f(x)$ の最小値と最小値を与える x の値を求めよ.

(学習院大)

138

2つの曲線 $C_1: y=xe^{-x}$, $C_2: y=xe^{-x}\sin x$ がある. 以下の問に答えよ.

(1) 2つの不定積分 $\displaystyle\int e^{-x}\sin x\, dx$, $\displaystyle\int e^{-x}\cos x\, dx$ を求めよ.

(2) 不定積分 $\displaystyle\int xe^{-x}\sin x\, dx$ を求めよ.

(3) $0\leq x\leq 3\pi$ において, C_1 と C_2 は3つの異なる共有点をもつ. この共有点のうち, C_1 と C_2 が接する点の座標を求めよ.

(4) $0\leq x\leq 3\pi$ において, C_1, C_2 で囲まれた2つの部分の面積の和を求めよ.

(京都府立大)

139　曲線 $y=\dfrac{1}{2}(e^x-e^{-x})$ を C とする.

次の問に答えよ.

(1)　C 上の原点 $(0,\ 0)$ における接線の方程式を求めよ.

(2)　C の凹凸を調べて, C の概形を描け.

(3)　C と y 軸および直線 $y=1$ で囲まれる図形の面積 S を求めよ.

(4)　直線 $y=x$ に関して C と対称な曲線を D とする. C と D および直線 $x=1$ で囲まれる図形の面積 T を求めよ.

（関西大）

140　関数 $f(x)=x\cos x$ について, 以下の問に答えよ.

(1)　n を整数とする. 点 $(2n\pi,\ f(2n\pi))$ における曲線 $y=f(x)$ の接線の方程式は, n の値によらず $y=x$ であることを示せ.

(2)　$0\leqq x\leqq 2\pi$ の範囲において, 直線 $y=x$ と曲線 $y=f(x)$ とで囲まれた部分の面積 S を求めよ.

(3)　$0\leqq x\leqq\dfrac{\pi}{2}$ において, 関数 $I(x)$ を

$$I(x)=\int_{x}^{3x}f(t)\,dt$$

と定める. $I(x)$ が最大値をとる x の値を α とするとき, $\cos\alpha$ の値を求めよ.

（福井大）

141 固定された直線に円が接しながら滑ることなく回転するときに，円周上の定点が描く曲線をサイクロイドというが，その類似として，固定された半円に線分が接しながら滑ることなく回転するときに，線分上の定点が描く曲線を考える．すなわち，xy 平面の単位円 $x^2+y^2=1$ の $y\geqq0$ の部分にある半円を C とし，長さ π の線分 AB が半円 C に接しながら滑らずに動くとする．始めに点 A は $(1,\ 0)$，点 B は $(1,\ \pi)$ の位置にあり，点 B が $(-1,\ 0)$ に到達したときに動きを止めるものとし，この間に点 A が描く xy 平面上の曲線を L とする，次の問に答えよ．

(1) 不定積分 $\displaystyle\int\theta\sin a\theta\,d\theta$ と $\displaystyle\int\theta^2\cos a\theta\,d\theta$ をそれぞれ求めよ．ただし，a は正の定数とする．

(2) 半円 C と線分 AB の接点が $(\cos\theta,\ \sin\theta)$ $(0\leqq\theta\leqq\pi)$ のときの点 A の座標を求めよ．

(3) 曲線 L と x 軸および直線 $x=-1$ で囲まれた部分の面積 S を求めよ．

（大阪公立大）

142 以下の問に答えよ．

(1) 定積分 $\displaystyle\int_0^{\sqrt2}\sqrt{2-x^2}\,dx$ および $\displaystyle\int_1^{\sqrt2}\sqrt{2-x^2}\,dx$ を求めよ．

(2) 円 $x^2+(y-1)^2=2$ で囲まれた図形が x 軸のまわりに1回転してできる回転体の体積を求めよ．

（岐阜薬科大）

143 O を原点とする座標平面上に放物線 $C : y = x - x^2$ がある．C 上の点 $P\left(\dfrac{1}{2}, \dfrac{1}{4}\right)$ における C の接線を l，$Q(1, 0)$ における C の接線を m とする．l と y 軸，m と y 軸の交点をそれぞれ R，S とする．

(1) l，m の方程式をそれぞれ求めよ．

(2) C の $0 \leqq x \leqq 1$ の部分と，2 つの線分 QS，OS で囲まれた図形の面積 A を求めよ．

(3) C の $0 \leqq x \leqq 1$ の部分と，線分 OQ で囲まれた図形を，x 軸のまわりに 1 回転させてできる立体の体積 V_1 を求めよ．

(4) C の $0 \leqq x \leqq \dfrac{1}{2}$ の部分と，2 つの線分 PR，OR で囲まれた図形を，y 軸のまわりに 1 回転させてできる立体の体積 V_2 を求めよ．

(5) C の $0 \leqq x \leqq 1$ の部分と，線分 OQ で囲まれた図形を，y 軸のまわりに 1 回転させてできる立体の体積 V_3 を求めよ．

（立教大）

144 $f(x) = \sqrt{x+2}$ とする．関数 $y = f(x)$ のグラフを C_1，その逆関数 $y = f^{-1}(x)$ のグラフを C_2 とする．

(1) $f^{-1}(x)$ を求めよ．

(2) C_1 と C_2 の共有点の座標を求めよ．

(3) C_1，C_2 および x 軸で囲まれた部分の面積を求めよ．

(4) 直線 $y = x$，C_2 および y 軸で囲まれた部分を，x 軸のまわりに 1 回転してできる立体の体積を求めよ．

（札幌医科大）

145 座標平面上で，線分 $S : x+y=1$ $(0 \leqq x \leqq 1)$ と曲線 $C : \sqrt{x}+\sqrt{y}=1$ で囲まれた図形 D を考える．S 上に点 $(0, 1)$ からの距離が t となる点 P をとる．このとき，$0 \leqq t \leqq \sqrt{2}$ である．また，点 P を通り，直線 $x+y=1$ と垂直に交わる直線を l とする．以下の問に答えよ．

(1) 直線 l の方程式を t を用いて表せ．

(2) 直線 l と曲線 C の交点を Q とする．線分 PQ の長さを t を用いて表せ．

(3) 図形 D を直線 $x+y=1$ のまわりに 1 回転してできる回転体の体積を求めよ．

（岡山大）

146 $0 < t < 1$ とし，$y = \sin x$ $(0 \leqq x \leqq t)$ で定まる曲線を C とする．点 $P(t, \sin t)$ を通り y 軸と平行な直線を l_1，P を通り x 軸と平行な直線を l_2 とする．l_1，x 軸，C で囲まれる図形が x 軸のまわりに 1 回転してできる立体の体積を $V(t)$ とする．l_2，y 軸，C で囲まれる図形が y 軸のまわりに 1 回転してできる立体の体積を $W(t)$ とする．このとき，次の問に答えよ．ただし，必要ならば

$$\lim_{t \to 0} \left(\frac{\cos t}{t^2} - \frac{\sin t}{t^3} \right) = -\frac{1}{3}$$

を用いてもよい．

(1) $V(t)$ を求めよ．

(2) $W(t)$ を求めよ．

(3) 極限 $\displaystyle \lim_{t \to +0} \frac{W(t)}{\pi t^2 \sin t}$ を求めよ．

（北海道大）

147　xy 平面上において，以下の媒介変数表示をもつ曲線を C とする．

$$\begin{cases} x = \sin t + \dfrac{1}{2}\sin 2t \\[2mm] y = -\cos t - \dfrac{1}{2}\cos 2t - \dfrac{1}{2} \end{cases}$$

ただし，$0 \leqq t \leqq \pi$ とする．

(1)　y の最大値，最小値を求めよ．

(2)　$\dfrac{dy}{dt} < 0$ となる t の範囲を求め，C の概形を xy 平面上に描け．

(3)　C と y 軸で囲まれる部分を y 軸のまわりに 1 回転してできる立体の体積 V を求めよ．

（早稲田大）

148　座標空間内に 3 点 A(1, 0, 0)，B(0, 1, 0)，C(0, 0, 1) をとり，D を線分 AC の中点とする．三角形 ABD の周および内部を x 軸のまわりに 1 回転させて得られる立体の体積を求めよ．

（東京大）

149　n は自然数とし，a は $0 < a \leqq 1$ を満たす定数とする．$I_n = \dfrac{1}{n!}\displaystyle\int_0^a (a-x)^n e^x \, dx$ とおく．ただし，e は自然対数の底である．

(1)　I_1 を求めよ．

(2)　極限 $\displaystyle\lim_{n \to \infty} I_n$ を求めよ．

(3)　I_{n+1} を I_n を用いて表せ．

(4)　(3)までの結果を用いて，無限級数 $\displaystyle\sum_{n=1}^{\infty} \dfrac{a^n}{n!}$ の和を求めよ．

（群馬大）

150 媒介変数 θ を用いて表された曲線

$$x=2\sqrt{2}\cos\theta, \quad y=\frac{1}{2}\sin2\theta \quad \left(0\leqq\theta\leqq\frac{\pi}{2}\right)$$

に対して，次の問に答えよ．

(1) x の値の範囲を求め，y を x の式で表せ．

(2) (1)で得られた関数 y の増減・凹凸を調べ，曲線の概形を描け．

(3) x 軸と曲線で囲まれた部分の面積を求めよ．

(4) 曲線の長さを求めよ．

（大阪教育大）

151 座標平面上を運動する点 P の座標 (x, y) が時刻 t の関数として

$$x=3\cos^3 2t, \quad y=3\sin^3 2t$$

と表されているとする．次の問に答えよ．

(1) 時刻 t における点 P の速度ベクトル $\overrightarrow{v}=\left(\dfrac{dx}{dt}, \dfrac{dy}{dt}\right)$ を求めよ．

(2) 時刻 t における点 P の速さ $|\overrightarrow{v}|$ を求めよ．

(3) 時刻 $t=0$ から $t=\dfrac{\pi}{3}$ までに点 P が動く道のり L を求めよ．

（名城大）

152 座標平面上に点 A(1, 0) がある. 原点を O とし, 0 より大きい整数 n に対して点 P_k $(k=1, 2, \cdots, n)$ の座標を $\left(0, \dfrac{k}{n}\right)$ とする. このとき, 以下の問に答えよ.

(1) 三角形 AOP_k の外接円の面積を b_k としたとき, $\displaystyle\lim_{n\to\infty}\sum_{k=1}^{n}\dfrac{b_k}{n}$ はいくらか.

(2)(i) 実数 x について, $\sqrt{x^2+1}+x=t$ とおいたとき, $\sqrt{x^2+1}$ を t で表せ.

(ii) 定積分 $\displaystyle\int_0^1 \sqrt{x^2+1}\,dx$ の値を求めよ.

(3) 三角形 AOP_k の内接円の半径を c_k としたとき, $\displaystyle\lim_{n\to\infty}\sum_{k=1}^{n}\dfrac{c_k}{n}$ はいくらか.

(防衛医科大)

*153 2点 $A(-\sqrt{7}, 0)$, $B(\sqrt{7}, 0)$ を焦点とし, 焦点からの距離の差が 2 である双曲線の漸近線を l とする.

(1) l の方程式を求めよ.

(2) l と傾きが同じで y 切片が k である直線が, 2 点 A, B を焦点とし, 焦点からの距離の和が $4\sqrt{2}$ である楕円に接するとき, k の値を求めよ.

(関西大)

*154 座標平面の第 1 象限の点 (X, Y) において楕円 $\dfrac{x^2}{3}+\dfrac{y^2}{2}=1$ と接する直線を l とする.

(1) l の傾きを求めよ.

(2) 原点を O, l と x 軸, y 軸との交点をそれぞれ P, Q とするとき, 三角形 OPQ の面積の最小値と, そのときの (X, Y) を求めよ.

(慶應義塾大)

155

$a>0$, $b>0$, $0<t<1$ とする. 曲線

$$C : \frac{(x-1)^2}{a^2} + \frac{y^2}{b^2} = 1$$

は3直線

$$l_1 : y=x, \quad l_2 : y=-x+2, \quad l_3 : y=-t$$

に接しているとし, C と l_1 の接点を P とする. 次の問に答えよ.

(1) a, b を t を用いて表せ.

(2) 点 P の座標を t を用いて表せ.

(3) l_2 と l_3 の交点を Q とする. 直線 PQ が点 $(1, 0)$ を通るとき, t の値を求めよ.

(4) 曲線 C の媒介変数表示を $x=1+a\cos\theta$, $y=b\sin\theta$ とし, 点 P の座標を $(1+a\cos\beta, b\sin\beta)$ と表す. t が(3)で求めた値のとき, β $(0\leqq\beta<2\pi)$ を求めよ.

(5) t は(3)で求めた値とし, 曲線 C の $y\geqq 0$ の部分を C_1 とする. 2直線 l_1, l_2 と曲線 C_1 で囲まれた図形の面積 S を求めよ.

(九州工業大)

河合塾
SERIES

2025年版

大学入試攻略

数学問題集

解答編

● 河合塾数学科 編 ●

河合出版

2025年版 大学入試攻略 数学問題集

解答編

CONTENTS

数　学　Ⅰ・A

1 ──〈方針〉──

(1) $a=(a$ の整数部分$)+(a$ の小数部分 $b)$ を利用する.

(1) $a=\dfrac{8}{3-\sqrt{5}}-\dfrac{1}{\sqrt{5}-2}$ より,

$$
\begin{aligned}
a&=\frac{8(3+\sqrt{5})}{(3-\sqrt{5})(3+\sqrt{5})}-\frac{\sqrt{5}+2}{(\sqrt{5}-2)(\sqrt{5}+2)}\\
&=\frac{8(3+\sqrt{5})}{4}-(\sqrt{5}+2)\\
&=2(3+\sqrt{5})-(\sqrt{5}+2)\\
&=4+\sqrt{5}.
\end{aligned}
$$

$\sqrt{4}<\sqrt{5}<\sqrt{9}$, すなわち, $2<\sqrt{5}<3$ より,

$$6<4+\sqrt{5}<7$$

であるから, a の整数部分は 6 である.

よって,

$$
\begin{aligned}
b&=a-6\\
&=(4+\sqrt{5})-6\\
&=\sqrt{5}-2.
\end{aligned}
$$

(2) $a=4+\sqrt{5}$, $b=\sqrt{5}-2$ より,

$$
\begin{aligned}
2a^2-b^3&=2(4+\sqrt{5})^2-(\sqrt{5}-2)^3\\
&=2(21+8\sqrt{5})-(-38+17\sqrt{5})\\
&=80-\sqrt{5}.
\end{aligned}
$$

$2<\sqrt{5}<3$ より,

$$
\begin{aligned}
-3&<-\sqrt{5}<-2.\\
77&<80-\sqrt{5}<78.\\
77&<2a^2-b^3<78.
\end{aligned}
$$

よって, $2a^2-b^3$ を超えない最大の整数は,

$$77.$$

2 ──〈方針〉──

背理法を用いて示す. その際に, 有理数は,

$$\frac{q}{p}\quad\left(\begin{array}{l}p,\ q\ \text{は互いに素である整数,}\\ p>0\end{array}\right)$$

と表せることを利用する.

$$p\sqrt{11}=q.\qquad\cdots(*)$$

$p\neq0$ であると仮定すると, $(*)$ より,

$$\sqrt{11}=\frac{q}{p}.$$

これは,

　　左辺が無理数,

　　右辺が有理数(p, q は有理数より)

であり成り立たないから, 矛盾が生じる.

よって, $p=0$ であり, $(*)$ より,

$$q=0.$$

したがって, $(*)$ となる有理数 p, q は,

$$p=0,\quad q=0.\qquad\cdots(**)$$

さらに,

$\sqrt{9}<\sqrt{11}<\sqrt{16}$, すなわち, $3<\sqrt{11}<4$ より, $\sqrt{11}$ の整数部分は 3 であるから, $\sqrt{11}$ の小数部分 x は,

$$x=\sqrt{11}-3.$$

これより,

$$x^2=(\sqrt{11}-3)^2=20-6\sqrt{11},$$

$$
\begin{aligned}
ax+\frac{b}{x}&=a(\sqrt{11}-3)+\frac{b}{\sqrt{11}-3}\\
&=a(\sqrt{11}-3)+b\cdot\frac{\sqrt{11}+3}{2}\\
&=\left(-3a+\frac{3}{2}b\right)+\left(a+\frac{b}{2}\right)\sqrt{11}
\end{aligned}
$$

であるから, $x^2=ax+\dfrac{b}{x}$ より,

$$20-6\sqrt{11}=\left(-3a+\frac{3}{2}b\right)+\left(a+\frac{b}{2}\right)\sqrt{11}.$$

$$\left(a+\frac{b}{2}+6\right)\sqrt{11}=3a-\frac{3}{2}b+20.\quad\cdots\text{①}$$

a, b は有理数であるから，

$a+\dfrac{b}{2}+6$，$3a-\dfrac{3}{2}b+20$ は有理数

であり，① は (*) に対応するから，(**) より，

$$\begin{cases} a+\dfrac{b}{2}+6=0, \\ 3a-\dfrac{3}{2}b+20=0. \end{cases}$$

よって，求める有理数 a, b は，

$$a=-\dfrac{19}{3}, \quad b=\dfrac{2}{3}.$$

3 ──〈方針〉

(1) $C：y=x^2+2ax+3a^2-8a$ と x 軸 ($y=0$) が異なる 2 点で交わるための条件は，2 次方程式

$$x^2+2ax+3a^2-8a=0$$

が異なる 2 つの実数解をもつことである．

(1) C が x 軸と異なる 2 点 P，Q で交わるから，

$$x^2+2ax+3a^2-8a=0 \quad \cdots ①$$

について，

$$\dfrac{(① \text{の判別式})}{4}>0. \quad \cdots ②$$

ここで，

$$\begin{aligned} \dfrac{(① \text{の判別式})}{4} &= a^2-1\cdot(3a^2-8a) \\ &= -2a^2+8a \\ &= -2a(a-4) \end{aligned}$$

であるから，② より，

$$a(a-4)<0.$$

よって，求める a の値の範囲は，

$$0<a<4.$$

このとき，P，Q の x 座標は，① の実数解

$$x=-a\pm\sqrt{-2a^2+8a}$$

であるから，

$$PQ=(-a+\sqrt{-2a^2+8a})-(-a-\sqrt{-2a^2+8a})$$

$$=2\sqrt{-2a^2+8a}.$$

よって，

$$PQ^2=2^2(-2a^2+8a)=-8a^2+32a.$$

(2) $0<a<4$ のもとで，

$$PQ=2\sqrt{-2(a-2)^2+8}$$

であるから，PQ が最大となる a の値は，

$$a=2.$$

このとき，C の方程式は，

$$y=x^2+4x-4$$

であり，直線 $x=-3$ との交点は

$$(-3,\ -7).$$

C を x 軸方向に 3，y 軸方向に b だけ平行移動した放物線は，y 軸との交点が

$$(0,\ b-7)$$

となるから，原点を通るときの b の値は，

$$b=7.$$

4 ──〈方針〉

(1)(3) $f(x)$ の x^2 の係数 a の符号により場合分けして，放物線 $y=f(x)$ のグラフを考える．また(3)では，放物線 $y=f(x)$ の対称軸 $x=-\dfrac{1}{a}$ と $-1<x<2$ の位置関係に着目する．

(1) $f(x)=ax^2+2x+2a-1$ より，

$$f(x)=a\left(x+\dfrac{1}{a}\right)^2+2a-\dfrac{1}{a}-1.$$

(ア) $a>0$ のとき

放物線 $y=f(x)$ は下に凸である．

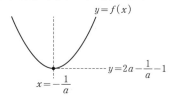

よって，$f(x)$ のとり得る値の範囲は，

$$f(x)\geqq 2a-\dfrac{1}{a}-1.$$

(イ) $a<0$ のとき

放物線 $y=f(x)$ は上に凸である.

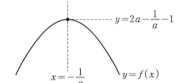

よって，$f(x)$ のとり得る値の範囲は，

$$f(x) \leq 2a - \frac{1}{a} - 1.$$

以上 (ア), (イ) より，$f(x)$ のとり得る値の範囲は，

$$
\begin{cases}
a>0 \text{ のとき } f(x) \geq 2a - \dfrac{1}{a} - 1, \\
a<0 \text{ のとき } f(x) \leq 2a - \dfrac{1}{a} - 1.
\end{cases}
$$

(2) 2 次方程式

$$ax^2 + 2x + 2a - 1 = 0 \quad \cdots ①$$

が実数解をもつための条件は，

$$\frac{(① \text{ の判別式})}{4} \geq 0. \quad \cdots ②$$

ここで，

$$
\begin{aligned}
\frac{(① \text{ の判別式})}{4} &= 1^2 - a \cdot (2a-1) \\
&= -2a^2 + a + 1 \\
&= -(2a+1)(a-1)
\end{aligned}
$$

であるから，② より，

$$(2a+1)(a-1) \leq 0.$$

$$-\frac{1}{2} \leq a \leq 1.$$

これと $a \neq 0$ より，求める a の値の範囲は，

$$-\frac{1}{2} \leq a < 0, \quad 0 < a \leq 1.$$

(3) (ウ) $-\dfrac{1}{2} \leq a < 0$ のとき

放物線 $y=f(x)$ の対称軸 $x=-\dfrac{1}{a}$ について，

$$-\frac{1}{a} \geq 2.$$

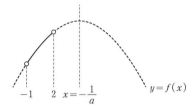

よって，$-1 < x < 2$ における $f(x)$ のとり得る値の範囲は，

$$f(-1) < f(x) < f(2).$$

(エ) $0 < a \leq 1$ のとき

放物線 $y=f(x)$ の対称軸 $x=-\dfrac{1}{a}$ について，

$$-\frac{1}{a} \leq -1.$$

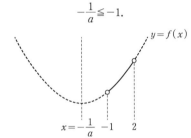

よって，$-1 < x < 2$ における $f(x)$ のとり得る値の範囲は，

$$f(-1) < f(x) < f(2).$$

以上 (ウ), (エ) より，求める $f(x)$ のとり得る値の範囲は，

$$f(-1) < f(x) < f(2),$$

すなわち，

$$3a - 3 < f(x) < 6a + 3.$$

5 ──〈方針〉──

x の 2 次方程式 (*) の実数解 α, β は，

「放物線 $y = x^2 + (k+1)x + k^2 + k - 1$ と x 軸の共有点の x 座標」

であることを利用して，α, β の条件をグラフ的に捉える.

(*) の左辺を,
$$f(x)=x^2+(k+1)x+k^2+k-1$$
$$=\left(x+\frac{k+1}{2}\right)^2+\frac{3}{4}k^2+\frac{1}{2}k-\frac{5}{4}$$
とおく.

(1) $\alpha=\beta$ であるための条件は,
$$f\left(-\frac{k+1}{2}\right)=0.$$

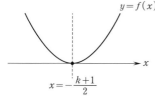

これより,
$$\frac{3}{4}k^2+\frac{1}{2}k-\frac{5}{4}=0.$$
$$3k^2+2k-5=0.$$
$$(3k+5)(k-1)=0$$
であるから, $k<0$ より,
$$\boldsymbol{k=-\frac{5}{3}}.$$

次に, $\alpha\leqq0\leqq\beta$ であるための条件は,
$$f(0)\leqq0.$$

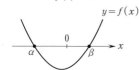

これより,
$$k^2+k-1\leqq0.$$
$$\frac{-1-\sqrt{5}}{2}\leqq k\leqq\frac{-1+\sqrt{5}}{2}.$$
これと $k<0$ より,
$$\boldsymbol{\frac{-1-\sqrt{5}}{2}\leqq k<0}.$$

(2) $-1<\alpha\leqq\beta<1$ となるための条件は,
$$\begin{cases} f\left(-\dfrac{k+1}{2}\right)\leqq0, & \cdots① \\[2mm] -1<-\dfrac{k+1}{2}<1, & \cdots② \\[2mm] f(-1)>0, & \cdots③ \\[2mm] f(1)>0. & \cdots④ \end{cases}$$

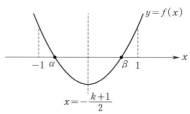

① より,
$$\frac{3}{4}k^2+\frac{1}{2}k-\frac{5}{4}\leqq0.$$
$$3k^2+2k-5\leqq0.$$
$$(3k+5)(k-1)\leqq0.$$
$$-\frac{5}{3}\leqq k\leqq1. \qquad \cdots①'$$

② より,
$$-3<k<1. \qquad \cdots②'$$

③ より,
$$k^2-1>0.$$
$$(k+1)(k-1)>0.$$
$$k<-1,\ 1<k. \qquad \cdots③'$$

④ より,
$$k^2+2k+1>0.$$
$$(k+1)^2>0.$$
$$k\neq-1. \qquad \cdots④'$$

よって, ①' かつ ②' かつ ③' かつ ④' かつ $k<0$ より,
$$-\frac{5}{3}\leqq\boldsymbol{k}<-\boldsymbol{1}.$$

6 ——〈方針〉————————————

x の方程式 $x|x+1|-x=c$ の異なる実数解の個数を, 曲線 $y=x|x+1|-x$ と直線 $y=c$ の異なる共有点の個数と捉える.

$$x|x+1|-x=c. \qquad \cdots①$$
$f(x)=x|x+1|-x$ とおく.
$$|x+1|=\begin{cases} x+1 & (x\geqq-1 \text{ のとき}), \\ -(x+1) & (x<-1 \text{ のとき}) \end{cases}$$
より,

$$f(x)=\begin{cases} x(x+1)-x & (x\geqq-1 \text{ のとき}), \\ x\{-(x+1)\}-x & (x<-1 \text{ のとき}) \end{cases}$$

すなわち,

$$f(x)=\begin{cases} x^2 & (x\geqq-1 \text{ のとき}), \\ -(x+1)^2+1 & (x<-1 \text{ のとき}) \end{cases}$$

であり, $y=f(x)$ は次の図の実線部分である.

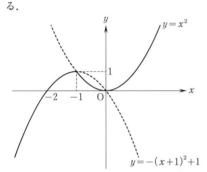

① の異なる実数解の個数は,

曲線 $y=f(x)$ と直線 $y=c$ の共有点の個数であるから, 求める個数は,

$$c<0, \ 1<c \text{ のとき} \quad \textbf{1 個},$$
$$c=0, \ 1 \text{ のとき} \quad \textbf{2 個},$$
$$0<c<1 \text{ のとき} \quad \textbf{3 個}.$$

7 ──〈方針〉

(1) 長さが a, b, c である 3 つの線分により三角形が成立するための条件は,

$$a<b+c \text{ かつ } b<c+a \text{ かつ } c<a+b.$$

(3) 三角形 ABC の内接円の半径 r の値を求めるためには,

$$\triangle ABC=\frac{1}{2}(AB+BC+CA)r$$

を利用する.

(1) $AB=2x+2$, $BC=3x-2$, $CA=5$ より, 三角形 ABC が成立するための条件は,

$$\begin{cases} 3x-2<5+(2x+2), \\ 5<(2x+2)+(3x-2), \\ 2x+2<(3x-2)+5 \end{cases}$$

すなわち,

$$\begin{cases} x<9, \\ x>1, \\ x>-1. \end{cases}$$

よって, 求める x の値の範囲は,

$$\textbf{1}<\textbf{\textit{x}}<\textbf{9}.$$

(2)

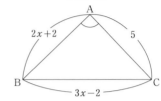

余弦定理より,

$$\begin{aligned} \cos A &= \frac{(2x+2)^2+5^2-(3x-2)^2}{2\cdot(2x+2)\cdot5} \\ &= \frac{-5x^2+20x+25}{20(x+1)} \\ &= \frac{-5(x+1)(x-5)}{20(x+1)} \\ &= \frac{5-x}{4}. \end{aligned}$$

よって, $\cos A=\dfrac{3}{4}$ より,

$$\frac{5-x}{4}=\frac{3}{4}.$$

$$\textbf{\textit{x}}=\textbf{2}.$$

（これは $1<x<9$ を満たす.）

(3) $\cos A=\dfrac{3}{4}$ のときを考えるから, (2)の結果より, $x=2$ であり,

$$AB=6, \quad BC=4, \quad CA=5.$$

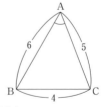

正弦定理より,

$$\frac{BC}{\sin A}=2R. \quad \cdots ①$$

ここで, $0°<A<180°$ より, $\sin A>0$ であるから,

$$\sin A = \sqrt{1-\cos^2 A}$$
$$= \sqrt{1-\left(\frac{3}{4}\right)^2}$$
$$= \frac{\sqrt{7}}{4}$$

であり，① より，

$$R = \frac{BC}{2\sin A} = \frac{4}{2\cdot\frac{\sqrt{7}}{4}} = \frac{8\sqrt{7}}{7}.$$

また，

$$\triangle ABC = \frac{1}{2}(AB+BC+CA)r \quad \cdots②$$

であり，

$$\triangle ABC = \frac{1}{2}AB\cdot CA\sin A$$
$$= \frac{1}{2}\cdot 6\cdot 5\cdot\frac{\sqrt{7}}{4}$$
$$= \frac{15\sqrt{7}}{4}$$

であるから，② より，

$$\frac{15\sqrt{7}}{4} = \frac{1}{2}(6+4+5)r.$$
$$r = \frac{\sqrt{7}}{2}.$$

8 ──〈方針〉

(2) $AB=x$, $AC=y$ とおき，x と y が満たす関係式を2つ立式する．

(1) 三角形 ABC の外接円の半径が $\frac{5}{2}$ であるから，正弦定理より，

$$\frac{BC}{\sin A} = 2\cdot\frac{5}{2}. \quad \cdots①$$

$0°<A<180°$ より，$\sin A>0$ であるから，

$$\sin A = \sqrt{1-\cos^2 A}$$
$$= \sqrt{1-\left(\frac{4}{5}\right)^2}$$
$$= \frac{3}{5}.$$

よって，① より，

$$BC = 5\sin A = 5\cdot\frac{3}{5} = 3.$$

(2) $AB=x$, $AC=y$ とおく．

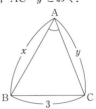

$\triangle ABC = 3$ より，

$$\frac{1}{2}AB\cdot AC\sin A = 3.$$
$$\frac{1}{2}xy\cdot\frac{3}{5} = 3.$$
$$xy = 10. \quad \cdots②$$

また，余弦定理より，

$$BC^2 = AB^2+AC^2-2AB\cdot AC\cos A.$$
$$3^2 = x^2+y^2-2xy\cdot\frac{4}{5}.$$
$$x^2+y^2-\frac{8}{5}xy = 9.$$
$$(x+y)^2-2xy-\frac{8}{5}xy = 9$$

であり，② を代入すると，

$$(x+y)^2 = 45.$$

$x>0$, $y>0$ より，$x+y>0$ であるから，

$$x+y = 3\sqrt{5}. \quad \cdots③$$

②，③ より，x, y を2解にもつ t の2次方程式は，

$$t^2-(x+y)t+xy = 0.$$
$$t^2-3\sqrt{5}\,t+10 = 0.$$
$$(t-\sqrt{5})(t-2\sqrt{5}) = 0.$$

これの2解は，

$$t = \sqrt{5},\ 2\sqrt{5}.$$

よって，AB>AC，すなわち，$x>y$ より，

$$x = 2\sqrt{5},\quad y = \sqrt{5}$$

であるから，

$$AB = 2\sqrt{5}.$$

9 ──〈方針〉──

(1) 三角形 ABC と三角形 ACD に余弦定理を用いる.

(2) AP：PC＝△ABD：△BCD であることを用いる.

(1)

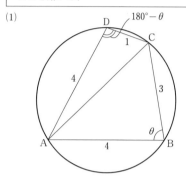

三角形 ABC に余弦定理を用いると,

$$AC^2 = AB^2 + BC^2 - 2AB \cdot BC \cos\theta$$
$$= 4^2 + 3^2 - 2 \cdot 4 \cdot 3 \cos\theta$$
$$= 25 - 24\cos\theta. \qquad \cdots①$$

また, 四角形 ABCD が円に内接することから ∠ADC＝180°−θ であり, 三角形 ACD に余弦定理を用いると,

$$AC^2 = CD^2 + DA^2 - 2CD \cdot DA \cos(180° - \theta)$$
$$= 1^2 + 4^2 - 2 \cdot 1 \cdot 4(-\cos\theta)$$
$$= 17 + 8\cos\theta. \qquad \cdots②$$

①, ② より,

$$\cos\theta = \frac{1}{4}, \quad AC^2 = 19$$

であり, AC＞0 より,

$$AC = \sqrt{19}.$$

(2)

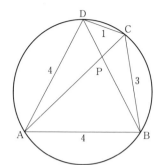

∠BAD＝α とすると,

$$\triangle ABD = \frac{1}{2}AB \cdot DA \sin\alpha$$
$$= \frac{1}{2} \cdot 4 \cdot 4 \sin\alpha$$
$$= 8\sin\alpha.$$

また, 四角形 ABCD が円に内接することから ∠BCD＝180°−α であり,

$$\triangle BCD = \frac{1}{2}BC \cdot CD \sin(180° - \alpha)$$
$$= \frac{1}{2} \cdot 3 \cdot 1 \sin\alpha$$
$$= \frac{3}{2}\sin\alpha.$$

よって,

$$AP : PC = \triangle ABD : \triangle BCD$$
$$= 8\sin\alpha : \frac{3}{2}\sin\alpha$$
$$= 16 : 3$$

であるから,

$$AP = \frac{16}{19}AC = \frac{16\sqrt{19}}{19}.$$

【参考】

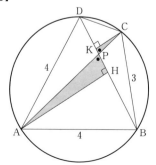

A から線分 BD に下ろした垂線の足を H, C から線分 BD に下ろした垂線の足を K とする.

△APH∽△CPK より,

$$AP:PC=AH:CK. \quad \cdots③$$

また, 三角形 ABD と三角形 BCD の底辺を線分 BD とみると, 三角形 ABD と三角形 BCD の高さはそれぞれ AH, CK であるから,

$$△ABD:△BCD=AH:CK. \quad \cdots④$$

③, ④ より,

$$AP:PC=△ABD:△BCD.$$

(参考終り)

10 ──〈方針〉

問題文に書かれている情報を正しく図示し, 与えられた角度, 距離を利用できる三角形に着目する.

地面からの目の高さが 1.5m であるから, 塔の高さを $(h+1.5)$m とする. 目の位置を A′, 地点 B, C から 1.5m の高さの位置をそれぞれ B′, C′, 塔の先端を D とする.

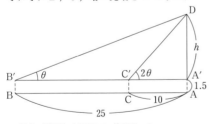

直角三角形 A′B′D に着目して,

$$\tan\theta=\frac{A'D}{A'B'}=\frac{h}{25}. \quad \cdots①$$

また, 直角三角形 A′C′D に着目して,

$$\tan 2\theta=\frac{A'D}{A'C'}=\frac{h}{10}$$

であり, $\tan 2\theta=\dfrac{2\tan\theta}{1-\tan^2\theta}$ であるから,

$$\frac{2\tan\theta}{1-\tan^2\theta}=\frac{h}{10}.$$

$$20\tan\theta=h(1-\tan^2\theta).$$

これに ① を代入すると,

$$20\cdot\frac{h}{25}=h\left\{1-\left(\frac{h}{25}\right)^2\right\}.$$

$$\frac{20}{25}=1-\frac{h^2}{25^2}.$$

$$20\cdot 25=25^2-h^2.$$

$$h^2=125.$$

$h>0$ より,

$$h=5\sqrt{5}$$

であり, 近似値 $\sqrt{5}=2.236$ を用いると,

$$h=5\times 2.236=11.18.$$

よって, 塔の高さは,

$$h+1.5=12.68≒\boldsymbol{12.7}\,(m).$$

【注】

数学Ⅱ「三角関数」分野の 2 倍角の公式

$$\tan 2\theta=\frac{2\tan\theta}{1-\tan^2\theta}$$

を用いている.

(注終り)

【参考】

三角関数の知識を避ければ, h を以下のように求めることもできる.

解答の図のように, B, C が A から同じ方向の点であるとしてもよい.

このとき,

$$∠B'DC'=∠DC'A'-∠DB'A'$$
$$=\theta$$
$$=∠DB'C'$$

であるから,

$$DC'=B'C'=15.$$

三角形 A′DC′ に三平方の定理を用いて,

$$h=\sqrt{15^2-10^2}=5\sqrt{5}.$$

(参考終り)

11 ──〈方針〉

(2) H が三角形 BCD の外接円の中心 (外心) であることを利用する.

12

(1)

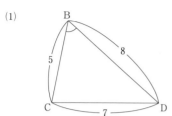

三角形 BCD に余弦定理を用いると,

$$\cos\angle CBD = \frac{DB^2 + BC^2 - CD^2}{2DB \cdot BC}$$

$$= \frac{8^2 + 5^2 - 7^2}{2 \cdot 8 \cdot 5}$$

$$= \frac{1}{2}.$$

よって, $0° < \angle CBD < 180°$ より,

$$\angle CBD = 60°.$$

また,

$$\triangle BCD = \frac{1}{2}DB \cdot BC \sin\angle CBD$$

$$= \frac{1}{2} \cdot 8 \cdot 5 \sin 60°$$

$$= 10\sqrt{3}.$$

(2)

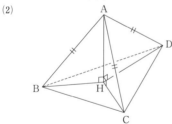

$AB = AC = AD$,

$\angle AHB = \angle AHC = \angle AHD = 90°$ より,

$$\triangle ABH \equiv \triangle ACH \equiv \triangle ADH$$

であるから,

$$BH = CH = DH.$$

これより, H は三角形 BCD の外心であるから,

　　線分 BH の長さは, 三角形 BCD の
　　外接円の半径

である.

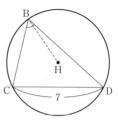

よって, 三角形 BCD に正弦定理を用いると,

$$\frac{CD}{\sin\angle CBD} = 2 \cdot BH.$$

$$\frac{7}{\sin 60°} = 2 \cdot BH.$$

$$BH = \frac{7}{2\sin 60°} = \frac{7\sqrt{3}}{3}.$$

(3) 三角形 ABH に三平方の定理を用いて,

$$AH = \sqrt{AB^2 - BH^2}$$

$$= \sqrt{7^2 - \left(\frac{7\sqrt{3}}{3}\right)^2}$$

$$= \frac{7\sqrt{6}}{3}.$$

また, 四面体 ABCD の体積は,

$$\frac{1}{3} \cdot \triangle BCD \cdot AH = \frac{1}{3} \cdot 10\sqrt{3} \cdot \frac{7\sqrt{6}}{3}$$

$$= \frac{70\sqrt{2}}{3}.$$

12 ──〈方針〉─

(1) 与えられたデータの平均値を a, b で表す.

(2) 10 個の値からなるデータの中央値は,

　　小さい方から 5 番目の値と 6 番目の
　　値の平均値

であるから, 中央値が 7 となるような小さい方から 5 番目の値と 6 番目の値を考える.

(1) 9, 10, 1, 2, 2, 8, 10, a, $a+3$, b

　　　　　　　　　　　　　　　$\cdots(*)$

(*) の 10 個の値の平均値は,

$$\frac{1}{10}\{9+10+1+2+2+8+10+a+(a+3)+b\}$$
$$=\frac{2a+b+45}{10}$$

であり，平均値が 6 であるから，

$$\frac{2a+b+45}{10}=6.$$

よって，

$$b=-2a+15.$$

(2) $a\leqq b$ と $b=-2a+15$ より，

$$a\leqq -2a+15.$$
$$a\leqq 5. \qquad \cdots①$$

また，(*) の 10 個の値のデータの中央値が 7 となるときは，

(ア) 小さい方から 5 番目と 6 番目の値がともに 7

(イ) 小さい方から 5 番目の値が 6，6 番目の値が 8

のいずれかである。

(*) の a，$a+3$，b 以外の 7 個の値を小さい順に並べると，

$$1,\ 2,\ 2,\ 8,\ 9,\ 10,\ 10$$

であるから，(ア) のときは，

a，$a+3$，b のいずれか 2 つが 7

になる必要がある。

これと ① より，

$$a+3=7 \quad かつ \quad b=7$$

すなわち，

$$a=4, \quad b=7$$

であり，このとき (*) は，

$$1,\ 2,\ 2,\ 4,\ 7,\ 7,\ 8,\ 9,\ 10,\ 10$$

となり，中央値は 7 となる。

次に，(イ) のときは，

a，$a+3$，b のいずれか 1 つが 6

になる必要がある。

これと ① より，

(a) $a+3=6$，すなわち $a=3$ のとき

(1) の結果 $b=-2a+15$ より，

$$b=9$$

であり，このとき (*) は，

$$1,\ 2,\ 2,\ 3,\ 6,\ 8,\ 9,\ 9,\ 10,\ 10$$

となり，中央値は 7 となる。

(b) $b=6$ のとき

(1) の結果 $b=-2a+15$ より，

$$a=\frac{9}{2}$$

となり，a は整数でなく不適である。

以上より，

$$(a,\ b)=(4,\ 7),\ (3,\ 9)$$

であり，求める個数は

2 個.

13 ──〈方針〉─────

(1) a，b の値が含まれる「広さ」の平均値と分散を計算する。また，c は「通勤時間」の平均値である。

(2) 相関係数 r のとり得る値の範囲は，$-1\leqq r\leqq 1$ である。

(1) 「広さ」の平均値は 10 より，

$$\frac{1}{10}(8+9+9+11+10+9+10+12+a+b)=10.$$
$$a+b=22. \qquad \cdots①$$

「広さ」の分散は 1.6 より，

$$\frac{1}{10}\{(8-10)^2+(9-10)^2+(9-10)^2+(11-10)^2$$
$$+(10-10)^2+(9-10)^2+(10-10)^2+(12-10)^2$$
$$+(a-10)^2+(b-10)^2\}=1.6.$$
$$(a-10)^2+(b-10)^2=4. \qquad \cdots②$$

① より $b=-a+22$ であり，② に代入すると，

$$(a-10)^2+(-a+12)^2=4.$$
$$2a^2-44a+240=0.$$
$$2(a-10)(a-12)=0.$$
$$a=10,\ 12.$$

これと ① より，

$$(a,\ b)=(10,\ 12),\ (12,\ 10).$$

よって，$a<b$ より，

$$a=10, \quad b=12.$$

また，c は「通学時間」の平均値であるか

ら，

$$c = \frac{1}{10}(8+10+7+8+3+2+4+10+3+5)$$
$$= 6.$$

(2) 相関係数の絶対値は 1 を超えないから，数値が間違っているのは，

「広さと家賃」の相関係数

である．

ここで，

「広さ」の標準偏差は 1.265，

「家賃」の標準偏差は 0.4，

「広さと家賃」の共分散は 0.37

であるから，「広さと家賃」の相関係数は，

$$\frac{0.37}{1.265 \times 0.4} = 0.7312\cdots$$
$$\fallingdotseq \mathbf{0.731}.$$

14

(1) 右に 1 区画進むことを→，上に 1 区画進むことを↑で表すことにする．道順の総数は，→4つ，↑5つの順列の総数に一致するから，

$$\frac{9!}{4!5!} = \mathbf{126} \text{ (通り).}$$

(2) (1) と同様に考えて，

・A から P の道順は，

$$\frac{3!}{2!} = 3 \text{ (通り).}$$

・P から B の道順は，

$$\frac{6!}{3!3!} = 20 \text{ (通り).}$$

よって，求める道順の数は，

$$3 \times 20 = \mathbf{60} \text{ (通り).}$$

(3) (2) と同様に考えて，

・Q を通過する道順は，

$$\frac{6!}{3!3!} \times \frac{3!}{2!} = 60 \text{ (通り).}$$

・P も Q も通過する道順は，

$$\frac{3!}{2!} \cdot \frac{3!}{2!} \cdot \frac{3!}{2!} = 27 \text{ (通り).}$$

これらと，(1)，(2) より，求める道順の数は，

$$126 - (60 + 60 - 27) = \mathbf{33} \text{ (通り).}$$

15

(1)
$$(b-a)(c-b)(a-c) \neq 0$$

より，

$$b-a \neq 0 \quad \text{かつ} \quad c-b \neq 0 \quad \text{かつ} \quad a-c \neq 0.$$

よって，a, b, c は相異なるから，求める場合の数は，

$$_7\mathrm{P}_3 = 7 \cdot 6 \cdot 5 = \mathbf{210} \text{ (通り).}$$

(2)
$$(b-a)(c-b) > 0$$

より，

$$\begin{cases} b-a>0, \\ c-b>0 \end{cases} \quad \text{または，} \quad \begin{cases} b-a<0, \\ c-b<0 \end{cases}$$

すなわち，

$$a<b<c \quad \text{または，} \quad c<b<a.$$

$a<b<c$ を満たす (a, b, c) は 1, 2, 3, 4, 5, 6, 7 から異なる 3 つの数を選び，小さい順に a, b, c とすると考えて，

$$_7\mathrm{C}_3 = 35 \text{ (通り).}$$

同様に，$c<b<a$ を満たす (a, b, c) も，

35 通り.

よって，求める場合の数は，

$$35 \times 2 = \mathbf{70} \text{ (通り).}$$

(3)
$$(b-a)(c-b) < 0$$

より，

$$\begin{cases} b-a>0, \\ c-b<0 \end{cases} \quad \text{または，} \quad \begin{cases} b-a<0, \\ c-b>0 \end{cases}$$

すなわち，

$a<c<b$ または $c<a<b$ または $b<a<c$ または $b<c<a$ ……①

または $a=c<b$ または $b<c=a$. ……②

(2) と同様に考えて，① となるのは，

$$35 \times 4 = 140 \text{ (通り).}$$

② となるのは，

$$_7\mathrm{C}_2 \times 2 = 42 \text{ (通り).}$$

よって，求める場合の数は，

$$140 + 42 = \mathbf{182} \text{ (通り).}$$

(4) $(b-a)(c-b)(a-c)>0$

より，

$$\begin{cases} (b-a)(c-b)>0, \\ a-c>0 \end{cases} \text{または} \begin{cases} (b-a)(c-b)<0, \\ a-c<0 \end{cases}$$

すなわち，

$c<b<a$　または　$a<c<b$　または

$$b<a<c.$$

よって，(2)と同様に考えて，求める場合の数は，

$$35\times3=105\,(\text{通り}).$$

((3)，(4)の別解)

(3) $(b-a)(c-b)\neq0$ となるのは，a も c も b と異なる場合であり，b が 7 通り，そのそれぞれに対して a が 6 通り，c が 6 通りの値をとることができる．

よって，$(b-a)(c-b)\neq0$ となる場合の数は

$$7\cdot6\cdot6=252\,(\text{通り}).$$

このうち，(2)の 70 通り以外が条件を満たすから，求める場合の数は

$$252-70=182\,(\text{通り}).$$

(4) (1)の場合のうち，

$a>b>c,\ b>c>a,\ c>a>b$ の場合は

$$(b-a)(c-b)(a-c)>0,$$

$a>c>b,\ b>a>c,\ c>b>a$ の場合は

$$(b-a)(c-b)(a-c)<0.$$

よって，$(b-a)(c-b)(a-c)>0$ の場合と $(b-a)(c-b)(a-c)<0$ の場合は場合の数が等しい．

したがって，求める場合の数は，

$$210\cdot\frac{1}{2}=105\,(\text{通り}).$$

$$((3)，(4)の別解終り)$$

16 ──〈方針〉

異なる n 個のものから重複を許して r 個取り出す重複組合せの総数は，

$$_nH_r={}_{n+r-1}C_r$$

であることを利用する．

(1) 各箱の中の赤玉の個数を調べればよい．

どの箱にも少なくとも 1 個の赤玉が入り，かつ，すべての赤玉がいずれかの箱に入るような入れ方は，3 つの箱 A，B，C から重複を許して，5 個選ぶ選び方より，

$$\begin{aligned}_3H_5&={}_{3+5-1}C_5\\&={}_7C_5\\&=21\,(\text{通り}).\end{aligned}$$

(2) 30 個のうちに選ばれない赤玉は箱 D に入ると考えると，求める入れ方は，4 つの箱 A，B，C，D から重複を許して，8 個選ぶ選び方より，

$$\begin{aligned}_4H_8&={}_{4+8-1}C_8\\&={}_{11}C_8\\&=165\,(\text{通り}).\end{aligned}$$

17

K の外接円の中心を O とする．

(1) 正方形は，四角形

$P_0P_9P_{18}P_{27},\ P_1P_{10}P_{19}P_{28},\ \cdots,\ P_8P_{17}P_{26}P_{35}$

の $\boxed{9}$ 個できる．

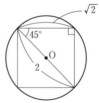

また，上の図より，正方形の一辺の長さは $\sqrt{2}$ であるから，その面積は

$$(\sqrt{2})^2=\boxed{2}.$$

(2)

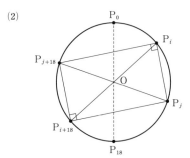

長方形の 2 本の対角線は共に O を通るから，円の直径である．円の 18 本の直径

$$P_k P_{k+18} \quad (k=0,\ 1,\ 2,\ \cdots,\ 17)$$

のうちから 2 本を選んで対角線とすれば，長方形が決定する．よって，長方形は全部で，

$$_{18}C_2 = \boxed{153}\ (\text{個})$$

できる．

(3) K とちょうど 2 辺を共有する四角形は次の (i)，(ii) のいずれかの場合であり，また，(i)，(ii) の両方に当てはまることはない．

(i) K と四角形が共有する 2 辺が隣り合っている場合．

隣り合う 3 つの頂点の決め方が 36 通りあり，他の 1 つの頂点は，選んだ 3 頂点とその両隣の 2 点の 5 点を除く 31 個の点から 1 点を選ぶから，

$$36 \times 31 = 1116\ (\text{個}).$$

(ii) K と四角形が共有する 2 辺が隣り合っていない場合．

共有する 1 つの辺 l_1 の決め方が 36 通りあり，もう 1 つの辺 l_2 は，選んだ 2 頂点とその両隣の 2 点の 4 点を除く 32 個の点から隣り合う 2 点を選ぶから，31 通り，そこから l_1 と l_2 の区別をなくして，

$$\frac{1}{2} \times 36 \times 31 = 558\ (\text{個}).$$

よって，(i)，(ii) より，求める四角形は全部で，

$$1116 + 558 = \boxed{1674}\ (\text{個}).$$

18

(1) 求める n はサイコロの目の

$$1,\ 2,\ 3,\ 4(=2^2),\ 5,\ 6(=2\cdot3)$$

の最小公倍数である．

よって，

$$n = 2^2 \cdot 3 \cdot 5 = \mathbf{60}.$$

(2) n の 6 以下の正の約数が 5 個であるような最小の n を考える．$n \geqq 5$ であり，$n \geqq 5$ における 6 以下の正の約数を調べると次のようになる．

	5	6	7	8
6 以下の正の約数	1,5	1,2,3,6	1,7	1,2,4

9	10	11	12
1,3	1,2,5	1,11	1,2,3,4,6

上の表より，求める n は，

$$n = \mathbf{12}.$$

((2) の別解)

n は，1, 2, 3, 4, 5, 6 のうちの 5 個を約数にもち，1 つを約数にもたない．

・1 を約数にもたないことはない．

・2 を約数にもたないとき，4, 6 も約数にもたず，不適．

・3 を約数にもたないとき，6 も約数にもたず，不適．

・4 を約数にもたないとき，1, 2, 3, 5, 6 を約数にもつ．1, 2, 3, 5, 6 の最小公倍数は 30 であり，これは 4 の倍数でないから適する．

・5 を約数にもたないとき，1, 2, 3, 4, 6 を約数にもつ．1, 2, 3, 4, 6 の最小公倍数は 12 であり，これは 5 の倍数でないから適する．

・6 を約数にもたないとき，1, 2, 3, 4, 5 を約数にもつ．1, 2, 3, 4, 5 の最小公倍数は 60 であり，これは 6 の倍数だから不適．

以上より，求める n は

$$n=12.$$

((2) の別解終り)

(3) 1 個のサイコロを 3 回投げたときの目の出方は，全部で

$$6^3=216 \text{ (通り)}$$

あり，これらは同様に確からしい．

このうち，積が $20(=2^2 \cdot 5)$ の約数となる目の組合せと目の出方の数は，次のようになる．

積	目の組合せ	目の出方の数
1	$\{1, 1, 1\}$	1
2	$\{1, 1, 2\}$	3
4	$\{1, 1, 4\}, \{1, 2, 2\}$	$3 \times 2 = 6$
5	$\{1, 1, 5\}$	3
10	$\{1, 2, 5\}$	6
20	$\{1, 4, 5\}, \{2, 2, 5\}$	$6+3=9$

上の表より，求める確率は，

$$\frac{1+3+6+3+6+9}{216}=\frac{7}{54}.$$

19

$n(\geqq 2)$ 人でじゃんけんを 1 回するとき，手の出し方は全部で，

$$3^n \text{ 通り}$$

あり，これらは同様に確からしい．

このうち，k $(k=1, 2, \cdots, n-1)$ 人だけが勝つ場合は，だれがどの手で勝つかを考えて，

$${}_nC_k \cdot 3 \text{ (通り)}.$$

したがって，その確率は，

$$\frac{{}_nC_k \cdot 3}{3^n}=\frac{{}_nC_k}{3^{n-1}}. \qquad \cdots ①$$

(1) ① より，

$$\frac{{}_4C_1}{3^3}=\boxed{\frac{4}{27}}.$$

(2) ① より，

$$\frac{{}_4C_2}{3^3}=\boxed{\frac{2}{9}}.$$

(3) 3 人だけが勝つ確率は，① より，

$$\frac{{}_4C_3}{3^3}=\frac{4}{27}.$$

これと (1)，(2) より，あいこになる確率は，

$$1-\left(\frac{4}{27}+\frac{2}{9}+\frac{4}{27}\right)=\boxed{\frac{13}{27}}.$$

(4) (2) と ① より，

$$\frac{2}{9} \cdot \frac{{}_2C_1}{3}=\boxed{\frac{4}{27}}.$$

(5) 1 回目のじゃんけんで 3 人が勝ち残り，2 回目のじゃんけんで勝者が 1 人決まる確率は，(3) と ① より，

$$\frac{4}{27} \cdot \frac{{}_3C_1}{3^2}=\frac{4}{81}$$

1 回目のじゃんけんであいこになり，2 回目のじゃんけんで勝者が 1 人決まる確率は，(3) と (1) より

$$\frac{13}{27} \cdot \frac{4}{27}=\frac{52}{729}$$

これらと (4) より，求める確率は，

$$\frac{4}{27}+\frac{4}{81}+\frac{52}{729}=\boxed{\frac{196}{729}}.$$

20

(1) 3 色で立方体を塗るとき，立方体の 6 面の塗り方は，

$$3^6 \text{ 通り}$$

あり，これらは同様に確からしい，

辺を共有するどの二つの面にも異なる色が塗られるのは，向かい合う 3 組の面がそれぞれ同色になるときで，

$${}_3P_3=6 \text{ (通り)}.$$

よって，

$$p_3=\frac{6}{3^6}=\frac{2}{243}.$$

(2) 4 色で立方体を塗るとき，立方体の 6 面の塗り方は，

$$4^6 \text{ 通り}$$

あり，これらは同様に確からしい．

辺を共有するどの二つの面にも異なる色が

18

塗られるのは次の(i), (ii)のいずれかの場合であり, これらは排反である.

(i) ちょうど3色を用いて塗る場合.

このとき, 塗り方は(1)と同様に考えて,
$$_4P_3=24 \text{ (通り)}.$$

(ii) ちょうど4色を用いて塗る場合.

向かい合う2組の面がそれぞれ同色になればよく, この2組の面の選び方は3通りあるから, 塗り方は全部で,
$$3 \cdot {_4P_4}=72 \text{ (通り)}.$$

よって, (i), (ii)より,
$$p_4=\frac{24+72}{4^6}=\frac{3}{128}.$$

21 ──〈方針〉──

(3) 考える事象が複雑であるから, ダイアグラムと呼ばれる図を書いてPの動きを目で見て考える.

(1) 表と裏が5回ずつ出ればよいから,
$$_{10}C_5 \cdot \left(\frac{1}{2}\right)^5 \cdot \left(\frac{1}{2}\right)^5=\frac{63}{256}.$$

(2) $x_5=1$ かつ $x_{10}=0$ となるのは, 前半の5回で表が3回, 裏が2回出て, 後半の5回で表が2回, 裏が3回出るときであるから, その確率は,
$$_5C_3 \cdot \left(\frac{1}{2}\right)^3 \cdot \left(\frac{1}{2}\right)^2 \times {_5C_2} \cdot \left(\frac{1}{2}\right)^2 \cdot \left(\frac{1}{2}\right)^3=\frac{25}{256}.$$

$x_{10}=0$ となる場合から $x_5=1$ となる場合を除くと, $x_5 \neq 1$ かつ $x_{10}=0$ となるから, 求める確率は,
$$\frac{63}{256}-\frac{25}{256}=\frac{19}{128}.$$

(3) コインを投げる回数を横軸, Pの座標を縦軸にして, $0 \leq x_n \leq 2$ $(n=1, 2, \cdots, 9)$ かつ $x_{10}=0$ となるようなPの推移を表すと次のようになる. ただし, ⓚはその点に到る経路の数を表す.

よって, 上の図より, 求める確率は,
$$16 \cdot \left(\frac{1}{2}\right)^{10}=\frac{1}{64}.$$

【参考】

(3)で条件を満たすのは,

・1回目に表が出て,

・2, 3回目に表と裏が1回ずつ出て,

・4, 5回目に表と裏が1回ずつ出て,

・6, 7回目に表と裏が1回ずつ出て,

・8, 9回目に表と裏が1回ずつ出て,

・10回目に裏が出る

ときである.

このことから, 場合の数を
$$1 \cdot 2 \cdot 2 \cdot 2 \cdot 1=16 \text{ (通り)}$$
と求めてもよい.

(参考終り)

22

$n=1, 2, \cdots, 6$ について,
$$(-1)^n=\begin{cases} -1 & (n=1, 3, 5 \text{ のとき}), \\ 1 & (n=2, 4, 6 \text{ のとき}) \end{cases}$$

であるから, TによるAの移動後の座標は4種類あり, そのように移動する事象を次のように定める.
$$(p, q) \longrightarrow (p+1, q+1) \cdots \text{B}$$
$$(p, q) \longrightarrow (p-1, q+1) \cdots \text{C}$$
$$(p, q) \longrightarrow (p-1, q-1) \cdots \text{D}$$
$$(p, q) \longrightarrow (p+1, q-1) \cdots \text{E}$$

また,
$$P(\text{B})=P(\text{C})=P(\text{D})=P(\text{E})=\frac{1}{4}.$$

(1) Aははじめ原点Oにいることから, Tを1回行った後のAのいることができる点を列挙すると,

$(1, 1),\ (-1, 1),\ (-1, -1),\ (1, -1)$.

さらに，それらの点から，上で挙げたいずれかの移動が起こるから，T を 2 回行った後の A のいることができる点を列挙とすると，

$(2, 2),\ (0, 2),\ (-2, 2),\ (2, 0),\ (0, 0),$
$(-2, 0),\ (2, -2),\ (0, -2),\ (-2, -2)$.

(2) (1)より，T を 2 回行った後の A のいる点は次のようになる.

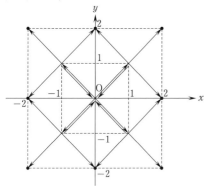

ただし，各矢印の推移はいずれも $\dfrac{1}{4}$ の確率で起こる.

以下，上の図を参考にして，A が原点 O にいる確率は，

$$4 \cdot \left(\frac{1}{4}\right)^2 = \boxed{\frac{1}{4}}.$$

A が y 軸上にいる確率は，

$$8 \cdot \left(\frac{1}{4}\right)^2 = \boxed{\frac{1}{2}}.$$

A が $(\pm 2,\ \pm 2)$（複号任意）にいるときに線分 OA の長さは最大となり，最大値は，

$$\boxed{2\sqrt{2}}$$

であり，$OA = 2\sqrt{2}$ となる確率は，

$$4 \cdot \left(\frac{1}{4}\right)^2 = \boxed{\frac{1}{4}}.$$

(3) B，C，D，E が起こる回数をそれぞれ，b，c，d，e とすると，T を 4 回行った後，A が O にいる条件は，

$$\begin{cases} b+c+d+e=4, \\ b-c-d+e=0, \\ b+c-d-e=0, \\ b,\ c,\ d,\ e\ は\ 0\ 以上の整数. \end{cases}$$

したがって，

$(b,\ c,\ d,\ e) = (0,\ 2,\ 0,\ 2),\ (1,\ 1,\ 1,\ 1),$
$(2,\ 0,\ 2,\ 0)$.

よって，求める確率は，

$${}_4C_2 \cdot \left(\frac{1}{4}\right)^2 \cdot \left(\frac{1}{4}\right)^2 + 4! \cdot \frac{1}{4} \cdot \frac{1}{4} \cdot \frac{1}{4} \cdot \frac{1}{4} + {}_4C_2 \cdot \left(\frac{1}{4}\right)^2 \cdot \left(\frac{1}{4}\right)^2$$

$$= \boxed{\frac{9}{64}}.$$

((3) の別解)

(2)の図を参考に考えて，2 回の試行後に A が点 Q にいる確率は

Q$(\pm 2,\ \pm 2)$（複号任意）に対して

$$それぞれ\ \frac{1}{16},$$

Q$(\pm 2,\ 0),\ (0,\ \pm 2)$ に対して

$$それぞれ\ \frac{1}{8},$$

Q$(0,\ 0)$ に対して

$$\frac{1}{4}.$$

よって，4 回の試行後に A が原点にいる場合を，2 回の試行後に A がいる位置で分類して考えて，求める確率は，

$$\left(\frac{1}{16}\right)^2 \times 4 + \left(\frac{1}{8}\right)^2 \times 4 + \left(\frac{1}{4}\right)^2$$

$$= \frac{1}{64} + \frac{1}{16} + \frac{1}{16}$$

$$= \frac{9}{64}.$$

((3) の別解終り)

23 ──〈方針〉

事象 E が起こったときに，事象 F が起こる条件付き確率 $P_E(F)$ は，

$$P_E(F) = \frac{P(E \cap F)}{P(E)}$$

で求められるから，(3)ではこれを利用する．

さいころを2回投げたあとに袋の中に入っている白玉の個数を X とすると，

$$X = 3, \ 2, \ 1.$$

与えられた条件より，

$$P(X=3) = \left(\frac{2}{6}\right)^2 = \frac{1}{9},$$

$$P(X=2) = {}_2\mathrm{C}_1 \cdot \frac{2}{6} \cdot \frac{4}{6} = \frac{4}{9},$$

$$P(X=1) = \left(\frac{4}{6}\right)^2 = \frac{4}{9}.$$

(1) $X=3$ の場合に限られ，このとき，袋の中には赤玉が2個，白玉が3個入っているから，求める確率は，

$$\frac{1}{9} \cdot \frac{{}_3\mathrm{C}_3}{{}_5\mathrm{C}_3} = \frac{1}{90}.$$

(2) (i) $X=3$ の場合．

袋の中には，赤玉が2個，白玉が3個入っているから，$X=3$ で，取り出した玉が赤玉2個，白玉1個である確率は，

$$\frac{1}{9} \cdot \frac{{}_2\mathrm{C}_2 \cdot {}_3\mathrm{C}_1}{{}_5\mathrm{C}_3} = \frac{1}{30}.$$

(ii) $X=2$ の場合．

袋の中には，赤玉が3個，白玉が2個入っているから，$X=2$ で，取り出した玉が赤玉2個，白玉1個である確率は，

$$\frac{4}{9} \cdot \frac{{}_3\mathrm{C}_2 \cdot {}_2\mathrm{C}_1}{{}_5\mathrm{C}_3} = \frac{8}{30}.$$

(iii) $X=1$ の場合．

袋の中には，赤玉が4個，白玉が1個入っているから，$X=1$ で，取り出した玉が赤玉2個，白玉1個である確率は，

$$\frac{4}{9} \cdot \frac{{}_4\mathrm{C}_2 \cdot {}_1\mathrm{C}_1}{{}_5\mathrm{C}_3} = \frac{8}{30}.$$

(i), (ii), (iii)より，求める確率は，

$$\frac{1}{30} + \frac{8}{30} + \frac{8}{30} = \frac{17}{30}.$$

(3) 事象 A, B を，

A：袋から取り出した玉が赤玉2個，白玉1個である．

B：袋の中に残っている2個の玉がどちらも白玉である．

とする．

(2)より，

$$P(A) = \frac{17}{30}.$$

事象 $A \cap B$ が起こるのは，(2)の(i)の場合であるから，

$$P(A \cap B) = \frac{1}{30}.$$

よって，求める確率 $P_A(B)$ は，

$$P_A(B) = \frac{P(A \cap B)}{P(A)} = \frac{\dfrac{1}{30}}{\dfrac{17}{30}} = \frac{1}{17}.$$

24

$2n$ 本のくじを赤箱と白箱に n 本ずつに分ける方法は，全部で，

$${}_{2n}\mathrm{C}_n \ 通り$$

あり，これらは同様に確からしい．

(1) $k=3$, $n=6$ のとき．

両方の箱に「あたり」と「はずれ」が3本ずつ入るから，

$$P(3, \ 6) = \frac{{}_6\mathrm{C}_3 \cdot {}_6\mathrm{C}_3}{{}_{12}\mathrm{C}_6} = \frac{100}{231}.$$

また，$k=2$, $n=6$ のとき．

一方の箱に「あたり」2本「はずれ」4本，もう一方の箱に「あたり」4本「はずれ」2本が入るから，

$$P(2, \ 6) = \frac{{}_6\mathrm{C}_2 \cdot {}_6\mathrm{C}_4 \cdot 2}{{}_{12}\mathrm{C}_6} = \frac{75}{154}.$$

(2) $k=2$ のとき，(1)と同様に考えて，

$$P(2, \ n) = \frac{{}_6\mathrm{C}_2 \cdot {}_{2n-6}\mathrm{C}_{n-2} \cdot 2}{{}_{2n}\mathrm{C}_n}$$

$$=30\cdot\frac{(2n-6)!}{(n-2)!(n-4)!}\times\frac{(n!)^2}{(2n)!}$$

$$=\frac{15n(n-1)(n-3)}{4(2n-1)(2n-3)(2n-5)}.$$

(3) $\dfrac{P(2,\ n+1)}{P(2,\ n)}=\dfrac{15(n+1)\cdot n(n-2)}{4(2n+1)(2n-1)(2n-3)}$

$$\times\frac{4(2n-1)(2n-3)(2n-5)}{15n(n-1)(n-3)}$$

$$=\frac{(n+1)(n-2)(2n-5)}{(2n+1)(n-1)(n-3)}$$

より,

$$\frac{P(2,\ n+1)}{P(2,\ n)}<1$$

とすると, $n\geqq4$ より,

$$(n+1)(n-2)(2n-5)<(2n+1)(n-1)(n-3).$$

$$2n^3-7n^2+n+10<2n^3-7n^2+2n+3.$$

$$n>7.$$

同様に考えて,

$$\frac{P(2,\ n+1)}{P(2,\ n)}>1\iff n<7,$$

$$\frac{P(2,\ n+1)}{P(2,\ n)}=1\iff n=7.$$

以上より,

$n=4,\ 5,\ 6$ のとき, $P(2,\ n)<P(2,\ n+1)$,

$n=7$ のとき, $P(2,\ 7)=P(2,\ 8)$,

$n=8,\ 9,\ \cdots$ のとき, $P(2,\ n)>P(2,\ n+1)$

となり,

$$P(2,\ 4)<P(2,\ 5)<P(2,\ 6)<P(2,\ 7)$$
$$=P(2,\ 8)>P(2,\ 9)>\cdots.$$

よって, 求める n は,

$$n=\mathbf{7,\ 8}.$$

25 ─〈方針〉─

$n\geqq5$ のとき, 円の中心が含まれる場合を考えるのが難しいから, 余事象を考える. そのとき, 1つの頂点と円の中心を結んだ直線に関して同じ側に残り2個の頂点があるようにする.

円の中心を O とする.

・$n=3$ のとき, できる三角形は正三角形で

あり, 内部に O を含むから,

$$P_3=1. \qquad\cdots①$$

・$n\geqq5$ のとき, 余事象, すなわち三角形の内部に O を含まない場合を考える.

正 n 角形の頂点から, 相異なる3点を選ぶ方法は,

$$_n\mathrm{C}_3 \text{ 通り}$$

であり, これらは同様に確からしい.

このうち, 三角形の内部に O を含まないのは, 三角形の3頂点を反時計回りに A, B, C として,

・辺 AB について O と C が同じ側にない
・辺 BC について O と A が同じ側にない
・辺 CA について O と B が同じ側にない

のいずれかが成り立つときである.

n は奇数であるから, 辺 AB, BC, CA はいずれも O を通らず, 辺 CA について O と B が同じ側にないことは, 辺 CA について O と B が反対側にあることと同値で, B を含まない弧 AC に対応する円周角が $180°$ よりも大きいことと同値である.

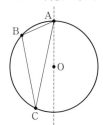

よって, 三角形の内部に O を含まないように3頂点を選ぶ選び方は頂点 A を任意に選び, A を通る直径で円周を2つに分けるとき, A から反時計回りに円周をたどって先に現れる方に属する $\dfrac{n-1}{2}$ 個のうちから2つを選んで頂点 B, C にすればよいから,

$$n\times\frac{n-1}{2}\mathrm{C}_2 \text{ 通り}.$$

したがって, 余事象の確率は,

$$\frac{n\times\frac{n-1}{2}\mathrm{C}_2}{_n\mathrm{C}_3}=\frac{3(n-3)}{4(n-2)}.$$

よって，$n \geqq 5$ のとき，

$$p_n = 1 - \frac{3(n-3)}{4(n-2)} = \frac{n+1}{4(n-2)}.$$

これは，① より，$n=3$ のときも成り立つ．

以上より，

$$p_n = \frac{n+1}{4(n-2)}.$$

26 ——〈方針〉

(1) 面積比が与えられている三角形 QDC と三角形 QAB は相似であることを利用して，線分 AB と線分 CD の長さの比を求める．

(2) 三角形 QBC の底辺を線分 QC，三角形 QAB の底辺を線分 QA とみると，2つの三角形の高さは一致する．

(1)

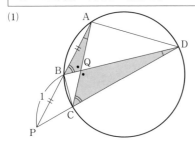

$\triangle QDC \infty \triangle QAB$ であり，

面積比が，$\triangle QDC : \triangle QAB = 4 : 1$

であるから，

相似比は，$2 : 1$.

これより，$CD : AB = 2 : 1$ であるから，

$$CD = 2AB = 2.$$

よって，方べきの定理より，

$$PA \cdot PB = PD \cdot PC.$$
$$(1+1) \cdot 1 = (PC + CD) \cdot PC.$$
$$2 = (PC + 2) \cdot PC.$$
$$PC^2 + 2PC - 2 = 0$$

であり，$PC > 0$ より，

$$PC = -1 + \sqrt{3}.$$

(2)

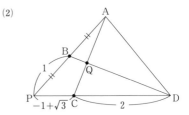

三角形 APC と直線 BD について，メネラウスの定理を用いると，

$$\frac{AB}{BP} \cdot \frac{PD}{DC} \cdot \frac{CQ}{QA} = 1.$$
$$\frac{1}{1} \cdot \frac{(-1+\sqrt{3})+2}{2} \cdot \frac{CQ}{QA} = 1.$$
$$\frac{CQ}{QA} = \frac{2}{\sqrt{3}+1}$$
$$= \sqrt{3} - 1.$$

よって，

$$\frac{\triangle QBC}{\triangle QAB} = \frac{CQ}{QA}$$
$$= \sqrt{3} - 1$$

であるから，三角形 QBC の面積は，三角形 QAB の面積の

$$\sqrt{3} - 1 \text{ 倍}.$$

27

(1) $2^m \cdot 3^n$ の正の約数は，

$2^k \cdot 3^l$ $(k = 0, 1, \cdots, m,\ l = 0, 1, \cdots, n)$

と表されるから，$2^m \cdot 3^n$ の正の約数の個数は，

$$(m+1)(n+1).$$

(2) $6912 (= 2^8 \cdot 3^3)$ の正の約数のうち，

$12 (= 2^2 \cdot 3)$ で割り切れないものは，

$2^k \cdot 3^l$ $(k = 0, 1,\ l = 0, 1, 2, 3)$,

または,
$$2^k \cdot 3^l \quad (k=2, 3, \cdots, 8, \ l=0)$$
と表されるから, 求める総和は,
$$(2^0+2^1)(3^0+3^1+3^2+3^3)+(2^2+2^3+\cdots+2^8) \cdot 3^0$$
$$=120+508$$
$$=\mathbf{628}.$$

【参考 1】

$2^2+2^3+\cdots+2^8$ は数列(数学 B)の知識を使うと初項 4, 公比 2, 項数 7 の等比数列の和であるから,
$$2^2+2^3+\cdots+2^8=4 \cdot \frac{2^7-1}{2-1}=508$$
と計算できる.

(参考 1 終り)

【参考 2】
$$6912=12 \times 576$$
$$=12 \times (2^6 \cdot 3^2)$$
である.

$6912=2^8 \cdot 3^3$ の正の約数は,
$$2^k \cdot 3^l$$
$(k=0, 1, 2, 3, 4, 5, 6, 7, 8, \ l=0, 1, 2, 3)$
と表されるから, その総和は,
$$(2^0+2^1+2^2+2^3+2^4+2^5+2^6+2^7+2^8)$$
$$\cdot(3^0+3^1+3^2+3^3)$$
$$=511 \cdot 40=20440.$$

このうち, 12 で割り切れるものは,
$$12 \times (2^6 \cdot 3^2 \text{の約数})$$
と表されるものであり, その総和は,
$$12 \times (2^0+2^1+2^2+2^3+2^4+2^5+2^6) \cdot (3^0+3^1+3^2)$$
$$=12 \times 127 \cdot 13=19812.$$

これらを用いて, (2)の結論を
$$20440-19812=628$$
と求めてもよい.

(参考 2 終り)

28 ──〈方針〉────

(1) 整数 a について, a^2 を 3 で割った余りに着目する.

(1) 任意の整数 a は, 整数 n を用いて,

$$3n, \ 3n+1, \ 3n-1$$
のいずれかで表せ,
$$(3n)^2=3 \cdot (3n^2),$$
$$(3n \pm 1)^2=3(3n^2 \pm 2n)+1 \quad (\text{複号同順})$$
であるから, a^2 を 3 で割ったときの余りは 0 または 1.

このことと, $3b+1$ を 3 で割った余りが 1 であることから,

q を 3 で割ったときの余りは 1 または 2 であり, q は 3 の倍数ではない.

(2) p, q はいずれも整数であり,
$$p-q=(a^2+b+44)-(a^2+3b+1)$$
$$=43-2b. \quad \cdots ①$$

① より, $p-q$ は奇数であるから, p, q の一方は奇数であり, 他方は偶数である.

(3)
$$pq=2520$$
$$=2^3 \times 3^2 \times 5 \times 7.$$

(1) より q は 3 の倍数でないので
$$p \text{ は } 3^2 \text{ の倍数}.$$

また, (2) より p, q の偶奇は異なるから,
$$p, q \text{ の一方は } 2^3 \text{ の倍数}.$$

さらに a, b は正の整数であるから,
$$p \geqq 46, \quad q \geqq 5$$
であり, ① より
$$p-q \leqq 41.$$

以上のことから, 条件を満たす組 (p, q) は,
$$(p, q)=(2^3 \cdot 3^2, \ 5 \cdot 7), \ (3^2 \cdot 7, \ 2^3 \cdot 5)$$
に限られる.

(i) $(p, q)=(2^3 \cdot 3^2, \ 5 \cdot 7)$ のとき.
$$\begin{cases} a^2+b+44=72, \\ a^2+3b+1=35 \end{cases}$$
より,
$$a^2=25, \quad b=3 \quad (b>0 \text{ を満たす}).$$
$a>0$ より,
$$(a, b)=(5, 3).$$

(ii) $(p, q)=(3^2 \cdot 7, \ 2^3 \cdot 5)$ のとき.
$$\begin{cases} a^2+b+44=63, \\ a^2+3b+1=40 \end{cases}$$
より,

$$a^2=9, \quad b=10 \quad (b>0 \text{ を満たす}).$$

$a>0$ より,
$$(a, b)=(3, 10).$$

以上より,求める a, b の組は,
$$(a, b)=\boldsymbol{(5, 3)}, \boldsymbol{(3, 10)}.$$

29 ──〈方針〉

(1)は二項定理
$$\left((a+b)^p=\sum_{l=0}^{p}{}_p\mathrm{C}_l a^l b^{p-l}\right)$$
を用いて展開する.

(2)は ${}_n\mathrm{C}_r=\dfrac{n!}{r!(n-r)!}$ を用いる.

(1) 二項定理より,
$$(x+1)^5=\sum_{k=0}^{5}{}_5\mathrm{C}_k x^k\cdot1^{5-k}$$
$$=\boldsymbol{x^5+5x^4+10x^3+10x^2+5x+1}.$$

(2)
$$\begin{aligned}{}_p\mathrm{C}_k&=\frac{p!}{k!(p-k)!}\\&=\frac{p}{k}\cdot\frac{(p-1)!}{(k-1)!(p-k)!}\\&=\frac{p}{k}\cdot{}_{p-1}\mathrm{C}_{k-1}\end{aligned}$$
より,
$$k{}_p\mathrm{C}_k=p{}_{p-1}\mathrm{C}_{k-1}.$$
${}_p\mathrm{C}_k$, ${}_{p-1}\mathrm{C}_{k-1}$ は整数であるから,
$$k{}_p\mathrm{C}_k \text{ は } p \text{ の倍数}.$$
ここで p は素数かつ $0<k<p$ より,
$$p \text{ と } k \text{ は互いに素}$$
であるから,
$${}_p\mathrm{C}_k \text{ は } p \text{ の倍数である}.$$

(3) 自然数 n に対して,
$$n^p-n \text{ は } p \text{ の倍数である} \quad \cdots(*)$$
ことを数学的帰納法により証明する.

(I) $n=1$ のとき.
$$1^p-1=0$$
より,$n=1$ のとき $(*)$ は成り立つ.

(II) $n=k$ $(k\geqq1)$ のとき,$(*)$ が成り立つ,すなわち,
$$k^p-k \text{ は } p \text{ の倍数である} \quad \cdots①$$

と仮定する.このとき,
$$\begin{aligned}&(k+1)^p-(k+1)\\&=(k^p+{}_p\mathrm{C}_1 k^{p-1}+\cdots+{}_p\mathrm{C}_{p-1}k+1)-(k+1)\\&=(k^p-k)+{}_p\mathrm{C}_1 k^{p-1}+\cdots+{}_p\mathrm{C}_{p-1}k.\end{aligned}$$
(2)の結果と ① より,
$$(k+1)^p-(k+1) \text{ は } p \text{ の倍数}$$
となるから,$n=k+1$ のときも $(*)$ は成り立つ.

(I),(II) より,自然数 n に対して $(*)$ が成り立つ.

30

(1) $x^2-9y^2+36y+20=0$ より,
$$x^2-9(y-2)^2+56=0.$$
$$\{3(y-2)\}^2-x^2=56.$$
$$(\boxed{3}y-\boxed{6}+x)(\boxed{3}y-\boxed{6}-x)=\boxed{56}.$$
x, y が 0 以上の整数のとき,
$$3y-6+x=a, \quad 3y-6-x=b \quad \cdots①$$
とおくと,a と b は $ab=56$ を満たす整数であり,① を x, y について解くと,
$$x=\frac{a-b}{2}, \quad y=\frac{a+b}{6}+2 \quad \cdots②$$
であるから,x, y が 0 以上の整数であるとき,$a-b$ は $a\geqq b$ を満たす偶数,$a+b$ は -12 以上の 6 の倍数であることに注意すると,
$$(a,b)=(28, 2), (14, 4).$$
これと ② より,
$$(x, y)=(\boxed{13}, \boxed{7}), (\boxed{5}, \boxed{5}).$$

(2) 与式より,
$$x^2-(3y+6)x+18y+14=0.$$
x について解くと,
$$x=\frac{\boxed{3}y+\boxed{6}\pm\sqrt{\boxed{9}y^2-\boxed{36}y-\boxed{20}}}{2}. \quad \cdots③$$

ここで,x が整数であるためには,$9y^2-36y-20$ が平方数であることが必要だが,(1)よりそのような 0 以上の整数 y は,

$$y=5,\ 7$$

に限られる.

$y=5$ のとき, ③ より,

$$x=\frac{21\pm5}{2}=13,\ 8.$$

(（$x\geqq0$ を満たす)

$y=7$ のとき, ③ より,

$$x=\frac{27\pm13}{2}=20,\ 7.$$

(（$x\geqq0$ を満たす)

以上より, 求める 0 以上の整数 x, y の組は,

$$(x,\ y)=(\boxed{13},\ \boxed{5}),\ (\boxed{8},\ \boxed{5}),$$
$$(\boxed{20},\ \boxed{7}),\ (\boxed{7},\ \boxed{7}).$$

31 ——〈方針〉——

文字の大小関係を利用して, 範囲のしぼりこみを行う.

$$0<a\leqq b\leqq c\leqq d. \qquad \cdots ①$$

(1)
$$\frac{1}{a}+\frac{1}{b}=\frac{1}{4}. \qquad \cdots ②$$

① より,

$$\frac{1}{a}<\frac{1}{a}+\frac{1}{b}\leqq\frac{2}{a}.$$

$$\frac{1}{a}<\frac{1}{4}\leqq\frac{2}{a} \quad (② より).$$

これより,

$$4<a\leqq8.$$

a は自然数であるから,

$$a=5,\ 6,\ 7,\ 8$$

に限られる. 各々の値について, ② を満たす b を求めると, 下の表のようになる.

a	5	6	7	8
b	20	12	$\frac{28}{3}$	8

b は自然数であるから, 求める a, b の組は,

$$(a,\ b)=(\boxed{5},\ \boxed{20}),\ (\boxed{6},\ \boxed{12}),$$
$$(\boxed{8},\ \boxed{8}).$$

(2)
$$\frac{1}{a}+\frac{1}{b}+\frac{1}{c}=\frac{2}{3}. \qquad \cdots ③$$

① より,

$$\frac{1}{a}<\frac{1}{a}+\frac{1}{b}+\frac{1}{c}\leqq\frac{3}{a}.$$

$$\frac{1}{a}<\frac{2}{3}\leqq\frac{3}{a} \quad (③ より).$$

これより,

$$\frac{3}{2}<a\leqq\frac{9}{2}.$$

a は自然数であるから,

$$a=2,\ 3,\ 4$$

に限られる.

(i) $a=2$ のとき. ③ より,

$$\frac{1}{b}+\frac{1}{c}=\frac{1}{6}. \qquad \cdots ④$$

(1) の議論と同様にして,

$$6<b\leqq12.$$
$$b=7,\ 8,\ 9,\ 10,\ 11,\ 12$$

に限られる. 各々の値について, ④ を満たす c を求めると, 下の表のようになる.

b	7	8	9	10	11	12
c	42	28	18	15	$\frac{66}{5}$	12

c は自然数であるから,

$$(b,\ c)=(7,\ 42),\ (8,\ 28),\ (9,\ 18),$$
$$(10,\ 15),\ (12,\ 12).$$

(ii) $a=3$ のとき. ③ より,

$$\frac{1}{b}+\frac{1}{c}=\frac{1}{3}. \qquad \cdots ⑤$$

(1) の議論と同様にして,

$$3<b\leqq6.$$
$$b=4,\ 5,\ 6$$

に限られる. 各々の値について, ⑤ を満たす c を求めると, 下の表のようになる.

b	4	5	6
c	12	$\frac{15}{2}$	6

c は自然数であるから,

$$(b,\ c)=(4,\ 12),\ (6,\ 6).$$

(iii) $a=4$ のとき．③ より，

$$\frac{1}{b}+\frac{1}{c}=\frac{5}{12}. \qquad \cdots ⑥$$

(1)の議論と同様にして，

$$\frac{12}{5}<b\leqq\frac{24}{5}.$$

$$b=3,\ 4$$

に限られる．$a\leqq b$ より，

$$b=4.$$

これと ⑥ より，$c=6$ であり，

$$(b,\ c)=(4,\ 6).$$

(i)，(ii)，(iii) より，求める a，b，c の組の総数は，

$$5+2+1=\boxed{8}\ (\text{組}).$$

このうち，a が最大となる組は，

$$(a,\ b,\ c)=(\boxed{4},\ \boxed{4},\ \boxed{6})$$

c が最大となる組は，

$$(a,\ b,\ c)=(\boxed{2},\ \boxed{7},\ \boxed{42}).$$

(3) $\qquad \dfrac{1}{a}+\dfrac{1}{b}+\dfrac{1}{c}+\dfrac{1}{d}=1. \qquad \cdots ⑦$

① より，

$$\frac{1}{a}<\frac{1}{a}+\frac{1}{b}+\frac{1}{c}+\frac{1}{d}\leqq\frac{4}{a}.$$

$$\frac{1}{a}<1\leqq\frac{4}{a} \quad (⑦ \text{より}).$$

これを解いて，

$$1<a\leqq4.$$

a は自然数であるから，

$$a=2,\ 3,\ 4$$

に限られる．条件を満たす組の個数を数える．

(i) $a=2$ のとき．⑦ より，

$$\frac{1}{b}+\frac{1}{c}+\frac{1}{d}=\frac{1}{2}. \qquad \cdots ⑧$$

(2)の議論と同様にして，

$$2<b\leqq6.$$

$$b=3,\ 4,\ 5,\ 6.$$

$b=3$ のとき．⑧ より，

$$\frac{1}{c}+\frac{1}{d}=\frac{1}{6}.$$

これは，④ と同じ方程式である．(2)(i) よ

り，⑦ を満たす b，c，d の組は 5 組．

$b=4$ のとき．⑧ より，

$$\frac{1}{c}+\frac{1}{d}=\frac{1}{4}.$$

これは，② と同じ方程式である．(1) より，⑦ を満たす b，c，d の組は 3 組．

$b=5$ のとき．⑧ より，

$$\frac{1}{c}+\frac{1}{d}=\frac{3}{10}.$$

(1)の議論と同様にして，

$$\frac{10}{3}<c\leqq\frac{20}{3}.$$

$$c=4,\ 5,\ 6.$$

d は $c\leqq d$ を満たす自然数であるから，

$$(b,\ c,\ d)=(5,\ 5,\ 10) \text{ の 1 組}.$$

$b=6$ のとき．⑧ より

$$\frac{1}{c}+\frac{1}{d}=\frac{1}{3}.$$

$6\leqq c\leqq d$ に注意すると，

$$(b,\ c,\ d)=(6,\ 6,\ 6) \text{ の 1 組}.$$

(ii) $a=3$ のとき．⑦ より，

$$\frac{1}{b}+\frac{1}{c}+\frac{1}{d}=\frac{2}{3}.$$

これは，③ と同じ方程式である．$a\leqq b$ より $b\geqq3$ であることに注意する．(2)(i)(ii) より，⑦ を満たす b，c，d の組は 3 組．

(iii) $a=4$ のとき．⑦ より，

$$\frac{1}{b}+\frac{1}{c}+\frac{1}{d}=\frac{3}{4}.$$

(2)の議論と同様にして，

$$\frac{4}{3}<b\leqq4.$$

$$b=2,\ 3,\ 4.$$

$a\leqq b$ より $4\leqq b\leqq c\leqq d$ に注意すると，

$$(b,\ c,\ d)=(4,\ 4,\ 4) \text{ の 1 組}.$$

(i)，(ii)，(iii) より，求める a，b，c，d の組の総数は，

$$5+3+1+1+3+1=\boxed{14}.$$

32 ──〈方針〉──

(2) 47 より大きな素数を 6 で割った余りは 1 または 5 になることを示し，利用する．

(1) 素数を小さい順に並べると，

2, 3, 5, 7, 11, 13, 17, 19, 23, 29, 31, 37, 41, 43, 47, 53, …

となるので，

$$p_{15} = \mathbf{47}.$$

(2) (1)で調べたことから，$n = 12, 13, 14, 15$ のとき，

$$p_n > 3n$$

は成り立つ．

47 より大きな整数で，6 で割った余りが 0, 2, 3, 4 であるものは，8 以上の整数 k を用いて，それぞれ

$$\begin{cases} 6k, \\ 6k+2 = 2(3k+1), \\ 6k+3 = 3(2k+1), \\ 6k+4 = 2(3k+2), \end{cases}$$

と表せるから，素数ではない．よって，47 より大きな素数を 6 で割ったときの余りは

$$1 \text{ または } 5$$

に限られる．

ここで，新たな数列 $\{q_n\}$ を以下のように定める．

・$n = 1, \cdots, 15$ のとき，$q_n = p_n$．

・$n = 16, \cdots$ のとき，47 より大きい整数のうち，6 で割った余りが 1 または 5 であるものを小さい順に並べたもの．

($q_{16} = 49$, $q_{17} = 53$, $q_{18} = 55$, … となる.)

このとき，$l = 8, 9, \cdots$ に対して数列 $\{q_{2l}\}$ と $\{q_{2l+1}\}$ はともに公差 6 の等差数列であり，

$$\begin{aligned} q_{2l} &= 49 + 6(l-8) \\ &= 6l+1 \\ &> 3 \cdot 2l, \\ q_{2l+1} &= 53 + 6(l-8) \end{aligned}$$

$$\begin{aligned} &= 6l+5 \\ &> 3(2l+1). \end{aligned}$$

これより，$n = 16, \cdots$ に対して，

$$q_n > 3n. \qquad \cdots ①$$

また，$\{p_n\}$（$n \geq 16$）は，q_{16} 以降から素数でないものを除いて小さい順に並べたものであるから，$n = 16, \cdots$ に対して，

$$p_n > q_n. \qquad \cdots ②$$

①，② より，$n = 16, \cdots$ のとき，

$$p_n > 3n$$

が成り立つ．

以上より，$n \geq 12$ のとき，$p_n > 3n$ が成り立つ．

33 ──〈方針〉──

(1) 集合を導入し，ベン図を用いて要素の個数を求める．

(2) n の素因数の個数で場合分けして考える．

(1) $p^a q^b r^c$ 以下の自然数の集合を U とおき，U の部分集合で，p の倍数，q の倍数，r の倍数の集合をそれぞれ P, Q, R とする．

集合 A に含まれる要素の個数を $n(A)$ のように表すことにすると，

$$n(\mathrm{P}) = \frac{p^a q^b r^c}{p} = p^{a-1} q^b r^c.$$

同様に，

$$n(\mathrm{Q}) = p^a q^{b-1} r^c, \quad n(\mathrm{R}) = p^a q^b r^{c-1}.$$

また，

$$n(\mathrm{P} \cap \mathrm{Q}) = \frac{p^a q^b r^c}{pq} = p^{a-1} q^{b-1} r^c$$

であり，同様に，

$$n(\mathrm{Q} \cap \mathrm{R}) = p^a q^{b-1} r^{c-1},$$
$$n(\mathrm{R} \cap \mathrm{P}) = p^{a-1} q^b r^{c-1}.$$

さらに，

$$n(\mathrm{P} \cap \mathrm{Q} \cap \mathrm{R}) = \frac{p^a q^b r^c}{pqr} = p^{a-1} q^{b-1} r^{c-1}.$$

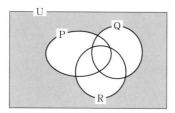

$f(p^a q^b r^c)$ は，上図の網掛け部分の要素の個数であるから，

$f(p^a q^b r^c)$
$= n(\mathrm{U}) - n(\mathrm{P} \cup \mathrm{Q} \cup \mathrm{R})$
$= n(\mathrm{U}) - \{n(\mathrm{P}) + n(\mathrm{Q}) + n(\mathrm{R}) - n(\mathrm{P} \cap \mathrm{Q})$
$\qquad - n(\mathrm{Q} \cap \mathrm{R}) - n(\mathrm{R} \cap \mathrm{P}) + n(\mathrm{P} \cap \mathrm{Q} \cap \mathrm{R})\}$
$= p^{a-1} q^{b-1} r^{c-1} (pqr - qr - rp - pq + r + p + q - 1)$
$= p^{a-1} q^{b-1} r^{c-1} (p-1)(q-1)(r-1)$

となり，与式が成り立つ．

(2)　(i)　自然数 a，素数 p に対して，$n = p^a$ と表せるとき．

(1)と同様に考えると，

$$f(n) = p^a - \frac{p^a}{p}$$
$$= p^{a-1}(p-1).$$

$f(n)$ が $n(=p^a)$ の約数となるのは，$p-1$ が p の約数となるときである．$1 \leqq p-1 < p$ より，

$$p-1 = 1.$$
$$p = 2.$$

$5 \leqq n \leqq 100$ より，

$$a = 3,\ 4,\ 5,\ 6.$$

以上より，題意を満たす n は，

$$n = 8,\ 16,\ 32,\ 64.$$

(ii)　自然数 a，b，素数 p，q $(p < q)$ に対して，$n = p^a q^b$ と表せるとき．

(1)と同様に考えると，

$$f(n) = p^a q^b - \left(\frac{p^a q^b}{p} + \frac{p^a q^b}{q} - \frac{p^a q^b}{pq} \right)$$
$$= p^{a-1} q^{b-1} (p-1)(q-1).$$

$f(n)$ が $n(=p^a q^b)$ の約数となるのは，$(p-1)(q-1)$ が pq の約数となるときである．

pq の正の約数は小さい順に 1, p, q, pq であることと，$1 \leqq p-1 < q-1 < q$ より，

$$(p-1,\ q-1) = (1,\ p).$$
$$(p,\ q) = (2,\ 3).$$

$5 \leqq n \leqq 100$ より，

$(a,\ b) = (1,\ 1),\ (1,\ 2),\ (1,\ 3),\ (2,\ 1),$
$\qquad (2,\ 2),\ (3,\ 1),\ (3,\ 2),\ (4,\ 1),$
$\qquad (5,\ 1).$

以上より，題意を満たす n は，

$$n = 6,\ 18,\ 54,\ 12,\ 36,\ 24,\ 72,\ 48,\ 96.$$

(iii)　自然数 a，b，c，素数 p，q，r $(p < q < r)$ に対して，$n = p^a q^b r^c$ と表せるとき．

(1)より，

$$f(n) = p^{a-1} q^{b-1} r^{c-1} (p-1)(q-1)(r-1).$$

$f(n)$ が $n(=p^a q^b r^c)$ の約数となるのは，$(p-1)(q-1)(r-1)$ が pqr の約数になるときである．

$1 \leqq p-1 < q-1 < q$ より(ii)と同様に考えて，

$$(p,\ q) = (2,\ 3).$$

このとき，$2(r-1)$ が $6r$ の約数，すなわち，$r-1$ が $3r$ の約数となるが，$3r$ の約数は 1, 3, r, $3r$ であり，さらに $3 < r$ より $2 < r-1 < r$ であるから，

$$r-1 = 3.$$
$$r = 4.$$

r が素数であることに反するから，題意を満たす n は存在しない．

(iv)　n が4個以上の異なる素数をもつとき，

$$n \geqq 2 \cdot 3 \cdot 5 \cdot 7 > 100$$

より，$5 \leqq n \leqq 100$ を満たさない．

(i)，(ii)，(iii)，(iv)より，求める n の値は，

$n = 6,\ 8,\ 12,\ 16,\ 18,\ 24,\ 32,\ 36,$
$\qquad\qquad 48,\ 54,\ 64,\ 72,\ 96.$

34──〈方針〉───

ユークリッドの互除法を用いる．

$f(n)=n^4+3n^3+6n^2+76n+76,$

$g(n)=n^3+2n^2+3n+73$

より,

$f(n)=g(n)(n+1)+n^2+3,$ …①

$g(n)=(n^2+3)(n+2)+67.$ …②

2 つの整数 a, b の最大公約数を (a, b) と表すことにすると, ①, ② より,

$(f(n), g(n))=(g(n), n^2+3)$

$=(n^2+3, 67).$

よって, 67 が素数であることに注意すると, $f(n)$ と $g(n)$ が互いに素とならないための条件は,

$(n^2+3, 67)\neq 1$

すなわち,

「n^2+3 が 67 で割り切れること」

である. $n^2+3=67$ を満たす n は,

$n=8$ （$n\geq 1$ より）.

これは自然数であるから, 求める最小の n である n_0 は,

$n_0=\boxed{8}$.

このとき, 求める最大公約数は,

$(f(8), g(8))=\boxed{67}$.

35

$5x+7y=141.$ …①

$(x, y)=(24, 3)$ は ① の整数解の 1 つであり,

$5\cdot 24+7\cdot 3=141$ …②

が成り立つ. ①, ② より,

$5(x-24)+7(y-3)=0.$

$5(x-24)=-7(y-3).$

5 と 7 は互いに素であるから, k を整数として,

$x-24=-7k, \quad y-3=5k$

すなわち,

$x=-7k+24, \quad y=5k+3$ （k は整数）

と表せる.

$x>0$, $y>0$ となるのは, k が

$-7k+24>0$ かつ $5k+3>0,$

を満たす整数のときであるから,

$k=0, 1, 2, 3$

となるときであり, これより求める整数解の組は,

$\boxed{4}$ 組.

$5x+7y=n$ （n は整数）. …③

$(x, y)=(3n, -2n)$ は ③ の整数解の 1 つであり, ① と同様にすると, ③ の整数解は,

$x=-7k+3n, \quad y=5k-2n$ （k は整数）.

$x>0$ かつ $y>0$ かつ $x-y\leq 48$ より,

$$\begin{cases} -7k+3n\geq 1, \\ 5k-2n\geq 1, \\ (-7k+3n)-(5k-2n)\leq 48 \end{cases}$$

$$\iff \begin{cases} k\leq \dfrac{3n-1}{7}, \\ k\leq \dfrac{2n-1}{5}, \\ k\geq \dfrac{5}{12}n-4. \end{cases}$$ …④

$n>0$ のときを考えると,

$$\frac{2n-1}{5}<\frac{3n-1}{7}$$

であるから, ④ は,

$$\begin{cases} k\leq \dfrac{2n-1}{5}, \\ k\geq \dfrac{5}{12}n-4. \end{cases}$$ …⑤

⑤ を満たす整数 k がちょうど 3 個存在するような n のうち, 最大のものを求める.

⑤ を満たす整数 k がちょうど 3 個存在するには,

$$\frac{2n-1}{5}-\left(\frac{5}{12}n-4\right)\geq 2$$

すなわち,

$n\leq 108$

が必要.

$n=108$ のとき ⑤ は,

$41\leq k\leq 43.$

これを満たす整数 k は $k=41, 42, 43$ の 3 個.

$n>0$ において，題意を満たす n のうち最大のものは，すべての整数 n においても最大のものであるから，

$$n=\boxed{108}.$$

36 ──〈方針〉──

桁数を n とおき，n の満たす条件をまず考える．

自然数 m を八進法，九進法，十進法で表したとき，すべて n 桁（n は自然数）になったとすると，

$$\begin{cases} 8^{n-1} \leqq m < 8^n, \\ 9^{n-1} \leqq m < 9^n, \qquad \cdots① \\ 10^{n-1} \leqq m < 10^n \end{cases}$$

が成り立つ．

$8^{n-1}<9^{n-1}<10^{n-1}$，$8^n<9^n<10^n$ に注意すると，①より，

$$10^{n-1} \leqq m < 8^n.$$

これより，

$$10^{n-1} < 8^n \qquad \cdots②$$

が必要である．②より，

$$n-1 < n\log_{10}8.$$
$$(1-\log_{10}8)n < 1 \qquad \cdots③$$

であり，$\log_{10}8 = 3\log_{10}2$ より，

$$0.9030 < \log_{10}8 < 0.9033.$$

$$\frac{1}{1-0.9030} < \frac{1}{1-\log_{10}8} < \frac{1}{1-0.9033}.$$

$$10.30\cdots < \frac{1}{1-\log_{10}8} < 10.34\cdots.$$

これと③より，

$$n \leqq 10$$

が必要である．

$n=10$ のとき，②，つまり $10^9 < 8^{10}$ が成り立つことから，求める m は，

$$10^9 \leqq m < 8^{10}$$

を満たす最大の自然数，すなわち，

$$m = 8^{10} - 1$$
$$(=1073741823)$$

である．

37

(1) $x=ab$, $y=bc$, $z=ca$ とする.

このとき,

$$a^2b^2+b^2c^2+c^2a^2-abc(a+b+c)$$
$$=x^2+y^2+z^2-(xz+xy+yz)$$
$$=\frac{1}{2}(2x^2+2y^2+2z^2-2xz-2xy-2yz)$$
$$=\frac{1}{2}\{(x-y)^2+(y-z)^2+(z-x)^2\}$$
$$\geqq 0$$

であるから,

$$a^2b^2+b^2c^2+c^2a^2\geqq abc(a+b+c)$$

が成り立つ.

等号が成り立つのは,

$$x-y=0, \quad y-z=0, \quad z-x=0$$

すなわち,

$$ab=bc, \quad bc=ca, \quad ca=ab$$

となるときであり, $a>0$, $b>0$, $c>0$ より,

$$a=b=c$$

となるときである.

(2) 鋭角三角形であるから,

$$0<A<\frac{\pi}{2}, \quad 0<B<\frac{\pi}{2}, \quad 0<C<\frac{\pi}{2}$$

であり,

$$\tan A>0, \quad \tan B>0, \quad \tan C>0$$

となる.

$a=\tan A$, $b=\tan B$, $c=\tan C$ とする.

(i) $A+B+C=\pi$ より,

$$C=\pi-(A+B)$$

であるから,

$$\begin{aligned}
\tan C&=\tan\{\pi-(A+B)\}\\
&=-\tan(A+B)\\
&=-\frac{\tan A+\tan B}{1-\tan A\tan B}\\
&=\frac{\tan A+\tan B}{\tan A\tan B-1}.
\end{aligned}$$

よって,

$$(\tan A\tan B-1)\tan C=\tan A+\tan B.$$
$$\tan A+\tan B+\tan C=\tan A\tan B\tan C.$$

(ii) (i) より,

$$a+b+c=abc \qquad \cdots ①$$

が成り立つ.

$$\frac{1}{\tan A}+\frac{1}{\tan B}+\frac{1}{\tan C}=\frac{1}{a}+\frac{1}{b}+\frac{1}{c}$$
$$=\frac{bc+ca+ab}{abc}$$

であるから,

$$\left(\frac{1}{\tan A}+\frac{1}{\tan B}+\frac{1}{\tan C}\right)^2$$
$$=\frac{(bc+ca+ab)^2}{(abc)^2}$$
$$=\frac{a^2b^2+b^2c^2+c^2a^2+2abc(a+b+c)}{(abc)^2}$$
$$\geqq\frac{abc(a+b+c)+2abc(a+b+c)}{(abc)^2}$$
$$\qquad\qquad ((1)より)$$
$$=\frac{3(a+b+c)}{abc}$$
$$=3. \qquad\qquad (①より)$$

$\dfrac{1}{\tan A}+\dfrac{1}{\tan B}+\dfrac{1}{\tan C}>0$ であるから,

$$\frac{1}{\tan A}+\frac{1}{\tan B}+\frac{1}{\tan C}\geqq\sqrt{3}$$

が成り立つ.

等号が成り立つのは,

$$a=b=c \qquad\qquad ((1)より)$$

すなわち,

$$\tan A=\tan B=\tan C$$

すなわち,

$$A=B=C$$

となるときであるから, 等号が成り立つとき
の鋭角三角形の条件は,

正三角形であること.

【参考】

(1)は，次のように考えることもできる。

$$x^2+y^2+z^2-(xz+xy+yz)$$
$$=x^2-(y+z)x+y^2-yz+z^2$$
$$=\left(x-\frac{y+z}{2}\right)^2+\frac{3}{4}y^2-\frac{3}{2}yz+\frac{3}{4}z^2$$
$$=\left(x-\frac{y+z}{2}\right)^2+\frac{3}{4}(y-z)^2$$
$$\geqq 0.$$

（参考終り）

38

(1) $A(x)$ を $x+1$ で割ると次のようになる。

$$
\begin{array}{r}
x^2-(3a+1)x+3a+3b+1 \\
x+1\,\overline{\smash{\big)}\,x^3-3ax^2+3bx+c} \\
\underline{-)\ x^3+x^2} \\
-(3a+1)x^2+3bx+c \\
\underline{-)\ -(3a+1)x^2-(3a+1)x} \\
(3a+3b+1)x+c \\
\underline{-)\ (3a+3b+1)x+\ 3a+3b+1} \\
-3a-3b+c-1
\end{array}
$$

よって，
$$Q(x)=x^2-(3a+1)x+3a+3b+1.$$
また，$A(x)=0$ が $x=-1$ を解にもつことから，$A(x)$ は $x+1$ で割り切れる。
よって，
$$-3a-3b+c-1=0.$$
$$c=3a+3b+1.$$

(2) 方程式 $Q(x)=0$，$B(x)=0$ の判別式をそれぞれ D_1，D_2 とする。

$Q(x)=0$ が実数解をもつとき，$D_1\geqq0$ であるから，
$$(3a+1)^2-4(3a+3b+1)\geqq0.$$
$$9a^2-6a-12b-3\geqq0.$$
$$4b\leqq3a^2-2a-1.$$
このとき，
$$D_2=(2a)^2-4b$$
$$\geqq4a^2-(3a^2-2a-1)$$
$$=a^2+2a+1$$

$$=(a+1)^2$$
$$\geqq0$$
であるから，$B(x)=0$ も実数解をもつ。

(3) 方程式 $Q(x)=0$，$B(x)=0$ がともに $x=a+1$ を解にもつとき，
$$Q(a+1)=0,\quad B(a+1)=0$$
が成り立つ。

$Q(a+1)=0$ より，
$$(a+1)^2-(3a+1)(a+1)+3a+3b+1=0.$$
$$-2a^2+a+3b+1=0.\quad\cdots①$$
$B(a+1)=0$ より，
$$(a+1)^2-2a(a+1)+b=0.$$
$$-a^2+b+1=0.\quad\cdots②$$
①$-3\times$② より，
$$a^2+a-2=0.$$
$$(a+2)(a-1)=0.$$
よって，求める a の値は，
$$a=-2,\ 1.$$

39 ──〈方針〉

> (2)　$x^3-1=(x-1)(x^2+x+1)$
> であることに着目する。

(1)
$$f(t)=t^m-1$$
とする。

このとき，
$$f(1)=1^m-1=0$$
であるから，$f(t)$ は $t-1$ を因数にもち，整式 $g(t)$ を用いて，
$$f(t)=(t-1)g(t)$$
と表せる。

$t=x^3$ を代入すると，
$$f(x^3)=(x^3-1)g(x^3)$$
すなわち，
$$x^{3m}-1=(x^3-1)g(x^3).\quad\cdots①$$
よって，$x^{3m}-1$ は x^3-1 で割り切れる。

(2)
$$x^3-1=(x-1)(x^2+x+1)$$
であるから，① より，
$$x^{3m}-1=(x^2+x+1)(x-1)g(x^3).$$

$$\cdots①'$$

両辺に x を掛けて整理すると，
$$x^{3m+1}=(x^2+x+1)x(x-1)g(x^3)+x.$$
よって，
$$x^{3m+1}-1=(x^2+x+1)x(x-1)g(x^3)+x-1.$$
$$\cdots②$$

また，①′ の両辺に x^2 を掛けて整理すると，
$$x^{3m+2}=(x^2+x+1)x^2(x-1)g(x^3)+x^2.$$
よって，
$$x^{3m+2}-1=(x^2+x+1)x^2(x-1)g(x^3)+x^2-1$$
$$=(x^2+x+1)\{x^2(x-1)g(x^3)+1\}-x-2.$$
$$\cdots③$$

①′，②，③，および，
$$x-1=(x^2+x+1)\cdot0+x-1,$$
$$x^2-1=(x^2+x+1)\cdot1-x-2$$
より，x^n-1 を x^2+x+1 で割った余りは，
$$\begin{cases} 0 & (n \text{ が } 3 \text{ の倍数のとき}), \\ x-1 & (n \text{ を } 3 \text{ で割った余りが } 1 \text{ のとき}), \\ -x-2 & (n \text{ を } 3 \text{ で割った余りが } 2 \text{ のとき}). \end{cases}$$

(3) ③において $m=674$ の場合を考えると，
$$x^{2024}-1=(x^2+x+1)\{x^2(x-1)g(x^3)+1\}-x-2.$$
x を $-x$ に置き換えると，
$$x^{2024}-1=(x^2-x+1)\{x^2(-x-1)g(-x^3)+1\}+x-2.$$
よって，$x^{2024}-1$ を x^2-x+1 で割った余りは，
$$x-2.$$

((1)の別解)
$$X^m-1=(X-1)(X^{m-1}+X^{m-2}+\cdots+X+1)$$
に $X=x^3$ を代入すると，
$$x^{3m}-1=(x^3-1)\{x^{3(m-1)}+x^{3(m-2)}+\cdots+x^3+1\}.$$
よって，$x^{3m}-1$ は x^3-1 で割り切れる．
((1)の別解終り)

40

(∗) は実数係数の 3 次方程式であるから，$2+i$ が (∗) の解であるとき，共役な複素数 $2-i$ も (∗) の解である．

(∗) の $2\pm i$ 以外の解を α とおくと，解と係数の関係より，

$$\begin{cases} (2+i)+(2-i)+\alpha=-a, \\ (2+i)(2-i)+(2+i)\alpha+(2-i)\alpha=b, \\ (2+i)(2-i)\alpha=-10 \end{cases}$$
すなわち，
$$\begin{cases} 4+\alpha=-a, \\ 5+4\alpha=b, \\ 5\alpha=-10. \end{cases}$$
よって，$\alpha=-2$ であり，
$$a=-2, \quad b=-3.$$
また，(∗) の解は，
$$x=-2, \ 2\pm i.$$

(別解)
$2+i$ が (∗) の解の 1 つであるから，
$$(2+i)^3+a(2+i)^2+b(2+i)+10=0.$$
$$\cdots①$$
ここで，
$$(2+i)^3=8+12i+6i^2+i^3=2+11i,$$
$$(2+i)^2=4+4i+i^2=3+4i$$
であるから，① より，
$$2+11i+a(3+4i)+b(2+i)+10=0.$$
$$(12+3a+2b)+(11+4a+b)i=0.$$
a, b は実数であるから，$12+3a+2b$，$11+4a+b$ は実数であり，
$$\begin{cases} 12+3a+2b=0, \\ 11+4a+b=0. \end{cases}$$
よって，
$$a=-2, \quad b=-3.$$
このとき，(∗) は，
$$x^3-2x^2-3x+10=0.$$
$$(x+2)(x^2-4x+5)=0.$$
したがって，(∗) の解は，
$$x=-2, \ 2\pm i.$$
(別解終り)

41

(1)
$$f(x)=x^4-3x^3+2x^2-3x+1$$
より，
$$\frac{f(x)}{x^2}=x^2-3x+2-\frac{3}{x}+\frac{1}{x^2}$$

$$= x^2 + \frac{1}{x^2} - 3\left(x + \frac{1}{x}\right) + 2$$
$$= \left(x + \frac{1}{x}\right)^2 - 2 - 3\left(x + \frac{1}{x}\right) + 2$$
$$= t^2 - 3t.$$

(2) $f(0) = 1$ より，$x = 0$ は $f(x) = 0$ の解ではない.

$x \neq 0$ のとき，$f(x) = 0$ を満たす x は $\frac{f(x)}{x^2} = 0$ を満たす x に一致するから，(1) より，

$$t^2 - 3t = 0.$$
$$t(t - 3) = 0.$$
$$t = 0, \ 3.$$

よって，

$$x + \frac{1}{x} = 0 \quad \text{または} \quad x + \frac{1}{x} = 3.$$
$$x^2 + 1 = 0 \quad \text{または} \quad x^2 - 3x + 1 = 0.$$

したがって，求める x の値は，

$$x = \pm i, \ \frac{3 \pm \sqrt{5}}{2}.$$

((2) の別解)
$$f(x) = x^4 + 2x^2 + 1 - 3x(x^2 + 1)$$
$$= (x^2 + 1)\{(x^2 + 1) - 3x\}$$
$$= (x^2 + 1)(x^2 - 3x + 1)$$
$$= (x + i)(x - i)\left(x - \frac{3 + \sqrt{5}}{2}\right)\left(x - \frac{3 - \sqrt{5}}{2}\right)$$

であるから，求める x の値は，

$$x = -i, \ i, \ \frac{3 + \sqrt{5}}{2}, \ \frac{3 - \sqrt{5}}{2}.$$

((2) の別解終り)

42

(1) $\quad a^2 + b^2 + c^2 = (a + b + c)^2 - 2(ab + bc + ca)$
$$= x^2 - 2y.$$

(2) $\quad a^3 + b^3 + c^3$
$$= (a + b + c)(a^2 + b^2 + c^2 - ab - bc - ca) + 3abc$$
$$= x(x^2 - 2y - y) + 3z$$
$$= x^3 - 3xy + 3z.$$

(3) 背理法を用いて示す.

$$\begin{cases} \frac{1}{p} + \frac{1}{q} + \frac{1}{r} = 1, & \cdots ① \\ \frac{1}{p^2} + \frac{1}{q^2} + \frac{1}{r^2} = 1, & \cdots ② \\ \frac{1}{p^3} + \frac{1}{q^3} + \frac{1}{r^3} = 1 & \cdots ③ \end{cases}$$

を満たす実数 p, q, r が存在するとする.

このとき，

$$a = \frac{1}{p}, \quad b = \frac{1}{q}, \quad c = \frac{1}{r}$$

とすると，

$$a \neq 0, \quad b \neq 0, \quad c \neq 0 \qquad \cdots ④$$

であり，①，②，③ より，

$$\begin{cases} a + b + c = 1, \\ a^2 + b^2 + c^2 = 1, \\ a^3 + b^3 + c^3 = 1 \end{cases}$$

が成り立つ.

(1), (2) の結果を用いると，

$$\begin{cases} x = 1, & \cdots ①' \\ x^2 - 2y = 1, & \cdots ②' \\ x^3 - 3xy + 3z = 1. & \cdots ③' \end{cases}$$

①'，②' より，

$$x = 1, \quad y = 0$$

となり，このとき，③' より，

$$z = 0 \quad \text{すなわち} \quad abc = 0$$

となるが，これは ④ に矛盾する.

よって，①，②，③ を同時に満たす実数 p, q, r は存在しない.

43 ──〈方針〉─

折れ線の長さ AP+CP が最小となるような点 P の位置は，l に関して A と対称な点 B を用いて考えるとよい.

直線 AB は直線 l に直交することから，

$$\frac{q - k}{p - 0} \cdot 3 = -1.$$
$$q - k = \boxed{-\frac{1}{3}} p. \qquad \cdots ①$$

また，線分 AB の中点 $\left(\frac{p}{2}, \frac{k+q}{2}\right)$ は直

線 $l:y=3x$ 上にあることから，

$$\frac{k+q}{2}=3\cdot\frac{p}{2}.$$

$$q+k=\boxed{3}\,p. \qquad \cdots②$$

①，② より，

$$p=\frac{3}{5}k, \quad q=\frac{4}{5}k$$

であるから，B の座標は k を用いて

$$\boxed{\left(\frac{3}{5}k,\ \frac{4}{5}k\right)}$$

と表される．

C(1, 4) をとると，

$$\begin{aligned}
\text{BC}&=\sqrt{\left(1-\frac{3}{5}k\right)^2+\left(4-\frac{4}{5}k\right)^2}\\
&=\sqrt{\frac{(5-3k)^2+(20-4k)^2}{25}}\\
&=\frac{1}{5}\sqrt{25k^2-\boxed{190}\,k+\boxed{425}}.
\end{aligned}$$

まず，k を固定した状態で考える．

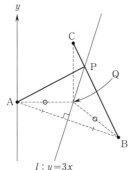

$l:y=3x$

2 点 A，C は l に関して同じ側（$y>3x$ で表される領域）にある．

また，B は l に関して A と対称な点であるから，l 上を動く点 Q に対して，

$$\text{AQ}+\text{CQ}=\text{BQ}+\text{CQ}\geqq\text{BC}$$

が成り立つ．ただし，等号が成り立つのは 3 点 B，Q，C が一直線上にあるときである．

したがって，AQ+CQ は，点 Q が直線 BC と直線 l の交点であるときに最小である．これより，P は直線 BC と直線 l の交点であり，

$$\text{AP}+\text{CP}=\text{BC}=\frac{1}{5}\sqrt{25k^2-190k+425}.$$

次に，$k>0$ の範囲で k を変化させる．

$$\begin{aligned}
25k^2-190k+425&=25\left(k^2-\frac{38}{5}k\right)+425\\
&=25\left\{\left(k-\frac{19}{5}\right)^2-\frac{361}{25}\right\}+425\\
&=25\left(k-\frac{19}{5}\right)^2+64
\end{aligned}$$

であるから，AP+CP は $k=\boxed{\dfrac{19}{5}}$ のとき

最小となり，最小値は $\boxed{\dfrac{8}{5}}$ である．

44

(1)　$C:x^2-6x+y^2-4y+k=0$ より，

$$(x-3)^2-9+(y-2)^2-4+k=0.$$
$$(x-3)^2+(y-2)^2=-k+13.$$

よって，C の中心の座標は $(3,\ 2)$，半径は $\sqrt{-k+13}$ であるから，C が x 軸と接することより，

$$\sqrt{-k+13}=2.$$
$$-k+13=4.$$
$$k=9.$$
$$（k<13 を満たす）$$

(2)　点 $(3,\ 2)$ と直線 $l:ax-y=0$ の距離を d とすると，

$$\begin{aligned}
d&=\frac{|a\cdot3-2|}{\sqrt{a^2+(-1)^2}}\\
&=\frac{|3a-2|}{\sqrt{a^2+1}}.
\end{aligned}$$

(1) より，C の半径は 2 であるから，C と l が接するとき，$d=2$ が成り立つ．

よって，

$$\frac{|3a-2|}{\sqrt{a^2+1}}=2.$$
$$|3a-2|^2=4(a^2+1).$$
$$(3a-2)^2=4a^2+4.$$
$$5a^2-12a=0.$$
$$a(5a-12)=0.$$

$a > 0$ より,

$$a = \frac{12}{5}.$$

(3)

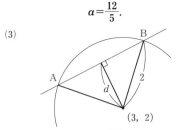

線分 AB の長さが $\sqrt{14}$ のとき,

$d^2 + \left(\frac{\sqrt{14}}{2}\right)^2 = 2^2$ が成り立つ.

よって,

$$\left(\frac{|3a-2|}{\sqrt{a^2+1}}\right)^2 = \frac{1}{2}.$$

$$\frac{(3a-2)^2}{a^2+1} = \frac{1}{2}.$$

$$2(3a-2)^2 = a^2+1.$$

$$17a^2 - 24a + 7 = 0.$$

$$(17a-7)(a-1) = 0.$$

$$a = \frac{7}{17}, \ 1.$$

（$a > 0$ を満たす）

45 ──〈方針〉

(2) まず l_3 が $x = k$（k は実数）で表される直線でないことを確認し，
$y = mx + n$（$m > 0$, $n < 0$）とおいて，l_3 が C_2, C_3 の両方と接する条件を考える．このとき，点と直線の距離公式における絶対値の処理がやや難しいが，次のことを利用すればよい．

xy 平面上で $f(x, y) = 0$ で表される図形を C とすると，xy 平面は C を境界線として2つの領域に分けられる．2点 (p, q), (r, s) が同じ側の領域にあるとき $f(p, q)$ と $f(r, s)$ は同符号であり，反対側の領域にあるとき $f(p, q)$ と $f(r, s)$ は異符号である．

点 A を原点 $(0, 0)$ とし，l_1 を x 軸，l_2 を y 軸とする直交座標系を導入して考える．条件より，円 C_1 の中心を $O_1(0, 1)$，円 C_2 の中心を $O_2(0, 6)$ としてよい．さらに，円 C_3 の中心は第1象限にあるとして考えればよく，3つの円の位置関係は次図のようになる．

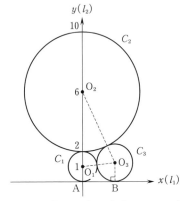

(1) C_3 の中心は $O_3(a, r)$（$a > 0$, $r > 0$）とおける．

C_1 と C_3 が外接することより，

$$\sqrt{a^2 + (r-1)^2} = 1 + r.$$

$$a^2 + (r-1)^2 = (1+r)^2.$$

$$a^2 = 4r. \qquad \cdots ①$$

C_2 と C_3 が外接することより，

$$\sqrt{a^2 + (r-6)^2} = 4 + r.$$

$$a^2 + (r-6)^2 = (4+r)^2.$$

$$a^2 = 20r - 20. \qquad \cdots ②$$

①，②より，

$$4r = 20r - 20.$$

$$r = \frac{5}{4}.$$

また，$a^2 = 5$ であるから，$a > 0$ より，

$$AB = a = \sqrt{5}.$$

(2) C_2 の半径は 4, C_3 の半径は $\frac{5}{4}$ であり，

$$-4 < \sqrt{5} - \frac{5}{4} < \sqrt{5} + \frac{5}{4} < 4$$

であるから，l_3 は y 軸に平行ではない．

また，l_3 が C_1 と共有点をもたない条件から，l_3 の方程式は $mx-y+n=0$
（$m>0$，$n<0$）とおくことができる．

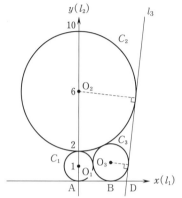

ここで，l_3 に関して A$(0, 0)$ を含む側の領域は，$n<0$ より，不等式 $mx-y+n<0$ で表される．

l_3 が C_2 と接することより，

$$\frac{|m\cdot 0-6+n|}{\sqrt{m^2+(-1)^2}}=4.$$

$O_2(0, 6)$ は l_3 に関して A と同じ側にあるから，

$$m\cdot 0-6+n<0.$$

よって，

$$-(-6+n)=4\sqrt{m^2+1}.$$
$$-n+6=4\sqrt{m^2+1}. \quad \cdots ③$$

l_3 が C_3 と接することより，

$$\frac{\left|m\cdot\sqrt{5}-\frac{5}{4}+n\right|}{\sqrt{m^2+(-1)^2}}=\frac{5}{4}.$$

$O_3\left(\sqrt{5},\ \frac{5}{4}\right)$ は l_3 に関して A と同じ側にあるから，

$$m\cdot\sqrt{5}-\frac{5}{4}+n<0.$$

よって，

$$-4\left(m\sqrt{5}-\frac{5}{4}+n\right)=5\sqrt{m^2+1}.$$
$$-4m\sqrt{5}+5-4n=5\sqrt{m^2+1}. \quad \cdots ④$$

③，④ より，

$$-4m\sqrt{5}+5-4(6-4\sqrt{m^2+1})=5\sqrt{m^2+1}.$$
$$4m\sqrt{5}+19=11\sqrt{m^2+1}.$$
$$41m^2-152\sqrt{5}\,m-240=0.$$
$$(41m+12\sqrt{5})(m-4\sqrt{5})=0.$$

$m>0$ より，

$$m=4\sqrt{5}.$$

また，

$$n=6-4\sqrt{(4\sqrt{5})^2+1}$$
$$=-30$$

であるから，l_3 の方程式は，

$$y=4\sqrt{5}\,x-30.$$

したがって，

$$\mathbf{AD}=\frac{30}{4\sqrt{5}}=\frac{3\sqrt{5}}{2}$$

であり，

$$\mathbf{AE}=30$$

である．

46

(1) C と l_1 の方程式より，y を消去すると，

$$ax^2+bx+c=-3x+3.$$
$$ax^2+(b+3)x+c-3=0. \quad \cdots ①$$

判別式を D_1 とすると，

$$D_1=(b+3)^2-4a(c-3).$$

$D_1=0$ より，

$$(b+3)^2-4a(c-3)=0. \quad \cdots ②$$

また，C と l_2 の方程式より，y を消去すると，

$$ax^2+bx+c=x+3.$$
$$ax^2+(b-1)x+c-3=0. \quad \cdots ③$$

判別式を D_2 とすると，

$$D_2=(b-1)^2-4a(c-3).$$

$D_2=0$ より，

$$(b-1)^2-4a(c-3)=0. \quad \cdots ④$$

②−④ より，

$$(b+3)^2-(b-1)^2=0.$$
$$8b+8=0.$$
$$b=-1.$$

よって，② より，
$$2^2-4a(c-3)=0.$$
$$a(c-3)=1.$$
$$c=\frac{1}{a}+3.$$

(2) (1) の結果より，$C:y=ax^2-x+\dfrac{1}{a}+3$ であるから，
$$y=a\left(x^2-\frac{1}{a}x\right)+\frac{1}{a}+3$$
$$=a\left\{\left(x-\frac{1}{2a}\right)^2-\frac{1}{4a^2}\right\}+\frac{1}{a}+3$$
$$=a\left(x-\frac{1}{2a}\right)^2+\frac{3}{4a}+3.$$

C が x 軸と異なる 2 点で交わる条件は，「$a>0$ かつ C の頂点の y 座標が負」$\cdots$(ア) または「$a<0$ かつ C の頂点の y 座標が正」$\cdots$(イ) である．

(ア) のとき，
$$a>0 \quad かつ \quad \frac{3}{4a}+3<0$$
であるが，これを満たす a は存在しない．

(イ) のとき，
$$a<0 \quad かつ \quad \frac{3}{4a}+3>0.$$
$$a<0 \quad かつ \quad \frac{1}{a}>-4$$
すなわち，
$$-4<\frac{1}{a}<0.$$

(ア)，(イ) より，$\dfrac{1}{a}$ のとり得る値の範囲は，
$$-4<\frac{1}{a}<0.$$

(3) (1) の結果より，① の解は，
$$ax^2+2x+\frac{1}{a}=0.$$
$$x^2+\frac{2}{a}x+\frac{1}{a^2}=0.$$
$$\left(x+\frac{1}{a}\right)^2=0.$$
$$x=-\frac{1}{a}.$$

よって，
$$P\left(-\frac{1}{a},\ \frac{3}{a}+3\right).$$

同様に，③ の解は，
$$ax^2-2x+\frac{1}{a}=0.$$
$$x^2-\frac{2}{a}x+\frac{1}{a^2}=0.$$
$$\left(x-\frac{1}{a}\right)^2=0.$$
$$x=\frac{1}{a}.$$

よって，
$$Q\left(\frac{1}{a},\ \frac{1}{a}+3\right).$$

また，(2) の過程より，
$$R\left(\frac{1}{2a},\ \frac{3}{4a}+3\right).$$

ここで，$G(X,\ Y)$ とおくと，G は三角形 PQR の重心であるから，
$$X=\frac{-\dfrac{1}{a}+\dfrac{1}{a}+\dfrac{1}{2a}}{3}=\frac{1}{6a},$$
$$Y=\frac{\dfrac{3}{a}+3+\dfrac{1}{a}+3+\dfrac{3}{4a}+3}{3}=\frac{19}{12a}+3.$$

したがって，点 $G(X,\ Y)$ が求める軌跡に含まれる条件は，
$$\begin{cases} X=\dfrac{1}{6a}, & \cdots ⑤ \\[2mm] Y=\dfrac{19}{12a}+3, & \cdots ⑥ \\[2mm] -4<\dfrac{1}{a}<0 & \cdots ⑦ \end{cases}$$
を満たす実数 a が存在することである．

⑤ より，
$$\frac{1}{a}=6X$$
であるから，⑥ より，
$$Y=\frac{19}{2}X+3.$$

また，⑦ より，
$$-4<6X<0.$$

$$-\frac{2}{3} < X < 0.$$

以上より，点 G の軌跡は，

端点を含まない線分

$$y = \frac{19}{2}x + 3 \quad \left(-\frac{2}{3} < x < 0\right).$$

47 ──〈方針〉

(3) 2直線の交点の軌跡を求めるときは，交点の座標を求めるのではなく，連立方程式の形から直接パラメータを消去することを考えるとよい．また，【別解】のように，それぞれの直線がパラメータによらず通る点（定点）を求め，2直線がどのように動くかを考察する方法も有効である．

(1) $l_1 : mx + y = m + 1$,
$l_2 : x - my = 2m - 3$ について，

$$m \cdot 1 + 1 \cdot (-m) = m - m$$
$$= 0$$

であるから，l_1 と l_2 は垂直である．

((1) の別解)

(i) $m = 0$ のとき，

$$l_1 : y = 1, \quad l_2 : x = -3$$

であるから，l_1 と l_2 は垂直である．

(ii) $m \neq 0$ のとき，

$$l_1 : y = -mx + m + 1, \quad l_2 : y = \frac{1}{m}x - 2 + \frac{3}{m}$$

より，

$$-m \cdot \frac{1}{m} = -1$$

であるから，l_1 と l_2 は垂直である．

(i)，(ii) より，l_1 と l_2 は垂直である．

((1) の別解終り)

(2) l_1 の方程式を m について整理すると，

$$(x-1)m + y - 1 = 0.$$

この等式が m についての恒等式となるとき，

$$x - 1 = 0 \quad かつ \quad y - 1 = 0$$

すなわち，

$$(x, \ y) = (1, \ 1)$$

であるから，l_1 が m の値によらず通る定点の座標は，

$$(1, \ 1).$$

(3) 求める軌跡を D とする．

点 $(X, \ Y)$ が D 上にある条件は，

$$\begin{cases} mX + Y = m + 1, \\ X - mY = 2m - 3 \end{cases}$$

すなわち，

$$\begin{cases} (X-1)m = -Y + 1, & \cdots ① \\ (Y+2)m - X - 3 = 0 & \cdots ② \end{cases}$$

を満たす正の実数 m が存在することである．

(i) $X = 1$ のとき，① より，

$$Y = 1.$$

② において，$(X, \ Y) = (1, \ 1)$ とすると，

$$3m - 4 = 0.$$

$$m = \frac{4}{3}.$$

①，② を満たす正の実数 m が存在するから，点 $(1, 1)$ は D 上にある．

(ii) $X \neq 1$ のとき，① より，

$$m = \frac{-Y+1}{X-1}.$$

これを ② に代入すると，

$$(Y+2) \cdot \frac{-Y+1}{X-1} - X - 3 = 0.$$

$$X^2 + 2X + Y^2 + Y - 5 = 0.$$

$$(X+1)^2 - 1 + \left(Y + \frac{1}{2}\right)^2 - \frac{1}{4} - 5 = 0.$$

$$(X+1)^2 + \left(Y + \frac{1}{2}\right)^2 = \frac{25}{4}.$$

また，$m > 0$ より，

$$\frac{-Y+1}{X-1} > 0.$$

「$X-1 > 0$ かつ $-Y+1 > 0$」

または「$X-1 < 0$ かつ $-Y+1 < 0$」．

「$X > 1$ かつ $Y < 1$」または「$X < 1$ かつ $Y > 1$」．

(i)，(ii) より，求める軌跡 D は，

円：$(x+1)^2+\left(y+\dfrac{1}{2}\right)^2=\dfrac{25}{4}$

のうち「$x>1$ かつ $y<1$」
または「$x<1$ かつ $y>1$」
を満たす部分と点 $(1,\ 1)$
であり，次図のようになる．

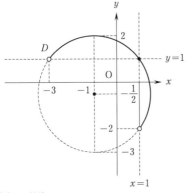

円：$(x+1)^2+\left(y+\dfrac{1}{2}\right)^2=\dfrac{25}{4}$

のうち「$x>1$ かつ $y<1$」
または「$x<1$ かつ $y>1$」
を満たす部分と点 $(1,\ 1)$
であり，次図のようになる．

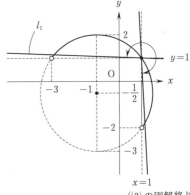

((3) の別解終り)

【注】

軌跡 D は次のように答えてもよい．2点
$(-3,\ 1)$, $(1,\ -2)$ を通る直線 $y=-\dfrac{3}{4}x-\dfrac{5}{4}$
に着目して，

円：$(x+1)^2+\left(y+\dfrac{1}{2}\right)^2=\dfrac{25}{4}$

のうち $y>-\dfrac{3}{4}x-\dfrac{5}{4}$ を満たす部分．

(注終り)

((3) の別解)

(2)より，l_1 は m の値によらず点 $(1,\ 1)$
を通る．
　また，$l_2：x-my=2m-3$ より，
$$(y+2)m-x-3=0$$
であるから，l_2 は m の値によらず
点 $(-3,\ -2)$ を通る．
　(1)より，l_1 と l_2 はつねに垂直に交わるから，l_1 と l_2 の交点は，2点 $(1,\ 1)$,
$(-3,\ -2)$ を直径の両端とする円の周上にある．
　この円の中心の座標は $\left(-1,\ -\dfrac{1}{2}\right)$ であり，半径は $\dfrac{5}{2}$ であるから，この円を表す方程式は，
$$(x+1)^2+\left(y+\dfrac{1}{2}\right)^2=\dfrac{25}{4}.$$
　ここで，m が正の実数全体を動くとき，$l_1：y-1=-m(x-1)$ は $(1,\ 1)$ を通る直線のうち，傾きが負であるものすべてになり得る．
　したがって，求める軌跡 D は，

48 ──〈方針〉──

(2), (3) 領域 D を動く点 $(x,\ y)$ についての関数
$$z=f(x,\ y) \qquad \cdots(*)$$
において，z のとり得る値の範囲は，
xy 平面上において，$(*)$ の表す図形と領域 D が共有点をもつための条件として得られる．

(1) 連立不等式
$$\begin{cases} x \leqq 6, \\ y \leqq 4, \\ 2x+7y+23 \geqq 0, \\ 7x+2y+13 \geqq 0 \end{cases}$$
の表す領域 D は次図の網掛け部分である．ただし，境界を含む．

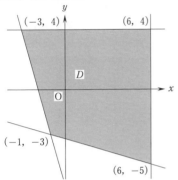

(2) $3x+y=k$ とおくと，$y=-3x+k$ となり，

　　　傾き -3，y 切片 k の直線　…①

を表す．

この直線が D と共有点をもつような k の最大値，最小値を求めればよい．

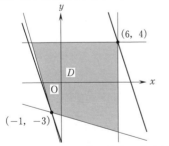

k が最大となるのは ① が点 $(6, 4)$ を通るときであり，そのとき
$$k=3 \cdot 6+4=22.$$
また，k が最小となるのは ① が
点 $(-1, -3)$ を通るときであり，そのとき
$$k=3 \cdot (-1)-3=-6.$$

よって，$3x+y$ は，

　　$x=6$，$y=4$ のとき，最大値 22，

　　$x=-1$，$y=-3$ のとき，最小値 -6

をとる．

(3) $x^2-2x+y=l$ とおくと，
$y=-(x-1)^2+l+1$ となり，

上に凸で頂点の座標が $(1, l+1)$ の放物線
　　　　　　　　　　　　　…②

を表す．

この放物線が D と共有点をもつような l の最大値，最小値を求めればよい．

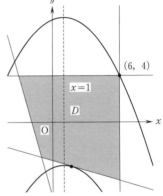

② の軸の方程式は $x=1$ であるから，l が最大となるのは ② が点 $(6, 4)$ を通るときであり，そのとき
$$l=6^2-2 \cdot 6+4=28.$$
次に，② が直線 $2x+7y+23=0$ と接するときを考える．
$$2x+7(-x^2+2x+l)+23=0.$$
$$7x^2-16x-7l-23=0. \qquad …③$$
この方程式の判別式を D_1 とすると，
$$\frac{D_1}{4}=(-8)^2-7 \cdot (-7l-23)$$
$$=49l+225$$
であるから，$D_1=0$ より，
$$l=-\frac{225}{49}.$$
このとき，③ を解くと，

$$7x^2 - 16x + \frac{64}{7} = 0.$$
$$49x^2 - 112x + 64 = 0.$$
$$(7x - 8)^2 = 0.$$
$$x = \frac{8}{7}.$$

よって，② と直線 $2x + 7y + 23 = 0$ の接点は領域 D に含まれる．

したがって，$x^2 - 2x + y$ は，

$x = 6$, $y = 4$ のとき，最大値 28，

$x = \frac{8}{7}$, $y = -\frac{177}{49}$ のとき，最小値 $-\frac{225}{49}$

をとる．

49 ——〈方針〉

(2) 領域 D を動く点 (x, y) についての関数

$$z = f(x, y) \qquad \cdots(*)$$

において，z のとり得る値の範囲は，xy 平面上において，$(*)$ の表す図形と領域 D が共有点をもつための条件として得られる．

(1) 円 C の方程式を
$x^2 + y^2 + lx + my + n = 0$ とおくと，C は 3 点 O, A, B を通るから，

$$\begin{cases} n = 0, \\ -2l + 4m + n + 20 = 0, \\ 2l + 6m + n + 40 = 0 \end{cases}$$

が成り立つ．

これを解くと，

$$l = -2, \quad m = -6, \quad n = 0$$

であるから，C の方程式は，

$$x^2 + y^2 - 2x - 6y = 0.$$

これより，

$$(x-1)^2 - 1 + (y-3)^2 - 9 = 0.$$
$$(x-1)^2 + (y-3)^2 = 10.$$

よって，C の中心の座標は，

$$(1, \ 3).$$

(2) 円 K は直線 AB に関して円 C と対称

であるから，K の中心は直線 AB に関して点 $(1, 3)$ と対称な点である．また，直線 AB の方程式は，

$$y - 6 = \frac{6 - 4}{2 - (-2)}(x - 2).$$
$$y = \frac{1}{2}x + 5.$$

C の中心を $\mathrm{P}(1, 3)$ とし，K の中心を $\mathrm{Q}(s, t)$ とおくと，線分 PQ の中点 $\left(\dfrac{1+s}{2}, \ \dfrac{3+t}{2}\right)$ は直線 AB 上の点であるから，

$$\frac{3+t}{2} = \frac{1}{2} \cdot \frac{1+s}{2} + 5.$$
$$s - 2t = -15. \qquad \cdots①$$

また，直線 PQ と直線 AB は垂直であるから，

$$\frac{t-3}{s-1} \cdot \frac{1}{2} = -1.$$
$$2s + t = 5. \qquad \cdots②$$

①，② より，

$$s = -1, \quad t = 7$$

であるから，K の中心の座標は $(-1, 7)$ である．

K の半径は C の半径と等しいから，K の方程式は，

$$(x+1)^2 + (y-7)^2 = 10.$$

((1), (2) の別解)

(1) 直線 OA の傾きは -2 であり，直線 AB の傾きは $\dfrac{6 - 4}{2 - (-2)} = \dfrac{1}{2}$ であるから，直線 OA と直線 AB は垂直に交わる．

よって，円 C は線分 OB を直径の両端とする円であるから，中心の座標は，

$$(1, \ 3).$$

(2) 条件より，円 K は

A, B, および直線 AB に関して O と対称な点 P を通る．

ここで，OA⊥AB であるから，

線分 OP の中点が A

であり，したがって，$\mathrm{P}(-4, 8)$.

さらに，AB⊥AP であるから，線分 BP は K の直径である．これより，

K の中心の座標は $(-1,\ 7)$，

K の半径は $\dfrac{1}{2}\mathrm{BP}=\sqrt{10}$.

以上より，K の方程式は
$$(x+1)^2+(y-7)^2=10.$$
$$((1),\ (2)\ \text{の別解終り})$$

(3) C は 2 点 A，B を通り，K は直線 AB に関して C と対称な円であるから，K と直線 AB は 2 点 A，B で交わる．

よって，領域 D は次図の網掛け部分である．ただし，境界を含む．

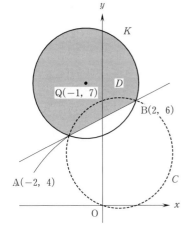

$y-3x=k$ とおくと，$y=3x+k$ となり，

傾き 3，y 切片 k の直線 …③

を表す．

この直線が D と共有点をもつような k の最大値，最小値を求めればよい．

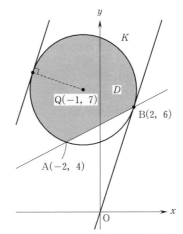

k が最大となるのは③が D の円弧の部分と接するときである．点 $\mathrm{Q}(-1,\ 7)$ と直線③：$3x-y+k=0$ の距離を d とすると，
$$d=\frac{|3\cdot(-1)-7+k|}{\sqrt{3^2+(-1)^2}}=\frac{|k-10|}{\sqrt{10}}$$
であるから，$d=\sqrt{10}$ より，
$$\frac{|k-10|}{\sqrt{10}}=\sqrt{10}.$$
$$|k-10|=10.$$
$$k=0,\ 20.$$

図より，$k=20$ である．

また，$k=0$ のとき，③と円 K の方程式より，
$$(x+1)^2+(3x-7)^2=10.$$
$$x^2-4x+4=0.$$
$$(x-2)^2=0.$$
$$x=2.$$

よって，$k=0$ のとき，③は点 B において円 K と接する．

したがって，$y-3x$ は，

最小値 **0**，最大値 **20**

をとる．

【注】

本問の(3)においては，直線③が点 B において円 K と接するときに k は最小となる．つまり，接点が D に含まれるかどうか

を考察することなく「B(2, 6) を通るときに最小」としたり、「③が円 K と接するときに最小」としても正しい結論が得られてしまうが、これでは不完全である。

例えば、直線の傾きが 3 ではなく 1 である場合は次図のようになる。

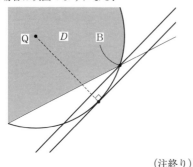

(注終り)

50

工場 A, B, C から回収する廃棄物の量をそれぞれ $10a$kg, $10b$kg, $10c$kg (a, b, c は 0 以上の実数) とおくと、

$$10a+10b+10c \leqq 200$$

すなわち、

$$a+b+c \leqq 20 \qquad \cdots ①$$

が成り立ち、そのとき取り出される金属 P, Q, R の量は、それぞれ

$$P : 3a+b+4c,$$
$$Q : 5a+3b+c,$$
$$R : a+2b+c$$

である。

ここで、製品 K を k 個作るとすると、

$$2k \leqq 3a+b+4c, \qquad \cdots ②$$
$$2k \leqq 5a+3b+c, \qquad \cdots ③$$
$$k \leqq a+2b+c \qquad \cdots ④$$

が成り立つ。

①より、

$$c \leqq 20-a-b$$

であるから、②、③、④より、

$$\begin{cases} 2k \leqq 3a+b+4(20-a-b), \\ 2k \leqq 5a+3b+(20-a-b), \\ k \leqq a+2b+(20-a-b) \end{cases}$$

すなわち、

$$\begin{cases} a+3b \leqq -2k+80, & \cdots ⑤ \\ 2a+b \geqq k-10, & \cdots ⑥ \\ b \geqq k-20 & \cdots ⑦ \end{cases}$$

が成り立つ。

①~④を満たす 0 以上の実数 a, b, c の組が存在するためには、⑤~⑦を満たす 0 以上の実数 a, b の組が存在することが必要である。

まず、⑥、⑦が表す領域を ab 平面に図示すると、次図の網掛け部分（境界を含む）である。

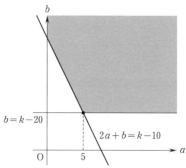

したがって、点 $(5, k-20)$ が不等式⑤の表す領域に含まれることが必要であるから、

$$5+3(k-20) \leqq -2k+80.$$
$$k \leqq 27.$$

$k=27$ のとき、⑤~⑦を満たす実数 a, b の組は、

$$(a, b)=(5, 7)$$

のみであり、このとき、①~④は、

$$\begin{cases} c \leqq 8, \\ c \geqq 8 \end{cases}$$

となり、4 つの不等式を満たす c の値として 8 が存在する。

よって、$k=27$ のとき、①~④を満たす

0 以上の実数 a, b, c の組が存在する.

したがって，製品 K が作れる最大の個数は $\boxed{27}$ 個であり，工場 A から $\boxed{50}$ kg，工場 B から $\boxed{70}$ kg，工場 C から $\boxed{80}$ kg の廃棄物を回収すればよい.

51 ──〈方針〉──

2 倍角の公式
$$\cos 2x = 1 - 2\sin^2 x = 2\cos^2 x - 1,$$
$$\sin 2x = 2\sin x \cos x$$
を用いると，$\sin^2 x$, $\sin x \cos x$, $\cos^2 x$ は $\sin 2x$, $\cos 2x$ で表すことができる.

$\sin^2 x = \dfrac{1-\cos 2x}{2}$, $\sin x \cos x = \dfrac{\sin 2x}{2}$,

$\cos^2 x = \dfrac{1+\cos 2x}{2}$ より，

$$f(x) = 2\sin^2 x + 2\sqrt{3}\,\sin x \cos x + 4\cos^2 x$$
$$= 2\cdot\dfrac{1-\cos 2x}{2} + 2\sqrt{3}\cdot\dfrac{\sin 2x}{2} + 4\cdot\dfrac{1+\cos 2x}{2}$$
$$= \sqrt{3}\,\sin 2x + \cos 2x + 3$$
$$= \boxed{2}\sin\left(2x + \boxed{\dfrac{\pi}{6}}\right) + \boxed{3}$$

である. $0 \le x < 2\pi$ より，

$\dfrac{\pi}{6} \le 2x + \dfrac{\pi}{6} < 4\pi + \dfrac{\pi}{6}$ であるから，

$$-1 \le \sin\left(2x + \dfrac{\pi}{6}\right) \le 1$$
$$1 \le 2\sin\left(2x + \dfrac{\pi}{6}\right) + 3 \le 5$$

すなわち，
$$1 \le f(x) \le 5$$
となるから，$f(x)$ の最大値は $\boxed{5}$ である.

$\dfrac{\pi}{6} \le 2x + \dfrac{\pi}{6} < 4\pi + \dfrac{\pi}{6}$ より，最大値をとる x は，

$$2x + \dfrac{\pi}{6} = \dfrac{\pi}{2},\ \dfrac{5}{2}\pi$$

を解くことで，

$$x = \dfrac{\pi}{6},\ \dfrac{7}{6}\pi$$

となるので，このうち最も大きい値は $\boxed{\dfrac{7}{6}\pi}$

である.

実数 a に対し，x についての方程式 $f(x) = a$ は，

$$2\sin\left(2x + \dfrac{\pi}{6}\right) + 3 = a$$
$$\sin\left(2x + \dfrac{\pi}{6}\right) = \dfrac{a-3}{2} \qquad \cdots ①$$

である. $0 \le x \le \dfrac{3}{2}\pi$ のとき，

$\dfrac{\pi}{6} \le 2x + \dfrac{\pi}{6} \le 3\pi + \dfrac{\pi}{6}$ である.

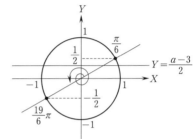

よって，① が異なる 3 つの実数解をもつための条件は，

$$-\dfrac{1}{2} \le \dfrac{a-3}{2} < \dfrac{1}{2}$$

すなわち，
$$\boxed{2 \le a < 4}$$

である.

52

(1) $y = 2\cos 2\theta + 4\cos\theta + a + 3$
$\qquad = 2(2\cos^2\theta - 1) + 4\cos\theta + a + 3$
$\qquad = (2\cos\theta)^2 + 2\cdot 2\cos\theta + a + 1$

であるから，$x = 2\cos\theta$ とすると，
$$y = x^2 + 2x + a + 1.$$

(2) $0 \le \theta < 2\pi$ のとき，$-1 \le \cos\theta \le 1$ であるから，$x = 2\cos\theta$ のとり得る値の範囲は，
$$-2 \le x \le 2$$
である.

$$y = x^2 + 2x + a + 1$$
$$= (x+1)^2 + a.$$

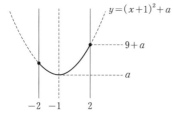

よって,

$$y \text{ の最大値は } 9+a,$$
$$y \text{ の最小値は } a.$$

(3) $a=0$ のとき,$y=x^2+2x+1$ であるから,$y=0$ とすると,

$$x^2+2x+1=0$$
$$(x+1)^2=0$$
$$x=-1.$$

$x=2\cos\theta$ であるから,

$$\cos\theta=-\frac{1}{2}$$

であり,$0\leqq\theta<2\pi$ より,

$$\theta=\frac{2}{3}\pi,\ \frac{4}{3}\pi.$$

(4) $y=0$ のとき,

$$x^2+2x+a+1=0$$
$$-(x+1)^2=a. \quad \cdots\text{①}$$

① を満たす実数 x は,曲線 $y=-(x+1)^2$ と直線 $y=a$ の交点の x 座標と一致する.

また,$0\leqq\theta<2\pi$ の範囲で,$\cos\theta=\dfrac{x}{2}$ を満たす θ の個数は,

$$-1<\frac{x}{2}<1 \quad \text{すなわち} \quad -2<x<2$$

のときは2個であり,

$$\frac{x}{2}=\pm1 \quad \text{すなわち} \quad x=\pm2$$

のときは1個である.

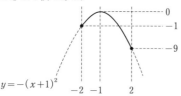

以上より,$y=0$ を満たす θ の個数は次のようになる.

a の値	$\cdots$	-9	$\cdots$	-1	$\cdots$	0	$\cdots$
θ の個数	0	1	2	3	4	2	0

よって,求める a のとり得る値の範囲は,

$$-9<a<-1, \quad a=0.$$

53 ──〈方針〉──

三角関数の相互関係
$$\tan\theta=\frac{\sin\theta}{\cos\theta}, \quad 1+\tan^2\theta=\frac{1}{\cos^2\theta}$$
および,2倍角の公式を利用する.

$x=\tan\theta$ のとき,

$$\frac{x}{x^2+1}=\frac{\tan\theta}{\tan^2\theta+1}$$
$$=\frac{\sin\theta}{\cos\theta}\cdot\cos^2\theta$$
$$=\sin\theta\cos\theta$$
$$=\frac{\boxed{1}}{\boxed{2}}\sin2\theta$$

であり,また,

$$\frac{1}{x^2+1}=\frac{1}{\tan^2\theta+1}$$
$$=\cos^2\theta$$
$$=\frac{\boxed{1}}{\boxed{2}}(\cos2\theta+1)$$

である.よって,$y=\dfrac{x^2+3x+5}{x^2+1}$ とすると,

$$y=\frac{x^2+1+3x+4}{x^2+1}$$
$$=\frac{x^2+1}{x^2+1}+3\cdot\frac{x}{x^2+1}+4\cdot\frac{1}{x^2+1}$$
$$=1+3\cdot\frac{1}{2}\sin2\theta+4\cdot\frac{1}{2}(\cos2\theta+1)$$
$$=\frac{3}{2}\sin2\theta+2\cos2\theta+3$$
$$=\frac{1}{2}(3\sin2\theta+4\cos2\theta)+3$$

である.

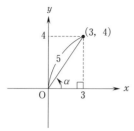

上図の α を用いると，
$$3\sin 2\theta + 4\cos 2\theta = 5\sin(2\theta + \alpha)$$
であるから，y は，
$$y = \boxed{\dfrac{5}{2}}\sin(2\theta + \alpha) + \boxed{3} \quad \cdots ①$$
と表せる．ただし，上図より，
$$\cos\alpha = \boxed{\dfrac{3}{5}}, \quad \sin\alpha = \boxed{\dfrac{4}{5}}$$
である．

$x = \tan\theta$ であるから，$|x| \leqq 1$ のとき，
$$|\tan\theta| \leqq 1$$
$$-1 \leqq \tan\theta \leqq 1$$
である．よって，$|\theta| < \dfrac{\pi}{2}$ すなわち

$-\dfrac{\pi}{2} < \theta < \dfrac{\pi}{2}$ のもとで，θ のとり得る値の範囲は，
$$-\dfrac{\pi}{4} \leqq \theta \leqq \dfrac{\pi}{4}$$
すなわち
$$|\theta| \leqq \dfrac{\pi}{\boxed{4}}$$
である．このもとで，① の最大値と最小値を求める．$-\dfrac{\pi}{4} \leqq \theta \leqq \dfrac{\pi}{4}$ のとき，
$$-\dfrac{\pi}{2} + \alpha \leqq 2\theta + \alpha \leqq \dfrac{\pi}{2} + \alpha$$
であり，次の図より，
$$\sin\left(-\dfrac{\pi}{2} + \alpha\right) \leqq \sin(2\theta + \alpha) \leqq 1 \cdots ②$$
である．

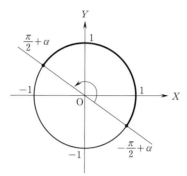

ここで，
$$\sin\left(-\dfrac{\pi}{2} + \alpha\right) = -\cos\alpha = -\dfrac{3}{5}$$
であるから，② は，
$$-\dfrac{3}{5} \leqq \sin(2\theta + \alpha) \leqq 1$$
となる．これより，
$$-\dfrac{3}{5} \cdot \dfrac{5}{2} + 3 \leqq \dfrac{5}{2}\sin(2\theta + \alpha) + 3 \leqq 1 \cdot \dfrac{5}{2} + 3.$$
$$\dfrac{3}{2} \leqq y \leqq \dfrac{11}{2}.$$

したがって，
$$y \text{ の最大値は } \boxed{\dfrac{11}{2}},$$
$$y \text{ の最小値は } \boxed{\dfrac{3}{2}}$$
である．

54 ──〈方針〉─

傾きについてのみ考えるので，登場する直線はすべて y 切片が 0 であるとしても一般性を失わない．

また，$\tan\theta$ の値から $\tan\dfrac{\theta}{2}$ の値を求めるときは，

$$\tan\theta=\tan 2\cdot\frac{\theta}{2}=\frac{2\tan\frac{\theta}{2}}{1-\tan^2\frac{\theta}{2}}$$

を用いて，$\tan\dfrac{\theta}{2}$ についての 2 次方程式を解けばよい．

傾きが k，$k(4k^2+3)$ である直線を，それぞれ
$$y=kx,\quad y=k(4k^2+3)x$$
としても一般性を失わない．

$\alpha,\ \beta$ は
$$\tan\alpha=k,\quad \tan\beta=k(4k^2+3),$$
$$0<\alpha<\frac{\pi}{2},\quad 0<\beta<\frac{\pi}{2}$$
を満たすので，次の図のようになる．

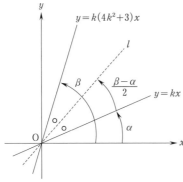

よって，l と x 軸のなす角は，
$$\alpha+\frac{\beta-\alpha}{2}=\boxed{\frac{\alpha+\beta}{2}}\quad\cdots①$$
となり，l の傾きは $\tan\dfrac{\alpha+\beta}{2}$ である．ここで，

$$\tan(\alpha+\beta)=\frac{\tan\alpha+\tan\beta}{1-\tan\alpha\tan\beta}$$
であり，この分母は，
$$1-\tan\alpha\tan\beta=1-k\cdot k(4k^2+3)$$
$$=(1+k^2)(1-4k^2)$$
であるから，$k\neq\boxed{\dfrac{1}{2}}\ \cdots②$ ならば
$1-\tan\alpha\tan\beta\neq0$ であり，
$$\tan(\alpha+\beta)=\frac{k+k(4k^2+3)}{(1+k^2)(1-4k^2)}$$
$$=\frac{4k(k^2+1)}{(1+k^2)(1-4k^2)}$$
$$=\boxed{\frac{4k}{1-4k^2}}\quad\cdots③$$
である．

$$\tan(\alpha+\beta)=\tan 2\cdot\frac{\alpha+\beta}{2}=\frac{2\tan\frac{\alpha+\beta}{2}}{1-\tan^2\frac{\alpha+\beta}{2}}$$
$$\cdots(ア)$$

が成り立つから，$\tan\dfrac{\alpha+\beta}{2}=x$ とおくと，③ より (ア) は，
$$\frac{4k}{1-4k^2}=\frac{2x}{1-x^2}$$
となる．これより，
$$2kx^2+(1-4k^2)x-2k=0$$
$$(2kx+1)(x-2k)=0$$
となり，$k>0$，$x>0$ より，$x=2k$ である．したがって，
$$\tan\frac{\alpha+\beta}{2}=\boxed{2k}\quad\cdots④$$
が得られる．

$k=\dfrac{1}{2}$ ならば，$\tan\alpha=\dfrac{1}{2}$，$\tan\beta=2$ であり，
$$\tan\alpha=\frac{2\tan\frac{\alpha}{2}}{1-\tan^2\frac{\alpha}{2}},\quad \tan\beta=\frac{2\tan\frac{\beta}{2}}{1-\tan^2\frac{\beta}{2}}$$
より，
$$\frac{1}{2}=\frac{2\tan\frac{\alpha}{2}}{1-\tan^2\frac{\alpha}{2}},\quad 2=\frac{2\tan\frac{\beta}{2}}{1-\tan^2\frac{\beta}{2}}$$

すなわち

$$\tan^2\frac{\alpha}{2}+4\tan\frac{\alpha}{2}-1=0,$$

$$\tan^2\frac{\beta}{2}+\tan\frac{\beta}{2}-1=0$$

となる. $0<\dfrac{\alpha}{2}<\dfrac{\pi}{4}$, $0<\dfrac{\beta}{2}<\dfrac{\pi}{4}$ より,

$\tan\dfrac{\alpha}{2}>0$, $\tan\dfrac{\beta}{2}>0$ であるから,

$$\tan\frac{\alpha}{2}=\boxed{\sqrt{5}-2}\quad\cdots\text{⑤},$$

$$\tan\frac{\beta}{2}=\boxed{\dfrac{\sqrt{5}-1}{2}}\quad\cdots\text{⑥}$$

であり,

$$\tan\frac{\alpha+\beta}{2}=\tan\left(\frac{\alpha}{2}+\frac{\beta}{2}\right)$$

$$=\frac{\tan\dfrac{\alpha}{2}+\tan\dfrac{\beta}{2}}{1-\tan\dfrac{\alpha}{2}\tan\dfrac{\beta}{2}}$$

$$=\frac{\sqrt{5}-2+\dfrac{\sqrt{5}-1}{2}}{1-(\sqrt{5}-2)\cdot\dfrac{\sqrt{5}-1}{2}}$$

$$=\frac{3\sqrt{5}-5}{3\sqrt{5}-5}=\boxed{1}\quad\cdots\text{⑦}$$

となる. これは, ④ で $k=\dfrac{1}{2}$ としたときの

値と一致する.

　以上より, いずれの場合も l の傾きは $2k$

で与えられる.

55 ─〈方針〉─

(2) 「t が有理数ならば $\cos 2\theta$ と $\sin 2\theta$
がともに有理数」であること, およびそ
の逆がそれぞれ真であることを示す.

(1) $1+\tan^2\theta=\dfrac{1}{\cos^2\theta}$ より,

$$\cos^2\theta=\frac{1}{1+\tan^2\theta}=\frac{1}{1+t^2}$$

であるから,

$$\cos 2\theta=2\cos^2\theta-1$$

$$=2\cdot\frac{1}{1+t^2}-1$$

$$=\frac{1-t^2}{1+t^2}.$$

　また,

$$\sin 2\theta=2\sin\theta\cos\theta$$

$$=2\tan\theta\cos^2\theta$$

$$=2t\cdot\frac{1}{1+t^2}$$

$$=\frac{2t}{1+t^2}.$$

(2) 条件 p, q を次のように定める.

　$p:t$ は有理数,

　$q:\cos 2\theta$ と $\sin 2\theta$ はともに有理数.

p であることは q であるための必要十分
条件であることを示す.

　まず, p ならば q が真であることを示す.

t が有理数であるとき,

$$\cos 2\theta=\frac{1-t^2}{1+t^2}\quad\text{と}\quad\sin 2\theta=\frac{2t}{1+t^2}$$

はともに有理数である. よって, p ならば q
は真である.

　次に, q ならば p が真であることを示す.

a と b を有理数として,

$$\cos 2\theta=a,\quad\sin 2\theta=b$$

すなわち,

$$\frac{1-t^2}{1+t^2}=a\,\cdots\text{①},\quad\frac{2t}{1+t^2}=b\,\cdots\text{②}$$

とする. ① より,

$$1-t^2=a(1+t^2)$$

$$(1+a)t^2=1-a.$$

$a=-1$ とすると, 左辺は 0, 右辺は 2 と
なり矛盾するので, $a\neq-1$ であり,

$$t^2=\frac{1-a}{1+a}$$

となる. a は有理数であるから, t^2 は有理
数である. ② を変形すると,

$$t=\frac{b(1+t^2)}{2}$$

となり, b, t^2 はともに有理数であるから,
t は有理数である. よって q ならば p は真

である.

以上より, p であることは q であるための必要十分条件である.

56 ──〈方針〉

(1) 3倍角の公式
$$\sin 3\theta = 3\sin\theta - 4\sin^3\theta,$$
$$\cos 3\theta = 4\cos^3\theta - 3\cos\theta$$
を用いる. この導出については,【参考】を参照. また, 5倍角の公式
$$\sin 5\theta = 16\sin^5\theta - 20\sin^3\theta + 5\sin\theta \quad \cdots(*)$$
を用いるが, これは解答の中で導出する. ちなみに, (*) は覚えておく必要はない.

(2) すべての実数 x に対して,
$$f(x+c) = f(x)$$
が成り立つとき, c を $f(x)$ の周期という.

(1) $\sin 3x = 3\sin x - 4\sin^3 x$ より,
$$\sin^3 x = \frac{3}{4}\sin x - \frac{1}{4}\sin 3x. \quad \cdots\text{①}$$

また,
$$\begin{aligned}
\sin 5x &= \sin(3x+2x)\\
&= \sin 3x\cos 2x + \cos 3x\sin 2x\\
&= (3\sin x - 4\sin^3 x)(1 - 2\sin^2 x)\\
&\quad + (4\cos^3 x - 3\cos x)\cdot 2\sin x\cos x\\
&= 8\sin^5 x - 10\sin^3 x + 3\sin x\\
&\quad + 2\sin x\cos^2 x(4\cos^2 x - 3)\\
&= 8\sin^5 x - 10\sin^3 x + 3\sin x\\
&\quad + 2\sin x(1-\sin^2 x)\{4(1-\sin^2 x)-3\}\\
&= 16\sin^5 x - 20\sin^3 x + 5\sin x
\end{aligned}$$
であるから,
$$\sin^5 x = \frac{1}{16}\sin 5x + \frac{5}{4}\sin^3 x - \frac{5}{16}\sin x$$
となり, ① を代入すると,
$$\begin{aligned}
\sin^5 x &= \frac{1}{16}\sin 5x + \frac{5}{4}\left(\frac{3}{4}\sin x - \frac{1}{4}\sin 3x\right) - \frac{5}{16}\sin x\\
&= \frac{1}{16}\sin 5x - \frac{5}{16}\sin 3x + \frac{5}{8}\sin x \quad \cdots\text{②}
\end{aligned}$$

である.

①, ② より,
$$\begin{aligned}
f(x) &= a\sin^5 x + b\sin^3 x + 5\sin x\\
&= a\left(\frac{1}{16}\sin 5x - \frac{5}{16}\sin 3x + \frac{5}{8}\sin x\right)\\
&\quad + b\left(\frac{3}{4}\sin x - \frac{1}{4}\sin 3x\right) + 5\sin x\\
&= \frac{a}{16}\sin 5x - \frac{5a+4b}{16}\sin 3x + \frac{5a+6b+40}{8}\sin x
\end{aligned}$$
が成り立つ.

(2) 対偶, すなわち,
「$f(x)$ の周期が $\frac{2}{5}\pi$ である」ならば
「$a=16$ かつ $b=-20$」
が真であることを示す.

$f(x)$ の周期が $\frac{2}{5}\pi$ であるとき, すべての実数 x に対して,
$$f\left(x+\frac{2}{5}\pi\right) = f(x)$$
が成り立つから, $x=0$, $-\dfrac{\pi}{5}$ のときを考えると,
$$f\left(\frac{2}{5}\pi\right) = f(0), \quad f\left(\frac{\pi}{5}\right) = f\left(-\frac{\pi}{5}\right)$$
が成り立つ. 以下, $A = \dfrac{5a+4b}{16}$,
$B = \dfrac{5a+6b+40}{8}$ とする.

$f\left(\dfrac{2}{5}\pi\right) = f(0)$ より,
$$\frac{a}{16}\sin 2\pi - A\sin\frac{6}{5}\pi + B\sin\frac{2}{5}\pi = 0$$
$$A\sin\frac{6}{5}\pi = B\sin\frac{2}{5}\pi.$$
$\sin\dfrac{6}{5}\pi = -\sin\dfrac{\pi}{5}$, $\sin\dfrac{2}{5}\pi = 2\sin\dfrac{\pi}{5}\cos\dfrac{\pi}{5}$ より,
$$-A\sin\frac{\pi}{5} = 2B\sin\frac{\pi}{5}\cos\frac{\pi}{5}.$$
$\sin\dfrac{\pi}{5} \neq 0$ より,
$$-A = 2B\cos\frac{\pi}{5}. \quad \cdots\text{③}$$

また，$f\left(\dfrac{\pi}{5}\right)=f\left(-\dfrac{\pi}{5}\right)$ より，

$$\dfrac{a}{16}\sin\pi-A\sin\dfrac{3}{5}\pi+B\sin\dfrac{\pi}{5}$$
$$=\dfrac{a}{16}\sin(-\pi)-A\sin\left(-\dfrac{3}{5}\pi\right)+B\sin\left(-\dfrac{\pi}{5}\right).$$

ここで，

$$\sin\pi=\sin(-\pi)=0,$$
$$\sin\dfrac{3}{5}\pi=\sin\dfrac{2}{5}\pi,$$
$$\sin\left(-\dfrac{3}{5}\pi\right)=-\sin\dfrac{3}{5}\pi=-\sin\dfrac{2}{5}\pi,$$
$$\sin\left(-\dfrac{\pi}{5}\right)=-\sin\dfrac{\pi}{5}$$

であるから，

$$-A\sin\dfrac{2}{5}\pi+B\sin\dfrac{\pi}{5}=A\sin\dfrac{2}{5}\pi-B\sin\dfrac{\pi}{5}.$$
$$A\sin\dfrac{2}{5}\pi=B\sin\dfrac{\pi}{5}.$$
$$2A\sin\dfrac{\pi}{5}\cos\dfrac{\pi}{5}=B\sin\dfrac{\pi}{5}.$$
$$2A\cos\dfrac{\pi}{5}=B. \qquad \cdots④$$

ここで，$A\neq0$ と仮定すると，④ より $\cos\dfrac{\pi}{5}=\dfrac{B}{2A}$ となり，これを③に代入すると，

$$-A=2B\cdot\dfrac{B}{2A},$$
$$-1=\left(\dfrac{B}{A}\right)^2 \qquad \cdots⑤$$

となる．a，b は実数であるから，A，B も実数であり，⑤ は $\left(\dfrac{B}{A}\right)^2\geqq0$ であることに矛盾する．よって $A=0$ である．

$A=0$ のとき，④ より $B=0$ となる．

以上より，$A=0$ かつ $B=0$ すなわち，

$$\dfrac{5a+4b}{16}=0 \quad かつ \quad \dfrac{5a+6b+40}{8}=0$$

が成り立ち，これを解くと，

$$(a,\ b)=(16,\ -20)$$

となる．

したがって，対偶が真であるから，

$a\neq16$ または $b\neq-20$ ならば

$f(x)$ の周期は $\dfrac{2}{5}\pi$ にならない

が成り立つ．

【参考】

3倍角の公式

$$\sin3\theta=3\sin\theta-4\sin^3\theta$$

は，次のように導出できる．

$$\sin3\theta=\sin(2\theta+\theta)$$
$$=\sin2\theta\cos\theta+\cos2\theta\sin\theta$$
$$=2\sin\theta\cos^2\theta+(1-2\sin^2\theta)\sin\theta$$
$$=2\sin\theta(1-\sin^2\theta)+\sin\theta-2\sin^3\theta$$
$$=3\sin\theta-4\sin^3\theta.$$

$\cos3\theta=4\cos^3\theta-3\cos\theta$ についても，$\cos3\theta=\cos(2\theta+\theta)$ として，同様に導出することができる．

（参考終り）

57

(1)
$(\log_4 x)(\log_{\sqrt{2}}\sqrt{x})-(\log_8 x^3)^2+\log_2(8x^3)+1=0$ について，真数条件から，

$x>0$ かつ $\sqrt{x}>0$ かつ $x^3>0$ かつ $8x^3>0$

すなわち，

$$x>0 \qquad \cdots(\#)$$

である．$(\#)$ の下で，

$$\log_4 x=\dfrac{\log_2 x}{\log_2 4}=\dfrac{1}{2}\log_2 x,$$

$$\log_{\sqrt{2}}\sqrt{x}=\dfrac{\log_2\sqrt{x}}{\log_2\sqrt{2}}=\dfrac{\dfrac{1}{2}\log_2 x}{\dfrac{1}{2}}=\log_2 x,$$

$$\log_8 x^3=\dfrac{\log_2 x^3}{\log_2 8}=\dfrac{3\log_2 x}{3}=\log_2 x,$$

$$\log_2(8x^3)=\log_2 8+\log_2 x^3=3+3\log_2 x$$

であるから，$t=\log_2 x$ とおくと，
$(\log_4 x)(\log_{\sqrt{2}}\sqrt{x})-(\log_8 x^3)^2+\log_2(8x^3)+1=0$ は，

$$\frac{1}{2}t \cdot t - t^2 + 3 + 3t + 1 = 0$$

となり，

$$t^2 - 6t - 8 = 0.$$
$$t = 3 \pm \sqrt{17}.$$

したがって，

$$\boldsymbol{x = 2^{3 \pm \sqrt{17}}.}$$

である．（これは(#)を満たす．）

(2) $2\log_4(1-x) < 1 + \log_2 3 - \log_2(3-x)$

について，真数条件から，

$$1 - x > 0 \quad かつ \quad 3 - x > 0$$

すなわち，

$$x < 1 \qquad \cdots (b)$$

である．(b)の下で，不等式

$$2\log_4(1-x) < 1 + \log_2 3 - \log_2(3-x)$$

より，

$$2 \cdot \frac{\log_2(1-x)}{\log_2 4} + \log_2(3-x) < \log_2 2 + \log_2 3.$$
$$\log_2(1-x)(3-x) < \log_2 6.$$

底が 1 より大であるから，

$$(1-x)(3-x) < 6.$$
$$x^2 - 4x - 3 < 0.$$
$$x < 2 - \sqrt{7}, \quad x > 2 + \sqrt{7}.$$

これと(b)から，

$$\boxed{x < 2 - \sqrt{7}}$$

である．

58

$t = 3^x - 3^{-x}$ とおくと，

$$t^2 = 3^{2x} - 2 \cdot 3^x \cdot 3^{-x} + 3^{-2x}$$
$$= 9^x + 9^{-x} - 2$$

であるから，

$$y = 9^x + 9^{-x} + 3^x - 3^{-x} + 7$$
$$= (t^2 + 2) + t + 7$$
$$= \left(t + \frac{1}{2}\right)^2 + \frac{35}{4}$$

となる．したがって，$t = -\frac{1}{2}$ を満たす実数 x が存在すれば，$t = -\frac{1}{2}$ のとき y は最小値

$\frac{35}{4}$ をとる．

$t = -\frac{1}{2}$ は，

$$3^x - 3^{-x} = -\frac{1}{2}$$

となり，

$$2(3^x)^2 + 3^x - 2 = 0.$$
$$3^x = \frac{-1 \pm \sqrt{17}}{4}.$$

$3^x > 0$ から，

$$3^x = \frac{-1 + \sqrt{17}}{4}$$

つまり，

$$x = \log_3 \frac{-1 + \sqrt{17}}{4}$$

となる．

以上より，

$$x = \log_3 \frac{-1 + \sqrt{17}}{4}$$

のとき y は最小となり，最小値は，

$$\frac{35}{4}$$

である．

59

$$\log_3(x-2) = \log_9(2x^2 - 12x - a + 23) \qquad \cdots (*)$$

について，真数条件から，

$$x > 2 \quad かつ \quad 2x^2 - 12x - a + 23 > 0 \qquad \cdots ①$$

である．① の下で，(*) は，

$$\log_3(x-2) = \frac{\log_3(2x^2 - 12x - a + 23)}{\log_3 9}.$$
$$\log_3(x-2)^2 = \log_3(2x^2 - 12x - a + 23).$$
$$(x-2)^2 = 2x^2 - 12x - a + 23. \quad \cdots ②$$
$$x^2 - 8x + 19 = a$$

となる．② が成り立ち，かつ $x > 2$ のときは ① が成り立つので，方程式 (*) は，

$$x > 2 \quad かつ \quad x^2 - 8x + 19 = a \cdots (\#)$$

となる.

$a=5$ のとき, (#)は,

$$x>2 \quad かつ \quad x^2-8x+14=0$$

となるので,

$$x=\boxed{4\pm\sqrt{2}}$$

である.

また, (#)が異なる 2 つの実数解をもつ a の値の範囲は, $y=x^2-8x+19$ のグラフが直線 $y=a$ と, $x>2$ の範囲で異なる 2 つの共有点をもつ a の値の範囲である.

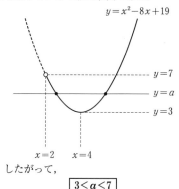

したがって,

$$\boxed{3<a<7}$$

である.

60

2022 年度以降, ゴミの排出量は前年から,

$$1-\frac{4}{100}=\frac{96}{100}=\frac{2^5\cdot3}{10^2} \text{（倍）}$$

となるので, 2024 年度の排出量は,

$$10000\left(\frac{96}{100}\right)^2=\boxed{9216} \text{（トン）}$$

である. また, 2022 年度から n 年後の排出量は,

$$10000\left(\frac{96}{100}\right)^n \text{（トン）}$$

であるから, これが 5000 トン以下となる条件は,

$$10000\left(\frac{96}{100}\right)^n\leqq5000.$$

$$\left(\frac{2^5\cdot3}{10^2}\right)^n\leqq\frac{1}{2}.$$

$$n\log_{10}\frac{2^5\cdot3}{10^2}\leqq\log_{10}\frac{1}{2}.$$

$$(5\log_{10}2+\log_{10}3-2)n\leqq-\log_{10}2.$$

$$(5\cdot0.3010+0.4771-2)n\leqq-0.3010.$$

$$-0.0179n\leqq-0.3010.$$

$$n\geqq\frac{3010}{179}=16.81\cdots.$$

したがって, 初めて排出量が 5000 トン以下となるのは 2022 年から 17 年後であり,

$$\boxed{2039} \text{年度}$$

となる.

61

2^n が 202 桁の整数となる条件は,

$$10^{201}\leqq2^n<10^{202}$$

であり, これは,

$$201\leqq n\log_{10}2<202,$$

$$\frac{201}{\log_{10}2}\leqq n\leqq\frac{202}{\log_{10}2}$$

となる. $\log_{10}2=0.3010$ であるから,

$$667.77\cdots\leqq n<671.09\cdots$$

となる. よって, 2^n が 202 桁の整数となる自然数 n の最大値は,

$$n=\boxed{671}$$

である.

また, $n=671$ のとき,

$$\log_{10}2^n=671\log_{10}2=671\cdot0.3010=201.971$$

となるから,

$$2^n=10^{201.971}=10^{0.971}\cdot10^{201}$$

である. ここで,

$$\log_{10}9=2\log_{10}3=2\cdot0.4771=0.9542$$

より,

$$9<10^{0.971}<10$$

であるから, 2^n の最高位の数字は,

$$\boxed{9}$$

である.

62

(1) $\log_{10}x$ は単調増加関数であるから，$5^n>10^{19}$ を同値変形していくと，

$$n\log_{10}5>19.$$
$$n(1-\log_{10}2)>19.$$
$$n>\frac{19}{1-\log_{10}2}.$$

ここで，$0.3<\log_{10}2<0.31$ より，

$$\frac{19}{1-0.3}<\frac{19}{1-\log_{10}2}<\frac{19}{1-0.31}$$

すなわち，

$$27.14\cdots<\frac{19}{1-\log_{10}2}<27.53\cdots$$

であるから，$5^n>10^{19}$ となる最小の自然数 n は，

$$n=28$$

である．

(2) まず，(1) より，

$$5^{28}+4^{28}>5^{28}>10^{19}$$

であるから，

$$5^{28}+4^{28}>10^{19} \qquad \cdots ①$$

が成り立つ．

次に，

$$\log_{10}5^{27}=27\log_{10}5=27(1-\log_{10}2)$$
$$<27(1-0.3)=18.9$$
$$<18+3\cdot0.3$$
$$<18+3\log_{10}2,$$
$$\log_{10}4^{27}=27\log_{10}4=54\log_{10}2$$
$$<54\cdot0.31=16.74<17$$

より，

$$5^{27}+4^{27}<8\cdot10^{18}+10^{17}<9\cdot10^{18}<10^{19}$$

であるから，

$$5^{27}+4^{27}<10^{19} \qquad \cdots ②$$

が成り立つ．

以上 ①，② と，数列 $\{5^m+4^m\}$（$m=1, 2, 3, \cdots$）が単調増加列であることから，$5^m+4^m>10^{19}$ となる最小の自然数 m は，

$$m=28$$

である．

63

(1) $f'(x)=3x^2-12x+9=3(x-1)(x-3)$

であるから，$f(x)$ の増減は次の表のようになる．

x	$\cdots$	1	$\cdots$	3	$\cdots$
$f'(x)$	+	0	−	0	+
$f(x)$	↗	1	↘	−3	↗

したがって，

極大値は 1，極小値は −3

である．

また，$y=f(x)$ のグラフは次のようになる．

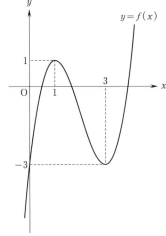

(2) (i) $t>3$ のとき，

$$m(t)=f(t)=t^3-6t^2+9t-3$$

である．

(ii) $0\leqq t\leqq3$ のとき，

$$m(t)=-3$$

である．

(iii) $t<0$ のとき，

$$m(t)=f(t)=t^3-6t^2+9t-3$$

である.

以上 (i)～(iii) より,

$$m(t)=\begin{cases} t^3-6t^2+9t-3 & (t<0, \ t>3) \\ -3 & (0\leqq t\leqq 3) \end{cases}$$

である.

(3) (ア) $t<0$, $t>3$ のとき, $m(t)\geqq t-3$ は,

$$t^3-6t^2+9t-3\geqq t-3$$
$$t^3-6t^2+8t\geqq 0$$
$$t(t-2)(t-4)\geqq 0$$
$$0\leqq t\leqq 2, \quad t\geqq 4$$

となる. これと $t<0$, $t>3$ から,

$$t\geqq 4$$

である.

(イ) $0\leqq t\leqq 3$ のとき, $m(t)\geqq t-3$ は,

$$-3\geqq t-3$$
$$t\leqq 0$$

となる. これと $0\leqq t\leqq 3$ から,

$$t=0$$

である.

以上 (ア), (イ) より, $m(t)\geqq t-3$ を満たす t は,

$$t=0, \quad t\geqq 4$$

である.

64

(1) $t=\cos x+\sin x=\sqrt{2}\,\sin\left(x+\dfrac{\pi}{4}\right)$

である. したがって, x が実数全体を動くとき, 整数 n を用いて,

$$x+\frac{\pi}{4}=\frac{\pi}{2}+2n\pi$$

すなわち,

$$x=\frac{\pi}{4}+2n\pi$$

のとき, t は最大となり, 最大値は,

$$\sqrt{2}$$

である.

$$x+\frac{\pi}{4}=\frac{3\pi}{2}+2n\pi$$

すなわち,

$$x=\frac{5\pi}{4}+2n\pi$$

のとき, t は最小となり, 最小値は,

$$-\sqrt{2}$$

である.

(2) $t^2=\cos^2x+2\cos x\sin x+\sin^2x=1+2\cos x\sin x$ より,

$$\cos x\sin x=\frac{t^2-1}{2}$$

であるから,

$$\begin{aligned} f(x)&=\cos^3x+\sin^3x+\frac{1}{2}\cos x\sin x-\frac{1}{2}(\cos x+\sin x)\\ &=(\cos x+\sin x)(\cos^2x-\cos x\sin x+\sin^2x)\\ &\quad+\frac{1}{2}\cos x\sin x-\frac{1}{2}(\cos x+\sin x)\\ &=t\left(1-\frac{t^2-1}{2}\right)+\frac{1}{2}\cdot\frac{t^2-1}{2}-\frac{1}{2}t\\ &=-\frac{1}{2}t^3+\frac{1}{4}t^2+t-\frac{1}{4} \end{aligned}$$

となる.

(3) $g(t)=-\dfrac{1}{2}t^3+\dfrac{1}{4}t^2+t-\dfrac{1}{4}$

とおくと,

$$g'(t)=-\frac{3}{2}t^2+\frac{1}{2}t+1=-\frac{1}{2}(3t+2)(t-1)$$

である. また, (1) より t のとり得る値の範囲は $-\sqrt{2}\leqq t\leqq\sqrt{2}$ であるから, $g(t)$ の増減は次の表のようになる.

t	$-\sqrt{2}$	$\cdots$	$-\dfrac{2}{3}$	$\cdots$	1	$\cdots$	$\sqrt{2}$
$g'(t)$		$-$	0	$+$	0	$-$	
$g(t)$	$\dfrac{1}{4}$	$\searrow$	$-\dfrac{71}{108}$	$\nearrow$	$\dfrac{1}{2}$	$\searrow$	$\dfrac{1}{4}$

したがって,

$$\text{最大値は } \frac{1}{2}, \quad \text{最小値は } -\frac{71}{108}$$

である.

65

(1) $y=x^3-px$ において,
$$y'=3x^2-p$$
であるから, l の方程式は,
$$y-(a^3-pa)=(3a^2-p)(x-a)$$
すなわち,
$$y=(3a^2-p)x-2a^3.$$

(2) (1)と同様にして, m の方程式は,
$$y=(3b^2-p)x-2b^3.$$
m が P を通ることより,
$$a^3-pa=(3b^2-p)a-2b^3.$$
$$a^3-3b^2a+2b^3=0.$$
$$(a-b)^2(a+2b)=0.$$
P と Q は異なる点であるから,
$$a\neq b. \qquad \cdots ①$$
以上より,
$$a=-2b. \qquad \cdots ②$$

(3) m が P を通ることより, a, b は ①,
② をともに満たす.
②を①に代入すると,
$$-2b\neq b.$$
よって,
$$b\neq 0. \qquad \cdots ③$$
さらに, $l\perp m$ より,
$$(3a^2-p)(3b^2-p)=-1.$$
これに②を代入すると,
$$(12b^2-p)(3b^2-p)=-1.$$
$$36b^4-15pb^2+p^2+1=0. \qquad \cdots ④$$
$t=b^2$ とおくと, ③より $t>0$ であり, ④
は
$$36t^2-15pt+p^2+1=0 \qquad \cdots ④'$$
となる.

以上より, p のとり得る値の範囲は, ④'
を満たす正の数 t が存在するような p の値
の範囲である.
$f(t)=36t^2-15pt+p^2+1$ とおくと,
$$f(t)=36\left(t-\frac{5}{24}p\right)^2-\frac{9}{16}p^2+1$$
であり, $f(0)=p^2+1>0$ である.

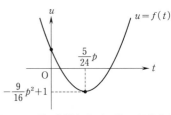

よって, ④'を満たす正の数 t が存在する
ための条件は,
$$\begin{cases} \dfrac{5}{24}p>0, & \cdots ⑤ \\ -\dfrac{9}{16}p^2+1\leqq 0. & \cdots ⑥ \end{cases}$$
⑤より,
$$p>0. \qquad \cdots ⑤'$$
⑥より,
$$9p^2-16\geqq 0.$$
$$(3p-4)(3p+4)\geqq 0.$$
$$p\leqq -\frac{4}{3}, \quad \frac{4}{3}\leqq p. \qquad \cdots ⑥'$$
⑤', ⑥'より, p のとり得る値の範囲は,
$$p\geqq \frac{4}{3}.$$

66 ──〈方針〉──

$\sin 4\theta=k\cos\theta$ を $\sin\theta$, $\cos\theta$, k を
用いて表す.

2倍角の公式を用いると,
$$\begin{aligned}\sin 4\theta&=\sin(2\cdot 2\theta)\\&=2\sin 2\theta\cos 2\theta\\&=2\cdot(2\sin\theta\cos\theta)\cdot(1-2\sin^2\theta)\\&=(-8\sin^3\theta+4\sin\theta)\cos\theta.\end{aligned}$$
これを
$$\sin 4\theta=k\cos\theta \qquad \cdots ①$$
に代入すると,
$$(-8\sin^3\theta+4\sin\theta)\cos\theta=k\cos\theta.$$
$$\cos\theta(-8\sin^3\theta+4\sin\theta-k)=0.$$
これより,
$$\cos\theta=0 \qquad \cdots ②$$
または

$$-8\sin^3\theta+4\sin\theta=k. \quad \cdots ③$$

θ の方程式 ② の $0\leqq\theta\leqq\dfrac{\pi}{2}$ における実数解は,

$$\theta=\dfrac{\pi}{2}$$

の1個である.

よって, θ の方程式 ③ の $0\leqq\theta<\dfrac{\pi}{2}$ における実数解の個数を N とすると, θ の方程式 ① の $0\leqq\theta\leqq\dfrac{\pi}{2}$ における実数解の個数は,

$$N+1 \quad \cdots ④$$

である.

ここで, $x=\sin\theta$ とおくと, ③ は

$$-8x^3+4x=k \quad \cdots ③'$$

となる.

また, x が3次方程式 ③' の解の1つであるとき, $x=\sin\theta$ を満たす実数 θ は,

$0\leqq\theta<\dfrac{\pi}{2}$ の範囲に,

　$0\leqq x<1$ ならば1個あり,

　$0\leqq x<1$ でないならば存在しない.

よって, N は $y=-8x^3+4x$ のグラフの $0\leqq x<1$ の部分と直線 $y=k$ の共有点の個数と等しい.

$y=-8x^3+4x$ について,

$$\begin{aligned}y'&=-24x^2+4\\&=-4(\sqrt{6}\,x+1)(\sqrt{6}\,x-1)\end{aligned}$$

であるから, $0\leqq x<1$ における y の増減は次の表のようになる.

x	0	$\cdots$	$\dfrac{1}{\sqrt{6}}$	$\cdots$	(1)
y'		$+$	0	$-$	
y	0	↗	$\dfrac{4\sqrt{6}}{9}$	↘	(-4)

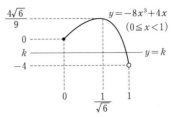

よって,

$$N=\begin{cases}0 & \left(k\leqq-4,\ \dfrac{4\sqrt{6}}{9}<k \text{ のとき}\right),\\1 & \left(-4<k<0,\ k=\dfrac{4\sqrt{6}}{9} \text{ のとき}\right),\\2 & \left(0\leqq k<\dfrac{4\sqrt{6}}{9} \text{ のとき}\right).\end{cases}$$

このことと ④ より, $0\leqq\theta\leqq\dfrac{\pi}{2}$ のとき, θ の方程式 ① の実数解の個数は,

$$\begin{cases}k\leqq-4,\ \dfrac{4\sqrt{6}}{9}<k \text{ のとき, 1 個,}\\[2mm]-4<k<0,\ k=\dfrac{4\sqrt{6}}{9} \text{ のとき, 2 個,}\\[2mm]0\leqq k<\dfrac{4\sqrt{6}}{9} \text{ のとき, 3 個.}\end{cases}$$

67 ──〈方針〉

(2) グラフと「解と係数の関係」を活用する.

(1) 　　　　$f(x)=x^3-3a^2x+1$

より,

$$\begin{aligned}f'(x)&=3x^2-3a^2\\&=3(x+a)(x-a).\end{aligned}$$

$a>1$ より, $f(x)$ の増減は次の表のようになる.

x	$\cdots$	$-a$	$\cdots$	a	$\cdots$
$f'(x)$	$+$	0	$-$	0	$+$
$f(x)$	↗	$2a^3+1$	↘	$-2a^3+1$	↗

よって, $\mathrm{P}(a,\ -2a^3+1)$ である.

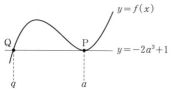

したがって, q は
$$x^3 - 3a^2x + 1 = -2a^3 + 1 \quad \cdots ①$$
の a でない方の解である.

① より,
$$x^3 - 3a^2x + 2a^3 = 0.$$
$$(x-a)^2(x+2a) = 0.$$

よって,
$$q = -2a.$$

(2) $a > 1$ より,
$$2a^3 + 1 > 0, \qquad -2a^3 + 1 < 0$$
であるから, $y = f(x)$ のグラフは x 軸と 3 点で交わる.

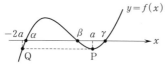

$y = f(x)$ のグラフより, $\beta < a < \gamma$ であるから,
$$|\beta - a| - |\gamma - a| = (a - \beta) - (\gamma - a)$$
$$= 2a - (\beta + \gamma). \quad \cdots ②$$

ここで, α, β, γ は
$$x^3 - 3a^2x + 1 = 0$$
の 3 つの解であるから, 解と係数の関係より,
$$\alpha + \beta + \gamma = 0.$$

よって,
$$\beta + \gamma = -\alpha.$$

このことと ② より,
$$|\beta - a| - |\gamma - a| = 2a - (-\alpha)$$
$$= 2a + \alpha. \quad \cdots ②'$$

さらに, (1) の結果と $y = f(x)$ のグラフより,
$$-2a < \alpha$$

であるから,
$$2a + \alpha > 0.$$

このことと ②' より,
$$|\beta - a| > |\gamma - a|.$$

68 ──〈方針〉

(2) まず r_1 を固定すると, (1) の結果を利用することができる.

(1)

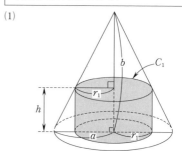

C_1 の高さを h とすると,
$$b : a = (b - h) : r_1.$$
$$a(b - h) = br_1.$$
$$h = b - \frac{b}{a}r_1. \quad \cdots ①$$

よって, C_1 の体積を V とおくと,
$$V = \pi r_1^2 h$$
$$= \pi r_1^2 \left(b - \frac{b}{a}r_1\right)$$
$$= -\frac{\pi b}{a}r_1^3 + \pi b r_1^2.$$

これより,
$$\frac{dV}{dr_1} = -\frac{3\pi b}{a}r_1^2 + 2\pi b r_1 \quad \cdots ②$$
$$= -\frac{\pi b}{a}r_1(3r_1 - 2a).$$

よって, $0 < r_1 < a$ における V の増減は次の表のようになる.

r_1	(0)	$\cdots$	$\dfrac{2}{3}a$	$\cdots$	(a)
$\dfrac{dV}{dr_1}$		$+$	0	$-$	
V		$\nearrow$	$\dfrac{4\pi a^2 b}{27}$	$\searrow$	

したがって，C_1 の体積が最大となるとき，$r_1=\dfrac{2}{3}a$ となる．

(2)

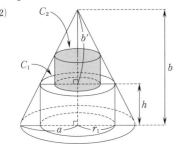

r_1 を $0<r_1<a$ の範囲で固定する．

このとき，(1)の結果より，C_2 の底面の半径が $\dfrac{2}{3}r_1$ のときに C_2 の体積は最大値

$$\frac{4\pi r_1^2 b'}{27}$$

をとる．

また，$b'=b-h$ であるから，

$$\frac{4\pi r_1^2 b'}{27}=\frac{4\pi r_1^2}{27}(b-h)$$

$$=\frac{4\pi r_1^2}{27}\cdot\frac{b}{a}r_1 \quad (\text{① より})$$

$$=\frac{4\pi b r_1^3}{27a}.$$

よって，r_1 を $0<r_1<a$ の範囲で固定したとき，C_1 と C_2 の体積の和の最大値を M とすると，

$$M=V+\frac{4\pi b r_1^3}{27a}$$

である．

次に，固定していた r_1 を $0<r_1<a$ の範囲で動かす．

このときの M を最大にする r_1 があれば，

その r_1 が，C_1 と C_2 の体積の和が最大となるときの r_1 である．

$$\frac{dM}{dr_1}=\frac{dV}{dr_1}+\frac{4\pi b r_1^2}{9a}$$

$$=-\frac{3\pi b}{a}r_1^2+2\pi b r_1+\frac{4\pi b r_1^2}{9a}$$

$$(\text{② より})$$

$$=-\frac{\pi b}{9a}r_1(23r_1-18a)$$

より，$0<r_1<a$ における M の増減は次の表のようになる．

r_1	(0)	$\cdots$	$\dfrac{18}{23}a$	$\cdots$	(a)
$\dfrac{dM}{dr_1}$		$+$	0	$-$	
M		$\nearrow$		$\searrow$	

よって，C_1 と C_2 の体積の和が最大となるときの r_1 は，

$$r_1=\frac{18}{23}a.$$

69 ──〈方針〉──

(1) 円の中心は，円と接線の接点を通って接線に垂直な直線上にあることに着目する．

(1)

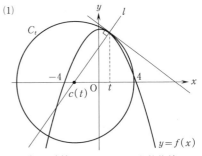

点 $(t,\ f(t))$ において，C_t と放物線 $y=f(x)$ は共通の接線をもつから，放物線 $y=f(x)$ の点 $(t,\ f(t))$ における接線に垂直で点 $(t,\ f(t))$ を通る直線を l とすると，l

と x 軸の交点が C_t の中心である.

$f'(x)=-\dfrac{\sqrt{2}}{2}x$ より，l の方程式は

$$y-\left(-\dfrac{\sqrt{2}}{4}t^2+4\sqrt{2}\right)=\dfrac{2}{\sqrt{2}\,t}(x-t)$$

すなわち，

$$y=\dfrac{\sqrt{2}}{t}x-\dfrac{\sqrt{2}}{4}t^2+3\sqrt{2}.$$

よって，l と x 軸の交点の座標は

$$\left(\dfrac{1}{4}t^3-3t,\ 0\right)$$

であるから，

$$c(t)=\dfrac{1}{4}t^3-3t.$$

また，$r(t)$ は点 $(c(t),\ 0)$ と点 $(t,\ f(t))$ の距離であるから，

$$\begin{aligned}
&\{r(t)\}^2\\
&=\{t-c(t)\}^2+\{f(t)\}^2\\
&=\left\{t-\left(\dfrac{1}{4}t^3-3t\right)\right\}^2+\left(-\dfrac{\sqrt{2}}{4}t^2+4\sqrt{2}\right)^2\\
&=\left\{-\dfrac{1}{4}t(t^2-16)\right\}^2+\left\{-\dfrac{\sqrt{2}}{4}(t^2-16)\right\}^2\\
&=\dfrac{1}{16}t^2(t^2-16)^2+\dfrac{1}{8}(t^2-16)^2\\
&=\dfrac{1}{16}(t^2+2)(t^2-16)^2\\
&=\dfrac{1}{16}(t^2+2)(t+4)^2(t-4)^2.
\end{aligned}$$

(2) $0<t<4$ のとき，C_t が点 $(3,\ a)$ を通るような実数 t の個数を N とすると，N は t の方程式

$$\{3-c(t)\}^2+a^2=\{r(t)\}^2 \quad \cdots(*)$$

の $0<t<4$ における異なる実数解の個数と等しい.

$(*)$ より，

$$\begin{aligned}
a^2&=\{r(t)\}^2-\{3-c(t)\}^2\\
&=\dfrac{1}{16}(t^2+2)(t+4)^2(t-4)^2-\left\{3-\left(\dfrac{1}{4}t^3-3t\right)\right\}^2\\
&=\dfrac{1}{16}t^6-\dfrac{15}{8}t^4+12t^2+32\\
&\quad-\left(\dfrac{1}{16}t^6-\dfrac{3}{2}t^4-\dfrac{3}{2}t^3+9t^2+18t+9\right)
\end{aligned}$$

$$=-\dfrac{3}{8}t^4+\dfrac{3}{2}t^3+3t^2-18t+23$$

であるから，

$$g(t)=-\dfrac{3}{8}t^4+\dfrac{3}{2}t^3+3t^2-18t+23$$

とおくと，N は ty 平面における $y=g(t)$ のグラフの $0<t<4$ を満たす部分と直線 $y=a^2$ の共有点の個数と等しい.

$$\begin{aligned}
g'(t)&=-\dfrac{3}{2}t^3+\dfrac{9}{2}t^2+6t-18\\
&=-\dfrac{3}{2}(t+2)(t-2)(t-3)
\end{aligned}$$

より，$g(t)$ の $0<t<4$ における増減は次の表のようになる.

t	(0)	$\cdots$	2	$\cdots$	3	$\cdots$	(4)
$g'(t)$		$-$	0	$+$	0	$-$	
$g(t)$	(23)	$\searrow$	5	$\nearrow$	$\dfrac{49}{8}$	$\searrow$	(-1)

よって，$y=g(t)$ のグラフの $0<t<4$ を満たす部分と直線 $y=a^2$ は次の図のようになる.

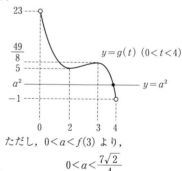

ただし，$0<a<f(3)$ より，

$$0<a<\dfrac{7\sqrt{2}}{4}$$

であるから，

$$0<a^2<\dfrac{49}{8}.$$

したがって，

$$N=\begin{cases}1 & (0<a^2<5 \text{ のとき}),\\ 2 & (a^2=5 \text{ のとき}),\\ 3 & \left(5<a^2<\dfrac{49}{8} \text{ のとき}\right).\end{cases}$$

このことと $0<a<\dfrac{7\sqrt{2}}{4}$ より，C_t が点 $(3,\ a)$ を通るような実数 t は $0<t<4$ の範囲に，

$$\begin{cases} 0<a<\sqrt{5} \text{ のとき，1 個,}\\ a=\sqrt{5} \text{ のとき，2 個,}\\ \sqrt{5}<a<\dfrac{7\sqrt{2}}{4} \text{ のとき，3 個} \end{cases}$$

ある．

70

$$f(x)=12x^2+6x\int_0^1 f(t)\,dt+2\int_0^1 tf(t)\,dt$$

について，

$$k=\int_0^1 f(t)\,dt, \qquad \cdots ①$$
$$l=\int_0^1 tf(t)\,dt \qquad \cdots ②$$

($k,\ l$ は定数)とおくことができるから，

$$f(x)=12x^2+6kx+2l \qquad \cdots ③$$

と表せる．

①，③ より，

$$\begin{aligned} k&=\int_0^1 (12t^2+6kt+2l)\,dt\\ &=\Big[4t^3+3kt^2+2lt\Big]_0^1\\ &=4+3k+2l. \end{aligned}$$

よって，

$$k+l+2=0. \qquad \cdots ④$$

②，③ より，

$$\begin{aligned} l&=\int_0^1 t(12t^2+6kt+2l)\,dt\\ &=\int_0^1 (12t^3+6kt^2+2lt)\,dt\\ &=\Big[3t^4+2kt^3+lt^2\Big]_0^1\\ &=3+2k+l. \end{aligned}$$

よって，

$$k=-\dfrac{3}{2}. \qquad \cdots ⑤$$

④，⑤ より，

$$l=-\dfrac{1}{2}. \qquad \cdots ⑥$$

⑤，⑥ を ③ に代入することにより，

$$f(x)=12x^2-9x-1.$$

71 ──〈方針〉

$0\leqq x\leqq 1$ における x^3-a^3 の符号の変化を調べ，絶対値記号を外して定積分を計算する．

$y=x^3-a^3$ について，

$$y'=3x^2\geqq 0$$

より，y は増加する．

また，$y=x^3-a^3$ について，$x=a$ のとき，$y=0$ となる．

よって，$y=x^3-a^3$ のグラフは次の図のようになる．

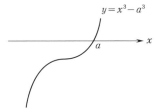

したがって，$f(a)$ は次の(i)，(ii)のようになる．

(i) $0<a\leqq 1$ のとき．

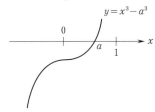

$0\leqq x\leqq a$ において，$x^3-a^3\leqq 0$，
$a\leqq x\leqq 1$ において，$x^3-a^3\geqq 0$
であるから，

$$\begin{aligned} &f(a)\\ &=\int_0^1 |x^3-a^3|\,dx\\ &=\int_0^a |x^3-a^3|\,dx+\int_a^1 |x^3-a^3|\,dx\\ &=\int_0^a \{-(x^3-a^3)\}\,dx+\int_a^1 (x^3-a^3)\,dx \end{aligned}$$

$$=\left[-\left(\frac{x^4}{4}-a^3x\right)\right]_0^a+\left[\frac{x^4}{4}-a^3x\right]_a^1$$

$$=\frac{3}{2}a^4-a^3+\frac{1}{4}.$$

よって,

$$f'(a)=6a^3-3a^2$$
$$=3a^2(2a-1)$$

となる.

(ii) $1\leqq a$ のとき,

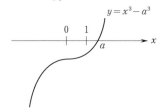

$y=x^3-a^3$

$0\leqq x\leqq1$ において,$x^3-a^3\leqq0$ であるから,

$$f(a)=\int_0^1|x^3-a^3|\,dx$$
$$=\int_0^1\{-(x^3-a^3)\}\,dx$$
$$=\left[-\left(\frac{x^4}{4}-a^3x\right)\right]_0^1$$
$$=a^3-\frac{1}{4}.$$

これより,$1\leqq a$ において,$f(a)$ は増加する.

以上より,$f(a)$ の $a>0$ における増減は次の表のようになる.

a	0	$\cdots$	$\frac{1}{2}$	$\cdots$	1	$\cdots$
$f'(a)$		$-$	0	$+$		
$f(a)$		$\searrow$	$\frac{7}{32}$	$\nearrow$	$\frac{3}{4}$	$\nearrow$

よって,$f(a)$ の最小値は,

$$\frac{7}{32}.$$

【参考】

$\int_0^1|x^3-a^3|\,dx$ は次の図の網掛け部分の面積を表している.

(i) $0<a\leqq1$ のとき.

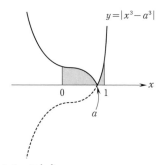

$y=|x^3-a^3|$

(ii) $1\leqq a$ のとき.

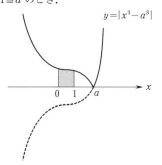

$y=|x^3-a^3|$

(参考終り)

72 ——〈方針〉——

(1) l の方程式を求めるには,「C_1 上の x 座標が s である点における接線と C_2 上の x 座標が t である点における接線が一致する」ような s,t を求めればよい.

$f(x)=2x^2$,$g(x)=2x^2-8x+16$ とおく.

$C_1:y=f(x)$,$C_2:y=g(x)$.

(1) $f'(x)=4x$ より,C_1 の点 $(s,\ f(s))$ における接線の方程式は,

$$y=f'(s)(x-s)+f(s).$$
$$y=4s(x-s)+2s^2.$$
$$y=4sx-2s^2. \qquad \cdots①$$

$g'(x)=4x-8$ より,C_2 の点 $(t,\ g(t))$ における接線の方程式は,

$$y=g'(t)(x-t)+g(t).$$

$$y=(4t-8)(x-t)+2t^2-8t+16.$$
$$y=(4t-8)x-2t^2+16. \quad \cdots ②$$

① と ② が一致する条件は,

$$\begin{cases} 4s=4t-8, \\ -2s^2=-2t^2+16. \end{cases}$$

この連立方程式を解いて,

$$s=1, \quad t=3.$$

したがって, 求める l の方程式は, ① に $s=1$ を代入して,

$$\boldsymbol{y=4x-2.}$$

(2) C_1, C_2 の方程式より y を消去すると,

$$2x^2=2x^2-8x+16$$

より,

$$x=2$$

であり, これが C_1 と C_2 の交点の x 座標である.

求める面積を S とおくと, S は次図の網掛け部分の面積である.

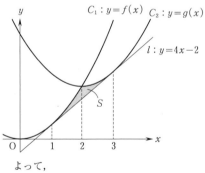

よって,

$$S=\int_1^2\{f(x)-(4x-2)\}\,dx+\int_2^3\{g(x)-(4x-2)\}\,dx$$
$$=\int_1^2 2(x-1)^2\,dx+\int_2^3 2(x-3)^2\,dx$$
$$=\left[\frac{2}{3}(x-1)^3\right]_1^2+\left[\frac{2}{3}(x-3)^3\right]_2^3$$
$$=\frac{4}{3}.$$

73 ──〈方針〉

(2) 一般に, 2つの2次関数 $y=f(x)$ と $y=g(x)$ のグラフが図のように異なる2点で交わるとき, 2交点の x 座標を $x=\alpha$, β $(\alpha<\beta)$ として, $f(x)-g(x)$ は, A を定数として

$$A(x-\alpha)(x-\beta)$$

と因数分解できる.

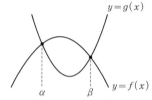

このことから, 面積 $S(a)$ を求めるとき, 定積分の公式

$$\int_\alpha^\beta (x-\alpha)(x-\beta)\,dx=-\frac{1}{6}(\beta-\alpha)^3$$

が利用できる.

$$f(x)=-x^2+a, \quad g(x)=(x-a)^2$$

とおく.

(1) $f(x)=g(x)$ より,

$$-x^2+a=(x-a)^2.$$
$$2x^2-2ax+a^2-a=0. \quad \cdots ①$$

$y=f(x)$ と $y=g(x)$ のグラフが異なる2点で交わる条件は, x の2次方程式 ① が異なる2つの実数解をもつことであるから,

$$(\text{① の判別式})>0$$

により,

$$(-2a)^2-4\cdot 2(a^2-a)>0.$$

これより, $a(a-2)<0$ が導かれるから, 求める a の値の範囲は,

$$\boldsymbol{0<a<2.}$$

(2) (1)のとき, ① の異なる2解は

$$x=\frac{a\pm\sqrt{-a^2+2a}}{2}$$

であり, これらを α, β $(\alpha<\beta)$ とおく.

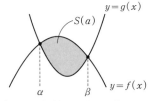

$S(a)$ は図の網掛け部分の面積であるから,

$$S(a)=\int_{\alpha}^{\beta}\{f(x)-g(x)\}\,dx$$
$$=\int_{\alpha}^{\beta}\{-2(x-\alpha)(x-\beta)\}\,dx$$
$$=-2\left(-\frac{1}{6}\right)(\beta-\alpha)^3$$
$$=\frac{1}{3}(\sqrt{-a^2+2a})^3$$
$$=\frac{1}{3}\{-(a-1)^2+1\}^{\frac{3}{2}}.$$

よって, $a=1$ のときに $S(a)$ は最大になり, $S(a)$ の最大値は

$$S(1)=\frac{1}{3}\cdot 1^{\frac{3}{2}}=\frac{1}{3}.$$

74 ──〈方針〉─────

(2) 面積を求めるには, 定積分の公式
$$\int_{\alpha}^{\beta}(x-\alpha)(x-\beta)\,dx=-\frac{1}{6}(\beta-\alpha)^3$$
が利用できる.

(1) $f(x)=x^2$ とおくと,
$$f'(x)=2x$$
であるから, $P(p,\ p^2)$ における C の接線の傾きは
$$f'(p)=2p.$$

よって, l の傾きは $-\dfrac{1}{f'(p)}=-\dfrac{1}{2p}$ であり, l の方程式は,
$$y=-\frac{1}{2p}(x-p)+p^2,$$
すなわち,
$$y=-\frac{1}{2p}x+p^2+\frac{1}{2}.$$

(2) l の方程式を $y=g(x)$ とおく.

C と l の方程式を連立し, y を消去すると,
$$f(x)-g(x)=0.$$
$$x^2+\frac{1}{2p}x-p^2-\frac{1}{2}=0.$$
$$(x-p)\left(x+p+\frac{1}{2p}\right)=0.$$

よって, 求める点の x 座標は
$$x=-p-\frac{1}{2p}.$$

(3) $\alpha=-p-\dfrac{1}{2p}$ とおく.

S は次図の網掛け部分の面積であるから,

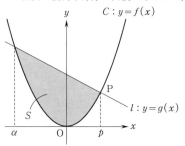

$$S=\int_{\alpha}^{p}\{g(x)-f(x)\}\,dx$$
$$=\int_{\alpha}^{p}\{-(x-\alpha)(x-p)\}\,dx$$
$$=-\left(-\frac{1}{6}\right)(p-\alpha)^3$$
$$=\frac{1}{6}\left(2p+\frac{1}{2p}\right)^3.$$

ここで, $2p>0$, $\dfrac{1}{2p}>0$ であるから, 相加平均と相乗平均の大小関係から,
$$2p+\frac{1}{2p}\geqq 2\sqrt{2p\cdot\frac{1}{2p}},$$
すなわち,
$$2p+\frac{1}{2p}\geqq 2$$
が成り立ち, 等号が成立する条件は,
$$2p=\frac{1}{2p}\quad\text{かつ}\quad p>0$$
より,
$$p=\frac{1}{2}$$

のときである.

したがって, $2p+\dfrac{1}{2p}$ は最小値 2 をとるから, このとき S も最小となり, S の最小値は

$$\frac{1}{6}\cdot 2^3=\frac{4}{3}.$$

また, そのときの p の値は

$$p=\frac{1}{2}.$$

75 ──〈方針〉──

C_1, C_2 はともに, 点 $(\alpha,\ 0)$ で x 軸に接している. C_1 と C_2 の上下関係に注意する.

$f(x)=ax(x-\alpha)^2$, $g(x)=-(x-\alpha)^2$ とおく.

$$C_1 : y=f(x),\quad C_2 : y=g(x).$$

(1) $\alpha>0$, $\alpha a<-1$ より,

$$a<0$$

である.

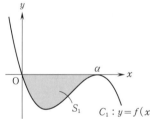

S_1 は図の網掛け部分の面積であるから,

$$S_1=\int_0^\alpha\{-f(x)\}\,dx$$
$$=-a\int_0^\alpha(x^3-2\alpha x^2+\alpha^2 x)\,dx$$
$$=-a\left[\frac{1}{4}x^4-\frac{2\alpha}{3}x^3+\frac{\alpha^2}{2}x^2\right]_0^\alpha$$
$$=-\frac{1}{12}a\alpha^4.$$

(2)　$f(x)-g(x)=ax(x-\alpha)^2+(x-\alpha)^2$
$$=(ax+1)(x-\alpha)^2$$

であるから, $f(x)=g(x)$ を満たす x は

$$x=-\frac{1}{a},\ \alpha.$$

また, $f(x)-g(x)$ の符号は $ax+1$ の符号に一致するから,

$x<-\dfrac{1}{a}$ のとき, $f(x)-g(x)>0$,

$x>-\dfrac{1}{a}$ のとき, $f(x)-g(x)<0$.

これより, $-\dfrac{1}{a}<x<\alpha$ において,

$f(x)<g(x)$ すなわち C_2 が C_1 の上側にあることがわかる.

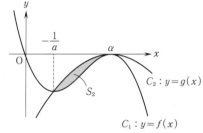

したがって, S_2 は図の網掛け部分の面積であるから,

$$S_2=\int_{-\frac{1}{a}}^\alpha\{g(x)-f(x)\}\,dx$$
$$=\int_{-\frac{1}{a}}^\alpha -a\left(x+\frac{1}{a}\right)(x-\alpha)^2\,dx$$
$$=-a\int_{-\frac{1}{a}}^\alpha\left\{(x-\alpha)+\frac{1}{a}+\alpha\right\}(x-\alpha)^2\,dx$$
$$=-a\int_{-\frac{1}{a}}^\alpha\left\{(x-\alpha)^3+\left(\frac{1}{a}+\alpha\right)(x-\alpha)^2\right\}dx$$
$$=-a\left[\frac{1}{4}(x-\alpha)^4+\frac{1}{3}\left(\frac{1}{a}+\alpha\right)(x-\alpha)^3\right]_{-\frac{1}{a}}^\alpha$$
$$=\frac{a}{4}\left(-\frac{1}{a}-\alpha\right)^4+\frac{a}{3}\left(\frac{1}{a}+\alpha\right)\left(-\frac{1}{a}-\alpha\right)^3$$
$$=\frac{a}{4}\left(\frac{1}{a}+\alpha\right)^4-\frac{a}{3}\left(\frac{1}{a}+\alpha\right)^4$$
$$=-\frac{a}{12}\left(\frac{1}{a}+\alpha\right)^4.$$

したがって, $\dfrac{S_2}{S_1}=\dfrac{1}{16}$, すなわち $S_1=16S_2$ が成り立つとき,

$$-\frac{1}{12}a\alpha^4=16\left\{-\frac{a}{12}\left(\frac{1}{a}+\alpha\right)^4\right\}.$$

$$\alpha^4=16\left(\frac{1}{a}+\alpha\right)^4.$$

$$\alpha=\pm2\left(\frac{1}{a}+\alpha\right).$$

これより,

$$a=-\frac{2}{\alpha},\quad-\frac{2}{3\alpha}.$$

$\alpha a<-1$ より,

$$a=-\frac{2}{\alpha}.$$

76

$$f(x)=x^2-1$$

とおくと,

$$|x^2-1|$$
$$=\begin{cases}f(x)&(x\le-1,\ 1\le x),\\-f(x)&(-1\le x\le1).\end{cases}$$

(1) 方程式 $f(x)=2a(x+1)$ を解くと,

$$x^2-1=2a(x+1).$$
$$(x+1)(x-2a-1)=0.$$
$$x=-1,\ 2a+1.$$

これらはともに $x\le-1,\ 1\le x$ を満たす.

また, 方程式 $-f(x)=2a(x+1)$ を解くと,

$$-x^2+1=2a(x+1).$$
$$(x+1)(x+2a-1)=0.$$
$$x=-1,\ -2a+1.$$

これらはともに $-1\le x\le1$ を満たす.

よって, C と l の共有点の x 座標は

$$\mathbf{-1,\ -2a+1,\ 2a+1.}$$

(2) C と l で囲まれた2つの図形(次図の網掛け部分)のうち, 右側の部分の面積を S_1 とし, 左側の部分の面積を S_2 とする. さらに, 斜線部分の面積を S_3 とする.

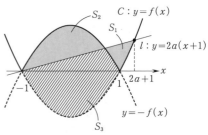

$S_1=S_2$ となる条件は,

$$S_1+S_3=S_2+S_3\qquad\cdots(*)$$

が成り立つことである.

$$\begin{aligned}S_1+S_3&=\int_{-1}^{2a+1}\{2a(x+1)-f(x)\}\,dx\\&=\int_{-1}^{2a+1}\{-(x+1)(x-2a-1)\}\,dx\\&=-\left(-\frac{1}{6}\right)\{(2a+1)-(-1)\}^3\\&=\frac{4}{3}(a+1)^3,\end{aligned}$$

$$\begin{aligned}S_2+S_3&=\int_{-1}^{1}\{-f(x)-f(x)\}\,dx\\&=\int_{-1}^{1}\{-2(x+1)(x-1)\}\,dx\\&=-2\left(-\frac{1}{6}\right)\{1-(-1)\}^3\\&=\frac{8}{3}\end{aligned}$$

であるから, $(*)$ より,

$$\frac{4}{3}(a+1)^3=\frac{8}{3}.$$
$$(a+1)^3=2.$$

a は実数より,

$$a+1=\sqrt[3]{2}.$$

よって, 求める a の値は

$$\boldsymbol{a=\sqrt[3]{2}-1.}$$

(これは $0<a<1$ を満たす.)

77

(1) $f(x)=\dfrac{x^3}{3\sqrt{3}}$ より,

$$f'(x)=\frac{x^2}{\sqrt{3}}.$$

したがって，l の方程式は，
$$y=f'(\sqrt{3})(x-\sqrt{3})+1,$$
すなわち
$$\boldsymbol{y=\sqrt{3}\,x-2.}$$

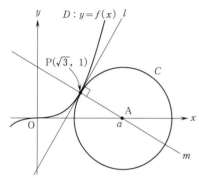

P を通り l に垂直な直線を m とすると，m の方程式は，
$$y=-\frac{1}{\sqrt{3}}(x-\sqrt{3})+1,$$
すなわち
$$y=-\frac{1}{\sqrt{3}}x+2.$$

C と D は P において接しているので，l は P における C の接線でもある．したがって，m は C の中心 A を通ることから，
$$0=-\frac{1}{\sqrt{3}}\cdot a+2.$$
これより，
$$\boldsymbol{a=2\sqrt{3}}.$$

(2) S は次図の網掛け部分の面積である．

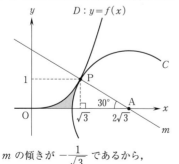

m の傾きが $-\dfrac{1}{\sqrt{3}}$ であるから，

∠OAP＝30°.
また，C の半径は
$$\mathrm{AP}=\sqrt{(2\sqrt{3}-\sqrt{3})^2+(0-1)^2}=2$$
であるから，
$$S=\int_0^{\sqrt{3}}f(x)\,dx+\underbrace{\frac{1}{2}(2\sqrt{3}-\sqrt{3})\cdot1}_{\text{(直角三角形の面積)}}-\underbrace{\pi\cdot2^2\cdot\frac{30°}{360°}}_{\text{(扇形の面積)}}$$
$$=\left[\frac{x^4}{12\sqrt{3}}\right]_0^{\sqrt{3}}+\frac{\sqrt{3}}{2}-\frac{\pi}{3}$$
$$=\boldsymbol{\frac{3\sqrt{3}}{4}-\frac{\pi}{3}}.$$

78

(1)
$$f(x)=ax^2+bx+c$$
とおく．

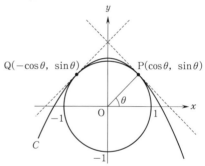

C は 2 点 P，Q を通るので，
$$\begin{cases}\sin\theta=f(\cos\theta),\\ \sin\theta=f(-\cos\theta)\end{cases}$$
すなわち，
$$\begin{cases}\sin\theta=a\cos^2\theta+b\cos\theta+c, &\cdots① \\ \sin\theta=a\cos^2\theta-b\cos\theta+c. &\cdots②\end{cases}$$
①－② より，
$$2b\cos\theta=0$$
であり，$0<\cos\theta<1$ であるから，
$$b=0.$$
これより，$f(x)=ax^2+c$ であり，
$$f'(x)=2ax$$
より，P における C の接線の傾きは
$$f'(\cos\theta)=2a\cos\theta. \qquad\cdots③$$

一方，直線 OP の傾きは $\dfrac{\sin\theta}{\cos\theta}$ であるから，P における円の接線の傾きは

$$-\frac{\cos\theta}{\sin\theta}. \qquad \cdots ④$$

③ と ④ は一致することから，

$$2a\cos\theta = -\frac{\cos\theta}{\sin\theta}.$$

これより，

$$a = -\frac{1}{2\sin\theta}.$$

これを ① に代入して，

$$c = \sin\theta + \frac{\cos^2\theta}{2\sin\theta} = \frac{1}{2}\Big(\sin\theta + \frac{1}{\sin\theta}\Big).$$

以上より，a, b, c を $s=\sin\theta$ を用いて表すと，

$$a = -\frac{1}{2s}, \quad b=0, \quad c=\frac{1}{2}\Big(s+\frac{1}{s}\Big).$$

(2) (1) の結果より，

$$f(x) = -\frac{1}{2s}x^2 + \frac{1}{2}\Big(s+\frac{1}{s}\Big)$$

であり，$f(x)=0$ を満たす x は，

$$-\frac{1}{2s}x^2 + \frac{1}{2}\Big(s+\frac{1}{s}\Big)=0.$$
$$x^2 = s^2+1.$$
$$x = \pm\sqrt{s^2+1}.$$

$\alpha = \sqrt{s^2+1}$ とおくと，

$$\begin{aligned} A &= \int_{-\alpha}^{\alpha} f(x)\,dx \\ &= \int_{-\alpha}^{\alpha}\Big\{-\frac{1}{2s}(x+\alpha)(x-\alpha)\Big\}dx \\ &= -\frac{1}{2s}\Big(-\frac{1}{6}\Big)\{\alpha-(-\alpha)\}^3 \\ &= \frac{2}{3s}\alpha^3 \\ &= \frac{2}{3s}(s^2+1)^{\frac{3}{2}}. \end{aligned}$$

(3)
$$\begin{aligned} A^2-3 &= \frac{4}{9s^2}(s^2+1)^3 - 3 \\ &= \frac{4(s^6+3s^4+3s^2+1)-27s^2}{9s^2} \\ &= \frac{(s^2+4)(2s^2-1)^2}{9s^2} \end{aligned}$$

$\geqq 0$ であるから，

$$A^2 \geqq 3.$$

これと $A>0$ より，

$$A \geqq \sqrt{3}.$$

数 学 B

79 ──〈方針〉──

初項 a，公比 r の等比数列の初項から第 n 項までの和を S_n とすると，
$$S_n = \begin{cases} \dfrac{a(1-r^n)}{1-r} = \dfrac{a(r^n-1)}{r-1} & (r \neq 1), \\ na & (r=1) \end{cases}$$
であることを利用する。

(1) $a=8$，$r=5$ のとき，$S_k=1248$ より，
$$\frac{8(5^k-1)}{5-1} = 1248.$$
$$5^k = 625(=5^4).$$
よって，求める自然数 k は，
$$k=4.$$

(2) (i) $r=1$ のとき，
$$S_k = ka = 6k, \quad S_{2k} = 2ka = 12k$$
であるから，
$$\begin{cases} 6k = 378, \\ 12k = 24570. \end{cases}$$
これらを同時に満たす k は存在しないので不適。

(ii) $r \neq 1$ のとき，
$a=6$，$S_k=378$ より，
$$\frac{6(r^k-1)}{r-1} = 378. \qquad \cdots ①$$
また，$a=6$，$S_{2k}=24570$ より，
$$\frac{6(r^{2k}-1)}{r-1} = 24570.$$
$$\frac{6(r^k-1)}{r-1} \cdot (r^k+1) = 24570.$$
① より，
$$378(r^k+1) = 24570.$$
$$r^k = 64. \qquad \cdots ②$$
このとき，① より，
$$\frac{6 \cdot 63}{r-1} = 378.$$
$$r = 2.$$

また，② より，$2^k = 64(=2^6)$ であるから，求める自然数 k は，$k=6$。
以上より，
$$(r, k) = (2, 6).$$

(3) (i) $r=1$ のとき，
$$a_k = a = 54, \quad S_k = ka, \quad S_{2k} = 2ka$$
より，
$$\begin{cases} a = 54, \\ ka = 80, \\ 2ka = 6560. \end{cases}$$
これらを同時に満たす a，k は存在しないので不適。

(ii) $r \neq 1$ のとき，
$$a_k = 54, \quad S_k = 80, \quad S_{2k} = 6560$$
より，
$$\begin{cases} ar^{k-1} = 54, & \cdots ③ \\ \dfrac{a(r^k-1)}{r-1} = 80, & \cdots ④ \\ \dfrac{a(r^{2k}-1)}{r-1} = 6560. & \cdots ⑤ \end{cases}$$
⑤ より，
$$\frac{a(r^k-1)}{r-1} \cdot (r^k+1) = 6560.$$
これに ④ を用いて，
$$80(r^k+1) = 6560,$$
$$r^k = 81. \qquad \cdots ⑥$$
⑥ を ④ に代入すると，
$$\frac{80a}{r-1} = 80.$$
$$a = r-1. \qquad \cdots ⑦$$
また，③ より，
$$ar^k = 54r$$
であり，これに ⑥，⑦ を代入すると，
$$81(r-1) = 54r.$$
$$r = 3.$$
⑥ より，自然数 k は，$k=4$。

また，$a=3-1=2$ であるから，求める数列 $\{a_n\}$ の一般項は，
$$a_n=2\cdot3^{n-1}.$$

$\boldsymbol{80}$ ——〈方針〉——

直線 AB の方程式：$y=-\dfrac{1}{3}x+\dfrac{10}{3}n$ について，k を整数として，$x=k$ とすると，
$$y=-\frac{1}{3}k+\frac{10}{3}n$$
は整数とは限らないが，$y=k$ とすると，
$$x=-3k+10n$$
は必ず整数となることに着目する．

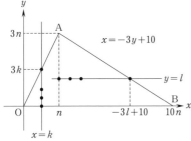

三角形 OAB の周および内部にある格子点のうち，

(i) 直線 $x=k$ $(k=0, 1, 2, \cdots, n-1)$ 上にあるものは，
$$(k, 0), (k, 1), (k, 2), \cdots, (k, 3k).$$
この個数は，$3k+1$ 個．

(ii) 直線 $y=l$ $(l=0, 1, 2, \cdots, 3n)$ 上にあり，$x\geqq n$ であるものは，
$$(n, l), (n+1, l), (n+2, l), \cdots, (-3l+10, l).$$
この個数は，
$$(-3l+10)-n+1=-3l+9n+1\,(\text{個}).$$
よって，求める格子点の個数，
$$\sum_{k=0}^{n-1}(3k+1)+\sum_{l=0}^{3n}(-3l+9n+1)$$
$$=\frac{\{1+(3n-2)\}n}{2}+\frac{\{(9n+1)+1\}(3n+1)}{2}$$

$$=\boldsymbol{15n^2+7n+1}\,(\text{個}).$$

【注】
$$\sum_{k=0}^{n-1}(3k+1)$$
$$=1+4+7+\cdots+(3n-2)$$
は初項 1，末項 $3n-2$，項数 n の等差数列の和であるから，
$$\sum_{k=0}^{n-1}(3k+1)=\frac{\{1+(3n-2)\}n}{2}.$$
$$\sum_{l=0}^{3n}(-3l+9n+1)$$
$$=(9n+1)+(9n-2)+(9n-5)+\cdots+1$$
は初項 $9n+1$，末項 1，項数 $3n+1$ の等差数列の和であるから，
$$\sum_{l=0}^{3n}(-3l+9n+1)=\frac{\{(9n+1)+1\}(3n+1)}{2}.$$
（注終り）

$\boldsymbol{81}$ ——〈方針〉——

第 m 群の末項は，数列 $\{a_n\}$ の
(第1群の項数)+(第2群の項数)+…+(第 m 群の項数)
番目の項である．

数列 $\{a_n\}$ について，

(i) 第 m 群には $(2m-1)$ 個の自然数が含まれる．

(ii) 第 m 群の k 番目の自然数は $m\cdot2^{k-1}$ である．

ただし，m, k は自然数である．

(1) 第 m 群の末項が初項から数えて $f(m)$ 番目の項であるとすると，
$$f(m)=1+3+5+\cdots+(2m-1)$$
$$=\frac{\{1+(2m-1)\}m}{2}$$
$$=m^2.$$
a_{70} が第 m 群にあるとすると，
$$f(m-1)<70\leqq f(m).$$
ただし，$m\geqq2$ である．
$$(m-1)^2<70\leqq m^2. \qquad \cdots\text{①}$$
$8^2=64$，$9^2=81$ であるから，①を満たす自然数 m は，$m=9$．

さらに，
$$70-8^2=6$$
であるから，

a_{70} は第9群の6番目の項．

よって，(ii) より，
$$a_{70}=9\cdot2^5=\boldsymbol{288}.$$

(2) (ii) より，$a_n=m\cdot2^{k-1}$ の形で表したとき，
$$n=f(m-1)+k$$
$$=(m-1)^2+k. \qquad \cdots ②$$

$a_n=24$ について，
$$a_n=3\cdot2^3=6\cdot2^2=12\cdot2^1=24\cdot2^0$$
の形で表せるから，
$$(m, \ k)=(3, \ 4), \ (6, \ 3), \ (12, \ 2), \ (24, \ 1).$$
$$(\text{いずれも } k\leqq2m-1 \text{ を満たす．})$$

よって，② より，$a_n=24$ となる n をすべて求めると，
$$n=2^2+4, \ 5^2+3, \ 11^2+2, \ 23^2+1$$
すなわち，
$$\boldsymbol{n=8, \ 28, \ 123, \ 530.}$$

(3) 第 m 群のすべての自然数の和 T_m は，(i)，(ii) より，
$$T_m=\sum_{k=1}^{2m-1} m\cdot2^{k-1}$$
$$=m\sum_{k=1}^{2m-1} 2^{k-1}$$
$$=m\cdot\frac{2^{2m-1}-1}{2-1}$$
$$=\boldsymbol{m(2^{2m-1}-1).}$$

(4)
$$S_m=\sum_{i=1}^{m} T_i$$
$$=\sum_{i=1}^{m} i(2^{2i-1}-1)$$
$$=\sum_{i=1}^{m} i\cdot2^{2i-1}-\sum_{i=1}^{m} i. \qquad \cdots ③$$

ここで
$$U_m=\sum_{i=1}^{m} i\cdot2^{2i-1}, \quad V_m=\sum_{i=1}^{m} i$$
とおく．
$$U_m=1\cdot2^1+2\cdot2^3+3\cdot2^5+\cdots+m\cdot2^{2m-1}.$$
$$2^2U_m=\qquad 1\cdot2^3+2\cdot2^5+\cdots+(m-1)\cdot2^{2m-1}+m\cdot2^{2m+1}.$$

差をとって，
$$-3U_m=1\cdot2^1+1\cdot2^3+1\cdot2^5+\cdots+1\cdot2^{2m-1}-m\cdot2^{2m+1}$$
$$=2+2\cdot4+2\cdot4^2+\cdots+2\cdot4^{m-1}-m\cdot2^{2m+1}$$
$$=\frac{2(4^m-1)}{4-1}-m\cdot2^{2m+1}$$
$$=\frac{1}{3}\cdot2^{2m+1}-\frac{2}{3}-m\cdot2^{2m+1}$$
$$=\frac{1-3m}{3}\cdot2^{2m+1}-\frac{2}{3}.$$

よって，
$$U_m=\frac{3m-1}{9}\cdot2^{2m+1}+\frac{2}{9}.$$

また，
$$V_m=\frac{1}{2}m(m+1).$$

したがって，③ より，
$$S_m=\frac{3m-1}{9}\cdot2^{2m+1}+\frac{2}{9}-\frac{m(m+1)}{2}.$$

$\boldsymbol{82}$ ——〈方針〉—

数列 $\{a_n\}$ の階差数列を $\{b_n\}$ とすると，$n\geqq2$ のとき，
$$a_n=a_1+\sum_{k=1}^{n-1} b_k.$$

(1)
$$a_{n+1}=3a_n-\frac{3^{n+1}}{n(n+1)}.$$

$a_n=3^n b_n$ を代入して
$$3^{n+1}b_{n+1}=3\cdot3^n b_n-\frac{3^{n+1}}{n(n+1)}.$$

両辺を 3^{n+1} で割って，
$$b_{n+1}=\boldsymbol{b_n-\frac{1}{n(n+1)}.}$$

(2) まず，数列 $\{b_n\}$ の一般項 b_n を求める．
$$b_{n+1}-b_n=-\frac{1}{n(n+1)}$$
$$=\frac{1}{n+1}-\frac{1}{n}$$
より，数列 $\{b_n\}$ の階差数列は $\left\{\frac{1}{n+1}-\frac{1}{n}\right\}$ であるので，$n\geqq2$ のとき，
$$b_n=b_1+\sum_{k=1}^{n-1}\left(\frac{1}{k+1}-\frac{1}{k}\right)$$

$$= \frac{a_1}{3^1} + \left\{ \left(\frac{1}{2} - \frac{1}{1}\right) \right.$$
$$+ \left(\frac{1}{3} - \frac{1}{2}\right)$$
$$+ \left(\frac{1}{4} - \frac{1}{3}\right)$$
$$+ \cdots$$
$$\left. + \left(\frac{1}{n} - \frac{1}{n-1}\right) \right\}$$
$$= 1 + \left(\frac{1}{n} - 1\right)$$
$$= \frac{1}{n}. \qquad \cdots ①$$

$b_1 = 1$ であるから，① は $n=1$ のときも成り立つ．

よって，$b_n = \dfrac{1}{n}$．

したがって，

$$a_n = 3^n \cdot b_n = \frac{3^n}{n}.$$

（b_n を求める部分的別解）

$$b_{n+1} = b_n - \frac{1}{n(n+1)}.$$
$$b_{n+1} = b_n - \left(\frac{1}{n} - \frac{1}{n+1}\right).$$
$$b_{n+1} - \frac{1}{n+1} = b_n - \frac{1}{n}.$$

よって，$c_n = b_n - \dfrac{1}{n}$ とおくと，

$$c_{n+1} = c_n$$

であるから，

$$c_n = c_{n-1} = \cdots\cdots = c_1$$

となり，

$$b_n - \frac{1}{n} = b_1 - \frac{1}{1}.$$

$b_1 = \dfrac{a_1}{3^1} = 1$ より，

$$b_n = \frac{1}{n}.$$

（b_n を求める部分的別解終り）

83 ──〈方針〉──

　等比型の漸化式となるように変形してみる．

$$a_{n+1} = -a_n + 2n^2 \qquad \cdots ①$$

を

$$a_{n+1} + \alpha(n+1)^2 + \beta(n+1) + \gamma$$
$$= -(a_n + \alpha n^2 + \beta n + \gamma)$$

の形に変形する．

　このとき，

$$a_{n+1} = -a_n - 2\alpha n^2 - 2(\alpha+\beta)n - \alpha - \beta - 2\gamma.$$

　これと，① を比較して，

$$\begin{cases} -2\alpha = 2, \\ -2(\alpha+\beta) = 0, \\ -\alpha - \beta - 2\gamma = 0 \end{cases}$$

より，$\alpha = -1$，$\beta = 1$，$\gamma = 0$．

　ゆえに，① は，

$$a_{n+1} - (n+1)^2 + (n+1) = -(a_n - n^2 + n)$$

と変形できる．

$b_n = a_n - n^2 + n$ とおくと，

$$b_{n+1} = -b_n.$$

　よって，

$$b_n = b_1(-1)^{n-1}$$

となり，

$$b_1 = a_1 - 1^2 + 1 = 0$$

であるから，

$$b_n = 0.$$

　したがって，

$$a_n - n^2 + n = 0$$

となり，

$$\boldsymbol{a_n = n^2 - n}.$$

（別解１）

$$a_{n+1} = -a_n + 2n^2. \qquad \cdots ①$$

　① に $n = 1$，2，3 を順に代入すると，$a_1 = 0$ より，

$$a_2 = 2, \quad a_3 = 6, \quad a_4 = 12.$$

　したがって，一般項 a_n は，

$$a_n = n(n-1) \qquad \cdots ②$$

と推定できるので，② がすべての自然数 n

に対して成り立つことを数学的帰納法で示す．

[1] $n=1$ のとき，

$a_1=0=1 \cdot 0$ より ② は成り立つ．

[2] $n=k$ のとき，② が成り立つと仮定すると，

$$a_k=k(k-1).$$

このとき，① より，

$$\begin{aligned}
a_{k+1} &= -a_k+2k^2 \\
&= -k(k-1)+2k^2 \\
&= k^2+k \\
&= k(k+1)
\end{aligned}$$

となって，② は $n=k+1$ のときも成り立つ．

[1]と[2]より，すべての自然数 n で成り立つ．

したがって，

$$a_n=n(n-1).$$

（別解1終り）

（別解2）

$$\begin{aligned}
a_{n+1}+a_n &= 2n^2, \\
a_{n+2}+a_{n+1} &= 2(n+1)^2
\end{aligned}$$

であるから，

$$a_{n+2}-a_n=2(n+1)^2-2n^2=4n+2,$$

$a_{2m-1}=b_m$，$a_{2m}=c_m$ とおく．

$b_1=a_1=0$，

$b_{n+1}-b_n=a_{2n+1}-a_{2n-1}=4(2n-1)+2=8n-2$

であるから，$n \geqq 2$ に対して

$$\begin{aligned}
b_n &= b_1+\sum_{k=1}^{n-1}(b_{k+1}-b_k) \\
&= \sum_{k=1}^{n-1}(8k-2) \\
&= 8 \cdot \frac{1}{2}n(n-1)-2(n-1) \\
&= 2(2n-1)(n-1).
\end{aligned}$$

$b_1=0$ より，これは $n=1$ でも成り立つ．

$c_1=a_2=2 \cdot 1^2-a_1=2$，

$c_{n+1}-c_n=a_{2n+2}-a_{2n}=4 \cdot 2n+2=8n+2$

であるから，$n \geqq 2$ に対して

$$c_n=c_1+\sum_{k=1}^{n-1}(c_{k+1}-c_k)$$

$$\begin{aligned}
&= 2+\sum_{k=1}^{n-1}(8k+2) \\
&= 2+8 \cdot \frac{1}{2}n(n-1)+2(n-1) \\
&= 2n(2n-1).
\end{aligned}$$

$c_1=2$ より，これは $n=1$ でも成り立つ．

したがって，

n が奇数のとき

$$\begin{aligned}
a_n=b_{\frac{n+1}{2}} &= 2\left(2 \cdot \frac{n+1}{2}-1\right)\left(\frac{n+1}{2}-1\right) \\
&= n(n-1),
\end{aligned}$$

n が偶数のとき

$$\begin{aligned}
a_n=c_{\frac{n}{2}} &= 2 \cdot \frac{n}{2}\left(2 \cdot \frac{n}{2}-1\right) \\
&= n(n-1).
\end{aligned}$$

まとめて，

$$a_n=n(n-1).$$

（別解2終り）

84

(1)

$$\left(\frac{a_{n+1}}{a_n}\right)^{n^2+n}=10.$$

両辺の常用対数をとると，

$$(n^2+n)\log_{10}\frac{a_{n+1}}{a_n}=\log_{10}10.$$

$$(n^2+n)(\log_{10}a_{n+1}-\log a_n)=1.$$

よって，$b_n=\log_{10}a_n$ とおくと，

$$(n^2+n)(b_{n+1}-b_n)=1$$

となり，

$$b_{n+1}-b_n=\frac{1}{n^2+n}.$$

(2) 数列 $\{b_n\}$ の階差数列は $\left\{\dfrac{1}{n^2+n}\right\}$ であるから，

$n \geqq 2$ のとき，

$$\begin{aligned}
b_n &= b_1+\sum_{k=1}^{n-1}\frac{1}{k^2+k} \\
&= b_1+\sum_{k=1}^{n-1}\frac{1}{k(k+1)} \\
&= \log_{10}100+\sum_{k=1}^{n-1}\left(\frac{1}{k}-\frac{1}{k+1}\right)
\end{aligned}$$

$$= 2 + \left\{ \left(1 - \frac{1}{2} \right) \right.$$
$$+ \left(\frac{1}{2} - \frac{1}{3} \right)$$
$$+ \left(\frac{1}{3} - \frac{1}{4} \right)$$
$$+ \quad \cdots$$
$$\left. + \left(\frac{1}{n-1} - \frac{1}{n} \right) \right\}$$
$$= 2 + \left(1 - \frac{1}{n} \right)$$
$$= 3 - \frac{1}{n}. \qquad \cdots ①$$

$b_1 = 2$ であるから, ① は $n = 1$ のときも成り立つ.

したがって, 一般項 b_n は

$$b_n = 3 - \frac{1}{n}.$$

さらに, 一般項 a_n は, $b_n = \log_{10} a_n$ より,

$$a_n = 10^{b_n} = 10^{3 - \frac{1}{n}}.$$

(3) $a_n \geqq 800$ となる自然数 n は,

$$\log_{10} a_n \geqq \log_{10} 2^3 \cdot 10^2.$$
$$b_n \geqq 3 \log_{10} 2 + 2.$$
$$3 - \frac{1}{n} \geqq 3 \cdot 0.3010 + 2.$$
$$\frac{1}{n} \leqq 0.097.$$

よって, $n \geqq 10.3 \cdots$.

したがって, 求める最小の自然数 n は,

$$n = 11.$$

85 ──〈方針〉──

3 項間漸化式
$$a_{n+2} - (\alpha + \beta) a_{n+1} + \alpha \beta a_n = 0$$
は,
$$a_{n+2} - \alpha a_{n+1} = \beta (a_{n+1} - \alpha a_n),$$
$$a_{n+2} - \beta a_{n+1} = \alpha (a_{n+1} - \beta a_n)$$
の形に変形できることを用いる.

(1) $\qquad S_{n+2} - 4 S_{n+1} + 3 S_n = 0$

は,

$$\begin{cases} S_{n+2} - S_{n+1} = 3(S_{n+1} - S_n), \\ S_{n+2} - 3S_{n+1} = S_{n+1} - 3S_n \end{cases}$$

と変形できる.

$$A_n = S_{n+1} - S_n, \quad B_n = S_{n+1} - 3S_n$$

とおくと,

$$\begin{cases} A_{n+1} = 3 A_n, \\ B_{n+1} = B_n. \end{cases}$$

よって,

$$\begin{cases} A_n = A_1 \cdot 3^{n-1}, \\ B_n = B_1 \end{cases}$$

であるから,

$$\begin{cases} S_{n+1} - S_n = (S_2 - S_1) \cdot 3^{n-1}, \\ S_{n+1} - 3S_n = S_2 - 3S_1. \end{cases}$$

ここで,

$$S_1 = a_1 = \frac{2}{3}, \quad S_2 = a_1 + a_2 = \frac{8}{3}$$

であるので,

$$\begin{cases} S_{n+1} - S_n = 2 \cdot 3^{n-1}, & \cdots ① \\ S_{n+1} - 3S_n = \frac{2}{3}. & \cdots ② \end{cases}$$

したがって, ① － ② より,

$$2 S_n = 2 \cdot 3^{n-1} - \frac{2}{3}.$$
$$S_n = 3^{n-1} - \frac{1}{3}.$$

(2) $n \geqq 2$ のとき,

$$a_n = S_n - S_{n-1}$$
$$= \left(3^{n-1} - \frac{1}{3} \right) - \left(3^{n-2} - \frac{1}{3} \right)$$
$$= 2 \cdot 3^{n-2}. \qquad \cdots ③$$

$a_1 = S_1 = \frac{2}{3}$ であるから, ③ は $n = 1$ のときも成り立つ.

よって, 数列 $\{a_n\}$ の一般項は,

$$a_n = 2 \cdot 3^{n-2}.$$

86

すべての自然数 n に対して,

「$3^{n+1} + 7^n$ が 4 の倍数」 $\cdots (*)$

であることを数学的帰納法を用いて示す.

[1] $n=1$ のとき,
$$3^{n+1}+7^n=3^2+7=16=4\cdot4$$
より, (*) は成り立つ.

[2] $n=k$ のとき, (*) が成り立つと仮定すると,
$$3^{k+1}+7^k=4l \quad (l \text{ は整数})$$
と表される.

このとき,
$$7^k=4l-3^{k+1}$$
であるから,
$$\begin{aligned}3^{k+2}+7^{k+1}&=3^{k+2}+7\cdot7^k\\&=3^{k+2}+7(4l-3^{k+1})\\&=7\cdot4l+(3-7)\cdot3^{k+1}\\&=4(7l-3^{k+1}).\end{aligned}$$
$7l-3^{k+1}$ は整数であるから, (*) は $n=k+1$ のときも成り立つ.

[1], [2]より, すべての自然数 n に対して (*) は成り立つ.

（別解1）
$$\begin{aligned}&3^{n+1}\\&=3(4-1)^n\\&=3\{{}_nC_0\cdot4^n-{}_nC_1\cdot4^{n-1}+\cdots+{}_nC_n\cdot(-1)^n\}\\&=3\{4M+(-1)^n\}. \quad (M \text{ は整数})\end{aligned}$$
また,
$$\begin{aligned}&7^n\\&=(8-1)^n\\&={}_nC_0\cdot8^n-{}_nC_1\cdot8^{n-1}+\cdots+{}_nC_n(-1)^n\\&=8N+(-1)^n. \quad (N \text{ は整数})\end{aligned}$$
よって,
$$\begin{aligned}3^{n+1}+7^n&=3\{4M+(-1)^n\}+8N+(-1)^n\\&=4\{3M+2N+(-1)^n\}\end{aligned}$$
であり, $3M+2N+(-1)^n$ は整数であるから,
$$3^{n+1}+7^n \text{ は 4 の倍数である.}$$
（別解1終り）

（別解2）
4 を法とする合同式を用いる.
$$3\equiv-1, \quad 7\equiv-1$$
であるから,
$$3^{n+1}\equiv(-1)^{n+1}, \quad 7^n\equiv(-1)^n.$$

よって,
$$\begin{aligned}3^{n+1}+7^n&\equiv(-1)^{n+1}+(-1)^n\\&\equiv0\end{aligned}$$
となり, $3^{n+1}+7^n$ は 4 の倍数である.
（別解2終り）

87 ──〈方針〉──

数学的帰納法を用いて示す.

$a_1=2, \quad a_{n+1}=a_n{}^2+a_n+1. \quad (n=1, 2, 3, \cdots)$
$\cdots$(*)

(1) すべての自然数 n について
「a_n-2 は 5 で割り切れる.」$\cdots$①
が成り立つことを数学的帰納法で示す.

[I] $n=1$ のとき,
$a_1-2=0$ より, ① は成り立つ.

[II] $n=k$ のとき, ① が成り立つと仮定すると, 整数 N_k を用いて,
$$a_k-2=5N_k$$
と表される.

このとき, (*) より,
$$\begin{aligned}a_{k+1}-2&=(a_k{}^2+a_k+1)-2\\&=(5N_k+2)^2+(5N_k+2)-1\\&=5(5N_k{}^2+5N_k+1)\end{aligned}$$
となり, $5N_k{}^2+5N_k+1$ は整数であるから, $n=k+1$ のときも ① は成り立つ.

[I], [II]より, すべての自然数 n で ① は成り立つ.

(2) (*) より,
$$a_n{}^2+1=a_{n+1}-a_n$$
であるから, すべての自然数 n について,
「$a_{n+1}-a_n$ は 5^n で割り切れる」$\cdots$②
が成り立つことを数学的帰納法で示す.

[I] $n=1$ のとき,
$a_1=2$, (*) より, $a_2=a_1{}^2+a_1+1=7$
であるから,
$$a_2-a_1=5^1$$
となり, ② は成り立つ.

[II] $n=k$ のとき, ② が成り立つと仮定す

ると，整数 M_k を用いて
$$a_{k+1}-a_k=5^k M_k$$
と表される．

このとき，
$$a_{k+2}-a_{k+1}$$
$$=(a_{k+1}{}^2+a_{k+1}+1)-(a_k{}^2+a_k+1)$$
$$=(a_{k+1}+a_k)(a_{k+1}-a_k)+a_{k+1}-a_k$$
$$=(a_{k+1}-a_k)(a_{k+1}+a_k-1).$$

ここで，(1) より
$$a_{k+1}=5N_{k+1}+2, \quad a_k=5N_k+2$$
と表されるから，
$$a_{k+2}-a_{k+1}$$
$$=5^k M_k\{(5N_{k+1}+2)+(5N_k+2)+1\}$$
$$=5^{k+1}M_k(N_{k+1}+N_k+1).$$

$M_k(N_{k+1}+N_k+1)$ は整数であるから，② は，$n=k+1$ でも成り立つ．

［Ⅰ］，［Ⅱ］より，② はすべての自然数 n で成り立つ．

88

(1) 円 C_0 は $y \geqq 0$ の範囲にあり，$X>0$ より C と C_0，x 軸との接点は原点ではないから，C_0 と x 軸に接する円 C も $y \geqq 0$ の範囲にある．

よって，$Y>0$ であり，C と x 軸が接することから，C の半径は Y となる．

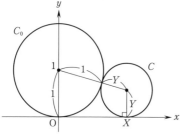

さらに，C と C_0 が外接することから，2 円の中心間距離が半径の和 $Y+1$ に等しい．
したがって，
$$(X-0)^2+(Y-1)^2=(Y+1)^2.$$

整理すると，
$$Y=\frac{X^2}{4}. \qquad \cdots ①$$

(2) (1) の C がさらに y 軸と接すれば，C と C_1 が一致する．

C が y 軸と接する条件は，半径が $|X|(=X)$ と等しくなることであるから，
$$Y=X,$$
すなわち，① より，
$$\frac{X^2}{4}=X.$$
$$X(X-4)=0.$$
$X>0$ より，$X=4$ であるから，
$$a_1=4.$$

(3) $n=1,\ 2,\ 3,\ \cdots$ に対し C_n は，(1) の C と同じく，中心の x 座標が正で，x 軸に接し，C_0 に外接するから，(1) の結果より，C_n の y 座標および半径が $\dfrac{a_n{}^2}{4}$ となる．

同様に，C_{n+1} の y 座標および半径は $\dfrac{a_{n+1}{}^2}{4}$ である．

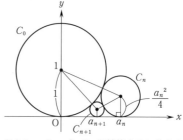

さらに，C_{n+1} と C_n が外接することから，
$$(a_{n+1}-a_n)^2+\left(\frac{a_{n+1}{}^2}{4}-\frac{a_n{}^2}{4}\right)^2=\left(\frac{a_{n+1}{}^2}{4}+\frac{a_n{}^2}{4}\right)^2.$$
$$(a_{n+1}-a_n)^2=\frac{a_{n+1}{}^2 a_n{}^2}{4}.$$

ここで，C_{n+1} は x 軸および C_0，C_n に囲まれた領域に含まれるから，$0<a_{n+1}<a_n$ となることに注意して，
$$a_{n+1}-a_n=-\frac{a_{n+1}a_n}{2}.$$

$$a_{n+1}(2+a_n)=2a_n.$$

$$a_{n+1}=\frac{2a_n}{2+a_n}. \qquad \cdots ②$$

(4) ② について，$a_n \neq 0$ であるから，両辺の逆数をとることができて，

$$\frac{1}{a_{n+1}}=\frac{2+a_n}{2a_n}=\frac{1}{a_n}+\frac{1}{2}.$$

$$b_{n+1}=b_n+\frac{1}{2}. \qquad \cdots ③$$

(5) ③ より，数列 $\{b_n\}$ は，

初項 $b_1=\dfrac{1}{a_1}=\dfrac{1}{4}$，　公差 $\dfrac{1}{2}$

の等差数列であるから，

$$b_n=\frac{1}{4}+(n-1)\cdot\frac{1}{2}=\frac{2n-1}{4}.$$

よって，

$$a_n=\frac{1}{b_n}=\frac{4}{2n-1}.$$

89 ─〈方針〉─

(3) 全事象の確率
$$a_n+b_n+c_n=1$$
を利用する.

(1) 4枚のカードから2枚を選ぶ方法は，

$$_4C_2 \text{ 通り}$$

あり，これらは同様に確からしい.

表の面が白2枚，黒2枚の状態から，

・白1枚と黒1枚を選んで裏返すとき
（$_2C_1\cdot_2C_1$ 通り）

表の面が白2枚，黒2枚の状態となる.

・黒2枚を選んで裏返すとき（$_2C_2$ 通り）
表の面がすべて白の状態となる.

・白2枚を選んで裏返すとき（$_2C_2$ 通り）
表の面がすべて黒の状態となる.

よって，

$$a_1=\frac{_2C_1\cdot_2C_1}{_4C_2}=\frac{2}{3},$$

$$b_1=\frac{_2C_2}{_4C_2}=\frac{1}{6},$$

$$c_1=\frac{_2C_2}{_4C_2}=\frac{1}{6}.$$

(2) 表の面がすべて白の状態からは，どの2枚を選んで裏返しても表の面が白2枚，黒2枚の状態となる.

同様に，表の面がすべて黒の状態からは，どの2枚を選んで裏返しても表の面が白2枚，黒2枚の状態となる.

このことと (1) より，

$$a_2=\frac{2}{3}a_1+b_1+c_1=\frac{7}{9},$$

$$b_2=\frac{1}{6}a_1=\frac{1}{9},$$

$$c_2=\frac{1}{6}a_1=\frac{1}{9}.$$

(3) (1)，(2) より，

$$a_{n+1}=\frac{2}{3}a_n+b_n+c_n. \qquad \cdots ①$$

また，全事象の確率を考えて，

$$a_n+b_n+c_n=1$$

であるから，

$$b_n+c_n=1-a_n. \qquad \cdots ②$$

①，② より，

$$a_{n+1}=\frac{2}{3}a_n+(1-a_n)$$

すなわち，

$$a_{n+1}=-\frac{1}{3}a_n+1.$$

(4) (3) の結果より，

$$a_{n+1}-\frac{3}{4}=-\frac{1}{3}\left(a_n-\frac{3}{4}\right).$$

以上より，数列 $\left\{a_n-\dfrac{3}{4}\right\}$ は，

初項 $a_1-\dfrac{3}{4}=-\dfrac{1}{12}$，

公比 $-\dfrac{1}{3}$

の等比数列であるから，

$$a_n-\frac{3}{4}=-\frac{1}{12}\left(-\frac{1}{3}\right)^{n-1}.$$

よって，

$$a_n=\frac{1}{4}\left\{3+\left(-\frac{1}{3}\right)^n\right\}.$$

90

(1) この試行を n 回行ったとき，箱 A または箱 B に玉が入っているのは，1 回目から n 回目まですべて 1 または 2 または 6 の目が出るときである．

よって，求める確率は，

$$\left(\frac{3}{6}\right)^n = \left(\frac{1}{2}\right)^n.$$

(2) この試行を n 回行ったとき，箱 B に玉が入っている確率を r_n とすると，(1)の結果より，

$$p_n + r_n = \left(\frac{1}{2}\right)^n.$$

よって，

$$r_n = \left(\frac{1}{2}\right)^n - p_n. \qquad \cdots ①$$

(3) この試行を $n+1$ 回行ったとき，箱 A に玉が入っているのは，

(i) 試行を n 回行ったとき，箱 A に玉が入っている状態で，$n+1$ 回目の試行で 6 の目が出る

(ii) 試行を n 回行ったとき，箱 B に玉が入っている状態で，$n+1$ 回目の試行で 1 または 2 の目が出る

のいずれかの場合で，(i)，(ii)は互いに排反な事象である．

よって，

$$p_{n+1} = p_n \cdot \frac{1}{6} + r_n \cdot \frac{2}{6}$$
$$= p_n \cdot \frac{1}{6} + \left\{\left(\frac{1}{2}\right)^n - p_n\right\} \cdot \frac{2}{6} \quad (①より)$$
$$= -\frac{1}{6}p_n + \frac{1}{3}\left(\frac{1}{2}\right)^n.$$

(4) (3)の結果より，

$$p_{n+1} = -\frac{1}{6}p_n + \frac{1}{3}\left(\frac{1}{2}\right)^n$$

であるから，両辺に 2^{n+1} を掛けると，

$$2^{n+1}p_{n+1} = -\frac{1}{3} \cdot 2^n p_n + \frac{2}{3}.$$

さらに，$2^n p_n = q_n$ とおくと，

$$q_{n+1} = -\frac{1}{3}q_n + \frac{2}{3}$$

であるから，

$$q_{n+1} - \frac{1}{2} = -\frac{1}{3}\left(q_n - \frac{1}{2}\right).$$

また，この試行を 1 回行ったとき，箱 A に玉が入っている確率 p_1 は，

$$p_1 = \frac{1}{6}.$$

以上より，数列 $\left\{q_n - \frac{1}{2}\right\}$ は，

初項 $q_1 - \frac{1}{2} = 2p_1 - \frac{1}{2} = -\frac{1}{6}$,

公比 $-\frac{1}{3}$

の等比数列であるから，

$$q_n - \frac{1}{2} = -\frac{1}{6} \cdot \left(-\frac{1}{3}\right)^{n-1}.$$

よって，

$$q_n = \frac{1}{2}\left\{1 + \left(-\frac{1}{3}\right)^n\right\}.$$

91

(1) $$a_1 + \sqrt{3}\,b_1 = 2 + \sqrt{3}$$

であり，a_1，b_1 は自然数，$\sqrt{3}$ は無理数であるから，

$$a_1 = 2, \quad b_1 = 1.$$

また，

$$a_{n+1} + \sqrt{3}\,b_{n+1} = (2+\sqrt{3})^{n+1}$$
$$= (2+\sqrt{3})(2+\sqrt{3})^n$$
$$= (2+\sqrt{3})(a_n + \sqrt{3}\,b_n)$$
$$= (2a_n + 3b_n) + \sqrt{3}\,(a_n + 2b_n)$$

であり，a_n，b_n，a_{n+1}，b_{n+1} は自然数，$\sqrt{3}$ は無理数であるから，

$$\begin{cases} a_{n+1} = 2a_n + 3b_n, & \cdots ① \\ b_{n+1} = a_n + 2b_n. & \cdots ② \end{cases}$$

すると，①，②より，

$$a_{n+1} - \sqrt{3}\,b_{n+1} = (2a_n + 3b_n) - \sqrt{3}\,(a_n + 2b_n)$$
$$= (2-\sqrt{3})a_n - \sqrt{3}\,(2-\sqrt{3})b_n$$
$$= (2-\sqrt{3})(a_n - \sqrt{3}\,b_n).$$

以上より, 数列 $\{a_n-\sqrt{3}\,b_n\}$ は,
　　　初項 $a_1-\sqrt{3}\,b_1=2-\sqrt{3}$,
　　　公比 $2-\sqrt{3}$
の等比数列である.
　よって,
$$a_n-\sqrt{3}\,b_n=(2-\sqrt{3})\cdot(2-\sqrt{3})^{n-1}$$
$$=(2-\sqrt{3})^n$$
が成り立つ.

(2) (1) より,
$$a_n-\sqrt{3}\,b_n=(2-\sqrt{3})^n$$
であるから, 両辺に $(2+\sqrt{3})^n$ を掛けると,
$$(a_n-\sqrt{3}\,b_n)(2+\sqrt{3})^n=(2-\sqrt{3})^n(2+\sqrt{3})^n$$
$$=(4-3)^n$$
$$=1.$$
　これより,
$$a_n-\sqrt{3}\,b_n=\frac{1}{(2+\sqrt{3})^n}$$
であるから, 両辺を $b_n(>0)$ で割ると,
$$\frac{a_n}{b_n}-\sqrt{3}=\frac{1}{b_n(2+\sqrt{3})^n}$$
すなわち,
$$c_n=\frac{1}{b_n(2+\sqrt{3})^n}.$$
　$a_n>0$, $b_n>0$ および ② より,
$$b_{n+1}-b_n=a_n+b_n>0$$
であるから,
$$0<b_n<b_{n+1}.$$
　さらに, $1<2+\sqrt{3}$ より,
$$0<(2+\sqrt{3})^n<(2+\sqrt{3})^{n+1}$$
であるから,
$$0<b_n(2+\sqrt{3})^n<b_{n+1}(2+\sqrt{3})^{n+1}$$
すなわち,
$$\frac{1}{b_n(2+\sqrt{3})^n}>\frac{1}{b_{n+1}(2+\sqrt{3})^{n+1}}.$$
　よって,
$$c_n>c_{n+1}$$
が成り立つ.

92

$\overrightarrow{AP}+3\overrightarrow{BP}+2\overrightarrow{CP}=\overrightarrow{0}$ より,
$$\overrightarrow{AP}+3(\overrightarrow{AP}-\overrightarrow{AB})+2(\overrightarrow{AP}-\overrightarrow{AC})=\overrightarrow{0}.$$
$$6\overrightarrow{AP}=3\overrightarrow{AB}+2\overrightarrow{AC}.$$
よって,
$$\overrightarrow{AP}=\frac{\boxed{3}\overrightarrow{AB}+\boxed{2}\overrightarrow{AC}}{\boxed{6}}.$$
これより,
$$\overrightarrow{AP}=\frac{5}{6}\cdot\frac{3\overrightarrow{AB}+2\overrightarrow{AC}}{2+3}. \qquad \cdots ①$$
ここで, 辺 BC を $2:3$ に内分する点を D
とすると,
$$\overrightarrow{AD}=\frac{3\overrightarrow{AB}+2\overrightarrow{AC}}{2+3}$$
であり, ① より,
$$\overrightarrow{AP}=\frac{5}{6}\overrightarrow{AD}$$
であるから,
$$AP:PD=5:1.$$

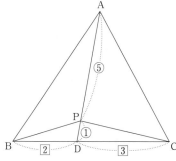

三角形 ABC の面積を S とすると,
$$S_1=\frac{2}{5}\cdot\frac{5}{6}S=\frac{1}{3}S,$$
$$S_2=\frac{1}{6}S,$$
$$S_3=\frac{3}{5}\cdot\frac{5}{6}S=\frac{1}{2}S.$$
よって,

$$\frac{S_2}{S_1}=\frac{\frac{1}{6}S}{\frac{1}{3}S}=\boxed{\dfrac{1}{2}},$$

$$\frac{S_3}{S_1}=\frac{\frac{1}{2}S}{\frac{1}{3}S}=\boxed{\dfrac{3}{2}}.$$

93

(1)　$|\overrightarrow{AB}|=5$ より,

$$|\overrightarrow{OB}-\overrightarrow{OA}|^2=25.$$
$$|\overrightarrow{OB}|^2-2\overrightarrow{OA}\cdot\overrightarrow{OB}+|\overrightarrow{OA}|^2=25.$$
$$|\overrightarrow{OB}|^2-2\cdot10+3^2=25.$$
$$|\overrightarrow{OB}|^2=36.$$

よって,

$$|\overrightarrow{OB}|=6.$$

(2)
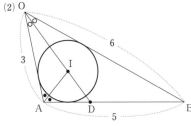

∠AOB の二等分線と辺 AB の交点を D とすると,

$$AD:DB=OA:OB$$
$$=3:6$$
$$=1:2$$

であるから,

$$\overrightarrow{OD}=\frac{2\overrightarrow{OA}+\overrightarrow{OB}}{3}. \qquad \cdots①$$

また,

$$AD=\frac{1}{3}AB=\frac{5}{3}.$$

すると, 内心 I は ∠OAD の二等分線と線分 OD の交点より,

$$OI:ID=AO:AD$$
$$=3:\frac{5}{3}$$

$$=9:5.$$

であるから,

$$\overrightarrow{OI}=\frac{9}{14}\overrightarrow{OD}. \qquad \cdots②$$

よって, ①, ② より,

$$\overrightarrow{OI}=\frac{3}{7}\overrightarrow{OA}+\frac{3}{14}\overrightarrow{OB}.$$

(3)
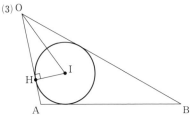

点 H は直線 OA 上にあるので, 実数 k を用いて,

$$\overrightarrow{OH}=k\overrightarrow{OA}$$

とおける. このとき, (2)の結果より,

$$\overrightarrow{HI}=\overrightarrow{OI}-\overrightarrow{OH}$$
$$=\left(\frac{3}{7}-k\right)\overrightarrow{OA}+\frac{3}{14}\overrightarrow{OB}. \quad \cdots③$$

$\overrightarrow{HI}\perp\overrightarrow{OA}$ であるから,

$$\overrightarrow{HI}\cdot\overrightarrow{OA}=0$$

$$\left\{\left(\frac{3}{7}-k\right)\overrightarrow{OA}+\frac{3}{14}\overrightarrow{OB}\right\}\cdot\overrightarrow{OA}=0.$$

$$\left(\frac{3}{7}-k\right)|\overrightarrow{OA}|^2+\frac{3}{14}\overrightarrow{OA}\cdot\overrightarrow{OB}=0.$$

$$\left(\frac{3}{7}-k\right)\cdot3^2+\frac{3}{14}\cdot10=0.$$

$$6-9k=0.$$

$$k=\frac{2}{3}.$$

よって, ③ より,

$$\overrightarrow{HI}=-\frac{5}{21}\overrightarrow{OA}+\frac{3}{14}\overrightarrow{OB}.$$

((3)の別解)

OA=3, OB=6, AB=5 であり, OH=x とおく.

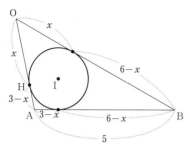

図より,
$$(3-x)+(6-x)=5.$$
$$x=2.$$

これより,
$$\overrightarrow{OH}=\frac{2}{3}\overrightarrow{OA}.$$

よって,(2)の結果より,
$$\overrightarrow{HI}=\overrightarrow{OI}-\overrightarrow{OH}$$
$$=\left(\frac{3}{7}\overrightarrow{OA}+\frac{3}{14}\overrightarrow{OB}\right)-\frac{2}{3}\overrightarrow{OA}$$
$$=-\frac{5}{21}\overrightarrow{OA}+\frac{3}{14}\overrightarrow{OB}.$$

((3)の別解終り)

94

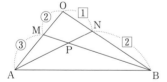

点 P は直線 AN 上にあるので,実数 s を用いて,
$$\overrightarrow{AP}=s\overrightarrow{AN}$$
とおける.このとき,
$$\overrightarrow{OP}=(1-s)\overrightarrow{OA}+s\overrightarrow{ON}$$
$$=(1-s)\overrightarrow{OA}+\frac{s}{3}\overrightarrow{OB}. \quad \cdots①$$

点 P は直線 BM 上にあるので,実数 t を用いて,
$$\overrightarrow{BP}=t\overrightarrow{BM}$$
とおける.このとき,

$$\overrightarrow{OP}=(1-t)\overrightarrow{OB}+t\overrightarrow{OM}$$
$$=\frac{2}{5}t\overrightarrow{OA}+(1-t)\overrightarrow{OB}. \quad \cdots②$$

$\overrightarrow{OA}$ と $\overrightarrow{OB}$ は1次独立であるから,①,②より,
$$\begin{cases} 1-s=\dfrac{2}{5}t, \\ \dfrac{s}{3}=1-t. \end{cases}$$

これを解くと,$s=\dfrac{9}{13}$,$t=\dfrac{10}{13}$.

よって,①より,
$$\overrightarrow{OP}=\boxed{\frac{4}{13}\overrightarrow{OA}+\frac{3}{13}\overrightarrow{OB}}. \quad \cdots③$$

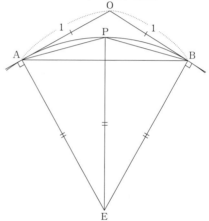

直線 OA と直線 OB が三角形 ABP の外接円に接しているとき,OA=OB=1 より,
$$|\overrightarrow{OA}|=|\overrightarrow{OB}|=1.$$

また,三角形 ABP の外接円の中心を E とすると,
$$AE\perp OA \quad かつ \quad BE\perp OB.$$

このとき,$\overrightarrow{AE}\cdot\overrightarrow{OA}=0$ であるから,
$$(\overrightarrow{OE}-\overrightarrow{OA})\cdot\overrightarrow{OA}=0.$$
$$\overrightarrow{OE}\cdot\overrightarrow{OA}-|\overrightarrow{OA}|^2=0.$$
$$\overrightarrow{OE}\cdot\overrightarrow{OA}-1^2=0.$$

よって,
$$\overrightarrow{OE}\cdot\overrightarrow{OA}=\boxed{1}. \quad \cdots④$$

同様に,

$$\overrightarrow{OE}\cdot\overrightarrow{OB}=1. \qquad \cdots ⑤$$

また，AE＝PE より，
$$|\overrightarrow{AE}|^2=|\overrightarrow{PE}|^2.$$
$$|\overrightarrow{OE}-\overrightarrow{OA}|^2=|\overrightarrow{OE}-\overrightarrow{OP}|^2.$$
$$|\overrightarrow{OE}|^2-2\overrightarrow{OE}\cdot\overrightarrow{OA}+|\overrightarrow{OA}|^2=|\overrightarrow{OE}|^2-2\overrightarrow{OE}\cdot\overrightarrow{OP}+|\overrightarrow{OP}|^2.$$
$$-2\cdot1+1^2=-2\overrightarrow{OE}\cdot\overrightarrow{OP}+|\overrightarrow{OP}|^2$$
であるから，
$$|\overrightarrow{OP}|^2=2\overrightarrow{OE}\cdot\overrightarrow{OP}-1.$$
この式の右辺について，
$$2\overrightarrow{OE}\cdot\overrightarrow{OP}-1$$
$$=2\overrightarrow{OE}\cdot\left(\frac{4}{13}\overrightarrow{OA}+\frac{3}{13}\overrightarrow{OB}\right)-1 \quad (③ より)$$
$$=\frac{8}{13}\overrightarrow{OE}\cdot\overrightarrow{OA}+\frac{6}{13}\overrightarrow{OE}\cdot\overrightarrow{OB}-1$$
$$=\frac{8}{13}\cdot1+\frac{6}{13}\cdot1-1 \quad (④，⑤ より)$$
$$=\frac{1}{13}$$
であるから，
$$|\overrightarrow{OP}|^2=\frac{1}{13}.$$
よって，③ より，
$$\left|\frac{4}{13}\overrightarrow{OA}+\frac{3}{13}\overrightarrow{OB}\right|^2=\frac{1}{13}.$$
$$\frac{1}{13^2}|4\overrightarrow{OA}+3\overrightarrow{OB}|^2=\frac{1}{13}.$$
$$16|\overrightarrow{OA}|^2+24\overrightarrow{OA}\cdot\overrightarrow{OB}+9|\overrightarrow{OB}|^2=13.$$
$$16\cdot1^2+24\overrightarrow{OA}\cdot\overrightarrow{OB}+9\cdot1^2=13$$
であるから，
$$\overrightarrow{OA}\cdot\overrightarrow{OB}=\boxed{-\frac{1}{2}}.$$

95 ──〈方針〉──

$|\vec{p}|$ が最小となるときの $\vec{p}$ を $\vec{a}$ と $\vec{b}$ を用いて表す．

$2|\vec{a}|=3|\vec{b}|\neq0$ より，
$$|\vec{a}|=3, \quad |\vec{b}|=2$$
としてもよい．
このとき，
$$\vec{a}\cdot\vec{b}=|\vec{a}||\vec{b}|\cos60°=3.$$

点 P は直線 AB 上にあるので，実数 t を用いて，
$$\vec{p}=(1-t)\vec{a}+t\vec{b}$$
とおける．このとき，
$$|\vec{p}|^2=|(1-t)\vec{a}+t\vec{b}|^2$$
$$=(1-t)^2|\vec{a}|^2+2(1-t)t\vec{a}\cdot\vec{b}+t^2|\vec{b}|^2$$
$$=(1-t)^2\cdot3^2+2(1-t)t\cdot3+t^2\cdot2^2$$
$$=7t^2-12t+9$$
$$=7\left(t-\frac{6}{7}\right)^2+\frac{27}{7}.$$
よって，$|\vec{p}|$ は，
$$t=\frac{6}{7}$$
のときに最小となる．
したがって，求める $\vec{p}$ は，
$$\vec{p}=\frac{1}{7}\vec{a}+\frac{6}{7}\vec{b}.$$

96

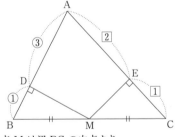

点 M は辺 BC の中点より，
$$\overrightarrow{AM}=\frac{\vec{b}+\vec{c}}{2}.$$
$\overrightarrow{AD}=3\overrightarrow{DB}$，$\overrightarrow{AE}=2\overrightarrow{EC}$ より，
$$\overrightarrow{AD}=\frac{3}{4}\vec{b}, \quad \overrightarrow{AE}=\frac{2}{3}\vec{c}.$$
(1)
$$\overrightarrow{MD}=\overrightarrow{AD}-\overrightarrow{AM}$$
$$=\frac{3}{4}\vec{b}-\frac{\vec{b}+\vec{c}}{2}$$
$$=\frac{1}{4}\vec{b}-\frac{1}{2}\vec{c}.$$
(2)
$$\overrightarrow{ME}=\overrightarrow{AE}-\overrightarrow{AM}$$
$$=\frac{2}{3}\vec{c}-\frac{\vec{b}+\vec{c}}{2}$$

$$= -\frac{1}{2}\vec{b} + \frac{1}{6}\vec{c}.$$

(3) $\overrightarrow{MD} \perp \vec{b}$ であるから，(1)の結果より，

$$\overrightarrow{MD} \cdot \vec{b} = 0$$

$$\left(\frac{1}{4}\vec{b} - \frac{1}{2}\vec{c}\right) \cdot \vec{b} = 0.$$

$$\frac{1}{4}|\vec{b}|^2 - \frac{1}{2}\vec{b} \cdot \vec{c} = 0.$$

$$|\vec{b}|^2 = 2\vec{b} \cdot \vec{c}. \qquad \cdots\text{①}$$

また，$\overrightarrow{ME} \perp \vec{c}$ であるから，(2)の結果より，

$$\overrightarrow{ME} \cdot \vec{c} = 0$$

$$\left(-\frac{1}{2}\vec{b} + \frac{1}{6}\vec{c}\right) \cdot \vec{c} = 0.$$

$$-\frac{1}{2}\vec{b} \cdot \vec{c} + \frac{1}{6}|\vec{c}|^2 = 0.$$

$$|\vec{c}|^2 = 3\vec{b} \cdot \vec{c}. \qquad \cdots\text{②}$$

さらに，①，② より，

$$|\overrightarrow{BC}|^2 = |\vec{c} - \vec{b}|^2$$

$$= |\vec{c}|^2 - 2\vec{b} \cdot \vec{c} + |\vec{b}|^2$$

$$= 3\vec{b} \cdot \vec{c} - 2\vec{b} \cdot \vec{c} + 2\vec{b} \cdot \vec{c}$$

$$= 3\vec{b} \cdot \vec{c}. \qquad \cdots\text{③}$$

①，②，③ および $\vec{b} \cdot \vec{c} \neq 0$ より，

$$|\vec{b}|^2 : |\vec{c} - \vec{b}|^2 : |\vec{c}|^2 = 2 : 3 : 3$$

すなわち，

$$|\overrightarrow{AB}|^2 : |\overrightarrow{BC}|^2 : |\overrightarrow{CA}|^2 = 2 : 3 : 3.$$

よって，

$$AB : BC : CA = \sqrt{2} : \sqrt{3} : \sqrt{3}.$$

97 ──〈方針〉───

(2) 三角形 OAB の面積を求めるには

$$\triangle OAB = \frac{1}{2}\sqrt{|\overrightarrow{OA}|^2|\overrightarrow{OB}|^2 - (\overrightarrow{OA} \cdot \overrightarrow{OB})^2}$$

を利用する．

(1) $\overrightarrow{OA} + \overrightarrow{OB} + \overrightarrow{OC} = \vec{0}$ より，

$$\overrightarrow{OA} + \overrightarrow{OB} = -\overrightarrow{OC}.$$

$$|\overrightarrow{OA} + \overrightarrow{OB}|^2 = |-\overrightarrow{OC}|^2.$$

$$|\overrightarrow{OA}|^2 + 2\overrightarrow{OA} \cdot \overrightarrow{OB} + |\overrightarrow{OB}|^2 = |\overrightarrow{OC}|^2.$$

$$5^2 + 2\overrightarrow{OA} \cdot \overrightarrow{OB} + 4^2 = 6^2.$$

よって，

$$\overrightarrow{OA} \cdot \overrightarrow{OB} = -\frac{5}{2}.$$

(2) $\overrightarrow{OA} + \overrightarrow{OB} + \overrightarrow{OC} = \vec{0}$ より，

$$\overrightarrow{OC} = -2 \cdot \frac{\overrightarrow{OA} + \overrightarrow{OB}}{2}. \qquad \cdots\text{①}$$

ここで，辺 AB の中点を M とすると，

$$\overrightarrow{OM} = \frac{\overrightarrow{OA} + \overrightarrow{OB}}{2}$$

であり，① より，

$$\overrightarrow{OC} = -2\overrightarrow{OM}$$

であるから，

$$OM : OC = 1 : 2.$$

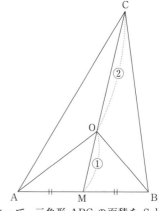

よって，三角形 ABC の面積を S とすると，

$$S = 3 \cdot (\text{三角形 OAB の面積})$$

$$= 3 \cdot \frac{1}{2}\sqrt{|\overrightarrow{OA}|^2|\overrightarrow{OB}|^2 - (\overrightarrow{OA} \cdot \overrightarrow{OB})^2}$$

$$= \frac{3}{2}\sqrt{5^2 \cdot 4^2 - \left(-\frac{5}{2}\right)^2}$$

$$= \frac{3}{2} \cdot \frac{5}{2}\sqrt{8^2 - 1}$$

$$= \frac{45\sqrt{7}}{4}.$$

98 ──〈方針〉──

(2) 平面上の定点 O, C と, 動点 P に対して,

$$|\overrightarrow{OP}-\overrightarrow{OC}|=r$$

が成り立つとき, 点 P は点 C を中心とする半径 r の円周上にある.

原点を O とし, 2 点 A, B を

$$\overrightarrow{OA}=\vec{a}, \quad \overrightarrow{OB}=\vec{b}$$

を満たす点とする.

(1) $\overrightarrow{OR}=-3\vec{b}$, $\overrightarrow{OQ}=2k\vec{a}+\vec{b}$ より,

$$\overrightarrow{QR}=\overrightarrow{OR}-\overrightarrow{OQ}$$
$$=-2k\vec{a}-4\vec{b}.$$

線分 QR を直径とする C の半径 r は,

$$r=\frac{|\overrightarrow{QR}|}{2}$$
$$=|-k\vec{a}-2\vec{b}|.$$

これより,

$$r^2=|-k\vec{a}-2\vec{b}|^2$$
$$=k^2|\vec{a}|^2+4k\vec{a}\cdot\vec{b}+4|\vec{b}|^2$$
$$=k^2\cdot2^2+4k\cdot1+4\cdot1^2$$
$$=4k^2+4k+4.$$

よって,

$$r=2\sqrt{k^2+k+1}.$$

(2)

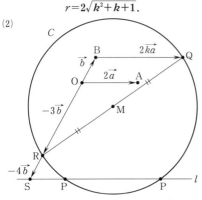

C の中心を M とすると, M は線分 QR の中点より,

$$\overrightarrow{OM}=\frac{\overrightarrow{OQ}+\overrightarrow{OR}}{2}$$

$$=k\vec{a}-\vec{b}.$$

点 P が C 上にあるとき,

$$|\overrightarrow{OP}-\overrightarrow{OM}|=r$$

が成り立つので, (1)の結果より,

$$|\vec{p}-k\vec{a}+\vec{b}|=2\sqrt{k^2+k+1}. \quad \cdots①$$

また, 点 P が l 上にあるとき, 実数 t を用いて,

$$\vec{p}=-4\vec{b}+t\vec{a}. \quad \cdots②$$

①, ②より $\vec{p}$ を消去すると,

$$|-4\vec{b}+t\vec{a}-k\vec{a}+\vec{b}|=2\sqrt{k^2+k+1}.$$
$$|(t-k)\vec{a}-3\vec{b}|=2\sqrt{k^2+k+1}.$$
$$(t-k)^2|\vec{a}|^2-6(t-k)\vec{a}\cdot\vec{b}+9|\vec{b}|^2=4(k^2+k+1).$$
$$(t-k)^2\cdot2^2-6(t-k)\cdot1+9\cdot1=4(k^2+k+1).$$
$$4t^2-2(4k+3)t+2k+5=0. \quad \cdots③$$

C と l が共有点をもつ条件は, ③を満たす実数 t が存在することである.

③の判別式を D とすると, 求める条件は,

$$\frac{D}{4}=(4k+3)^2-4(2k+5)\geqq0,$$

すなわち,

$$16k^2+16k-11\geqq0.$$

これを解いて, 求める k の値の範囲は,

$$k\leqq\frac{-2-\sqrt{15}}{4}, \quad \frac{-2+\sqrt{15}}{4}\leqq k.$$

99

(1) G は三角形 ABC の重心であるから,

$$\overrightarrow{AG}=\frac{\overrightarrow{AB}+\overrightarrow{AC}}{3}.$$

これより,

$$3\overrightarrow{AG}=\overrightarrow{AB}+\overrightarrow{AC}.$$
$$-3\overrightarrow{GA}=(\overrightarrow{GB}-\overrightarrow{GA})+(\overrightarrow{GC}-\overrightarrow{GA}).$$

よって,

$$\overrightarrow{GA}+\overrightarrow{GB}+\overrightarrow{GC}=\vec{0} \quad \cdots①$$

が成り立つ.

(2) 始点を G に揃えると,

$$|\overrightarrow{PA}|^2+|\overrightarrow{PB}|^2+|\overrightarrow{PC}|^2$$
$$=|\overrightarrow{GA}-\overrightarrow{GP}|^2+|\overrightarrow{GB}-\overrightarrow{GP}|^2+|\overrightarrow{GC}-\overrightarrow{GP}|^2$$
$$=|\overrightarrow{GA}|^2+|\overrightarrow{GB}|^2+|\overrightarrow{GC}|^2+3|\overrightarrow{GP}|^2$$
$$\qquad\qquad -2(\overrightarrow{GA}+\overrightarrow{GB}+\overrightarrow{GC})\cdot\overrightarrow{GP}$$
$$=|\overrightarrow{GA}|^2+|\overrightarrow{GB}|^2+|\overrightarrow{GC}|^2+3|\overrightarrow{GP}|^2.$$
$$\qquad\qquad\qquad\qquad\text{（①より）}$$

よって，
$$|\overrightarrow{PA}|^2+|\overrightarrow{PB}|^2+|\overrightarrow{PC}|^2=3|\overrightarrow{PG}|^2+|\overrightarrow{GA}|^2+|\overrightarrow{GB}|^2+|\overrightarrow{GC}|^2.$$
$$\cdots②$$

が成り立つ.

(3) ②のPをAに置き換えると，
$$|\overrightarrow{AA}|^2+|\overrightarrow{AB}|^2+|\overrightarrow{AC}|^2=3|\overrightarrow{AG}|^2+|\overrightarrow{GA}|^2+|\overrightarrow{GB}|^2+|\overrightarrow{GC}|^2.$$
すなわち，
$$|\overrightarrow{GA}|^2+|\overrightarrow{GB}|^2+|\overrightarrow{GC}|^2=|\overrightarrow{AB}|^2+|\overrightarrow{AC}|^2-3|\overrightarrow{AG}|^2.$$

この式の右辺について，
$$|\overrightarrow{AB}|^2+|\overrightarrow{AC}|^2-3|\overrightarrow{AG}|^2$$
$$=|\overrightarrow{AB}|^2+|\overrightarrow{AC}|^2-3\left|\frac{\overrightarrow{AB}+\overrightarrow{AC}}{3}\right|^2$$
$$=\frac{1}{3}(3|\overrightarrow{AB}|^2+3|\overrightarrow{AC}|^2-|\overrightarrow{AB}+\overrightarrow{AC}|^2)$$
$$=\frac{1}{3}(2|\overrightarrow{AB}|^2+2|\overrightarrow{AC}|^2-2\overrightarrow{AB}\cdot\overrightarrow{AC})$$
$$=\frac{1}{3}(|\overrightarrow{AB}|^2+|\overrightarrow{AC}|^2+|\overrightarrow{AB}-\overrightarrow{AC}|^2)$$
$$=\frac{1}{3}(|\overrightarrow{AB}|^2+|\overrightarrow{BC}|^2+|\overrightarrow{CA}|^2).$$

よって，
$$|\overrightarrow{GA}|^2+|\overrightarrow{GB}|^2+|\overrightarrow{GC}|^2=\frac{|\overrightarrow{AB}|^2+|\overrightarrow{BC}|^2+|\overrightarrow{CA}|^2}{3}$$
$$\cdots③$$

が成り立つ.

(4) 三角形 ABC の外心を O とすると，
$$R=|\overrightarrow{OA}|=|\overrightarrow{OB}|=|\overrightarrow{OC}|. \quad\cdots④$$
②のPをOに置き換えると，
$$|\overrightarrow{OA}|^2+|\overrightarrow{OB}|^2+|\overrightarrow{OC}|^2=3|\overrightarrow{OG}|^2+|\overrightarrow{GA}|^2+|\overrightarrow{GB}|^2+|\overrightarrow{GC}|^2.$$
$$3R^2=3|\overrightarrow{OG}|^2+\frac{|\overrightarrow{AB}|^2+|\overrightarrow{BC}|^2+|\overrightarrow{CA}|^2}{3}. \quad\text{（③，④より）}$$
$$R^2=|\overrightarrow{OG}|^2+\frac{|\overrightarrow{AB}|^2+|\overrightarrow{BC}|^2+|\overrightarrow{CA}|^2}{9}.$$
すると，

$$|\overrightarrow{OG}|^2+\frac{|\overrightarrow{AB}|^2+|\overrightarrow{BC}|^2+|\overrightarrow{CA}|^2}{9}$$
$$\geqq\frac{|\overrightarrow{AB}|^2+|\overrightarrow{BC}|^2+|\overrightarrow{CA}|^2}{9}.$$
$$\left(|\overrightarrow{OG}|^2\geqq0\text{ より}\right)$$

よって，
$$R^2\geqq\frac{|\overrightarrow{AB}|^2+|\overrightarrow{BC}|^2+|\overrightarrow{CA}|^2}{9}$$

が成り立つ.

$\boldsymbol{100}$ ——〈方針〉

点 P が直線 DE 上にあるとき
$$\overrightarrow{OP}=\overrightarrow{OD}+k\overrightarrow{DE} \quad (k:\text{実数})$$
と表せる. その点 P が辺 DE 上にある条件は
$$0\leqq k\leqq1$$
である.

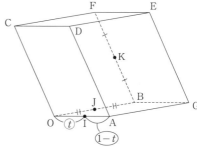

3点 I, J, K を通る平面と直線 DE の共有点を P とする.

点 P は3点 I, J, K を通る平面上にあるから，実数 α, β を用いて
$$\overrightarrow{OP}=\overrightarrow{OJ}+\alpha\overrightarrow{JI}+\beta\overrightarrow{JK}$$
$$=\frac{1}{2}\overrightarrow{OB}+\alpha\left(t\overrightarrow{OA}-\frac{1}{2}\overrightarrow{OB}\right)$$
$$\qquad\qquad +\beta\left(\frac{1}{2}\overrightarrow{OB}+\frac{1}{2}\overrightarrow{OC}\right)$$
$$=\alpha t\overrightarrow{OA}+\left(\frac{1}{2}-\frac{\alpha}{2}+\frac{\beta}{2}\right)\overrightarrow{OB}+\frac{\beta}{2}\overrightarrow{OC}$$
$$\cdots①$$

と表せる.

さらに，点 P は直線 DE 上にあるから，実数 k を用いて

$$\overrightarrow{OP}=\overrightarrow{OD}+k\overrightarrow{DE}$$
$$=\overrightarrow{OA}+k\overrightarrow{OB}+\overrightarrow{OC} \quad \cdots ②$$

と表せる.

4 点 O，A，B，C は同じ平面上にないから，①，② より

$$\begin{cases} \alpha t=1, \\ \dfrac{1}{2}-\dfrac{\alpha}{2}+\dfrac{\beta}{2}=k, \\ \dfrac{\beta}{2}=1. \end{cases}$$

$0<t<1$ の下でこれを解いて

$$\alpha=\frac{1}{t}, \quad \beta=2, \quad k=\frac{3}{2}-\frac{1}{2t}.$$

点 P が辺 DE 上にある条件は

$$0 \leqq k \leqq 1$$

であるから

$$0 \leqq \frac{3}{2}-\frac{1}{2t} \leqq 1.$$

$t>0$ より

$$0 \leqq 3t-1 \leqq 2t.$$

$$\frac{1}{3} \leqq t \leqq 1.$$

これと，$0<t<1$ より，3 点 I，J，K を通る平面が辺 DE と共有点を持つのは，

$$\boxed{\dfrac{1}{3}} \leqq t<1$$

のときである.

101 ──〈方針〉────

体積の比は

「底面積の比」と「高さの比」

を用いて考えることができ，さらに，これらは

「線分の長さの比」

を利用して考えることができる.

$\overrightarrow{AP}+3\overrightarrow{BP}+2\overrightarrow{CP}+6\overrightarrow{DP}=\vec{0}$ より

$\overrightarrow{AP}+3(\overrightarrow{AP}-\overrightarrow{AB})+2(\overrightarrow{AP}-\overrightarrow{AC})$
$$+6(\overrightarrow{AP}-\overrightarrow{AD})=\vec{0}.$$

$$\overrightarrow{AP}=\frac{1}{12}(3\overrightarrow{AB}+2\overrightarrow{AC}+6\overrightarrow{AD}).$$

点 Q は直線 AP 上にあるから，実数 k を用いて

$$\overrightarrow{AQ}=k\overrightarrow{AP}$$
$$=\frac{3k}{12}\overrightarrow{AB}+\frac{2k}{12}\overrightarrow{AC}+\frac{6k}{12}\overrightarrow{AD}$$

と表せる. さらに，点 Q は平面 BCD 上にあるから

$$\frac{3k}{12}+\frac{2k}{12}+\frac{6k}{12}=1.$$

$$k=\frac{12}{11}.$$

よって，

$$\overrightarrow{AQ}=\frac{3}{11}\overrightarrow{AB}+\frac{2}{11}\overrightarrow{AC}+\frac{6}{11}\overrightarrow{AD}.$$

これを変形して

$$\overrightarrow{DQ}-\overrightarrow{DA}=\frac{3}{11}(\overrightarrow{DB}-\overrightarrow{DA})$$
$$+\frac{2}{11}(\overrightarrow{DC}-\overrightarrow{DA})-\frac{6}{11}\overrightarrow{DA}.$$

$$\overrightarrow{DQ}=\frac{3}{11}\overrightarrow{DB}+\frac{2}{11}\overrightarrow{DC}.$$

点 R は直線 DQ 上にあるから，実数 l を用いて

$$\overrightarrow{DR}=l\overrightarrow{DQ}$$
$$=\frac{3l}{11}\overrightarrow{DB}+\frac{2l}{11}\overrightarrow{DC}$$

と表せる. さらに点 R は直線 BC 上にあるから

$$\frac{3l}{11}+\frac{2l}{11}=1.$$

$$l=\frac{11}{5}.$$

よって

$$\overrightarrow{DR}=\frac{11}{5}\overrightarrow{DQ}=\frac{3}{5}\overrightarrow{DB}+\frac{2}{5}\overrightarrow{DC}.$$

以上より

点 R は線分 BC を 2：3 に内分する点，

点 Q は線分 RD を 6：5 に内分する点，

点 P は線分 AQ を 11：1 に内分する点，

であるから

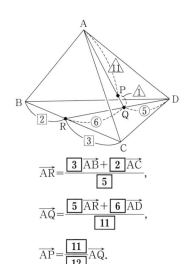

$$\overrightarrow{AR} = \frac{\boxed{3}\overrightarrow{AB}+\boxed{2}\overrightarrow{AC}}{\boxed{5}},$$

$$\overrightarrow{AQ} = \frac{\boxed{5}\overrightarrow{AR}+\boxed{6}\overrightarrow{AD}}{\boxed{11}},$$

$$\overrightarrow{AP} = \frac{\boxed{11}}{\boxed{12}}\overrightarrow{AQ}.$$

これらより

$$\frac{V_2}{V_1}=\frac{\triangle BQD}{\triangle BRQ}\cdot\frac{PQ}{AQ}=\frac{5}{6}\cdot\frac{1}{12}=\frac{\boxed{5}}{\boxed{72}},$$

$$\frac{V_3}{V_1}=\frac{\triangle RCQ}{\triangle BRQ}\cdot\frac{PQ}{AQ}=\frac{3}{2}\cdot\frac{1}{12}=\frac{\boxed{1}}{\boxed{8}},$$

$$\frac{V_4}{V_1}=\frac{\triangle CDQ}{\triangle BRQ}=\frac{5}{6}\cdot\frac{3}{2}=\frac{\boxed{5}}{\boxed{4}}.$$

102 ──〈方針〉──

２つの直線上の動点をそれぞれ１つの変数を用いて表し，それら２点間の距離の最小値を求める．

点 $(-1, 0, 0)$ を通りベクトル $\vec{a}=(0, 1, 1)$ に平行な直線を l，
点 $(0, 0, 4)$ を通りベクトル $\vec{b}=(1, 2, 0)$ に平行な直線を m とする．

Ｐ を l 上の動点，Ｑ を m 上の動点とすると，実数 s, t を用いて
$$\overrightarrow{OP}=(-1, 0, 0)+s(0, 1, 1)=(-1, s, s),$$
$$\overrightarrow{OQ}=(0, 0, 4)+t(1, 2, 0)=(t, 2t, 4)$$
すなわち
$$P(-1, s, s), \quad Q(t, 2t, 4)$$

と表すことができる．
このとき
$$PQ^2=(t+1)^2+(2t-s)^2+(4-s)^2$$
$$=2s^2-4st+5t^2-8s+2t+17$$
$$=2s^2-4(t+2)s+5t^2+2t+17$$
$$=2\{s-(t+2)\}^2+3t^2-6t+9$$
$$=2(s-t-2)^2+3(t-1)^2+6.$$
これは
$$s-t-2=0 \quad かつ \quad t-1=0$$
すなわち
$$s=3, \quad t=1$$
のとき最小値 6 をとり，このとき
$$PQ=\sqrt{6}.$$
以上より，求める最小値は
$$\boxed{\sqrt{6}}.$$

【参考】
PQ が最小となるのは
$$\overrightarrow{PQ}\perp l \quad かつ \quad \overrightarrow{PQ}\perp m$$
すなわち
$$\overrightarrow{PQ}\perp\vec{a} \quad かつ \quad \overrightarrow{PQ}\perp\vec{b}$$
が成り立つときであるということを認めるならば
$$\overrightarrow{PQ}=(t+1, 2t-s, 4-s),$$
$$\vec{a}=(0, 1, 1), \quad \vec{b}=(1, 2, 0),$$
より
$$\begin{cases}\overrightarrow{PQ}\cdot\vec{a}=(t+1, 2t-s, 4-s)\cdot(0, 1, 1)=0, \\ \overrightarrow{PQ}\cdot\vec{b}=(t+1, 2t-s, 4-s)\cdot(1, 2, 0)=0\end{cases}$$
が成り立つとき
$$\begin{cases}2t-2s+4=0, \\ 5t-2s+1=0.\end{cases}$$
これを解いて
$$s=3, \quad t=1.$$
このとき
$$\overrightarrow{PQ}=(2, -1, 1)$$
より
$$|\overrightarrow{PQ}|=\sqrt{2^2+(-1)^2+1^2}=\sqrt{6}$$
として最小値を求めることもできる．

(参考終り)

88

103

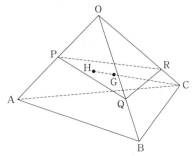

(1) 条件より

$$\overrightarrow{\mathrm{OP}}=\frac{1}{2}\vec{a}, \quad \overrightarrow{\mathrm{OQ}}=\frac{2}{3}\vec{b}, \quad \overrightarrow{\mathrm{OR}}=\frac{3}{4}\vec{c},$$

$$\overrightarrow{\mathrm{OG}}=\frac{1}{3}(\overrightarrow{\mathrm{OP}}+\overrightarrow{\mathrm{OQ}}+\overrightarrow{\mathrm{OR}})$$

$$=\frac{1}{6}\vec{a}+\frac{2}{9}\vec{b}+\frac{1}{4}\vec{c}.$$

点 H は直線 CG 上にあるので,実数 t を用いて

$$\overrightarrow{\mathrm{CH}}=t\overrightarrow{\mathrm{CG}}$$

と表せる.このとき

$$\overrightarrow{\mathrm{OH}}=(1-t)\overrightarrow{\mathrm{OC}}+t\overrightarrow{\mathrm{OG}}$$

$$=(1-t)\vec{c}+t\left(\frac{1}{6}\vec{a}+\frac{2}{9}\vec{b}+\frac{1}{4}\vec{c}\right)$$

$$=\frac{t}{6}\vec{a}+\frac{2t}{9}\vec{b}+\frac{4-3t}{4}\vec{c}. \quad \cdots ①$$

点 H は平面 OAB 上にあるから

$$\frac{4-3t}{4}=0.$$

$$t=\frac{4}{3}.$$

よって,① より

$$\overrightarrow{\mathrm{OH}}=\frac{2}{9}\vec{a}+\frac{8}{27}\vec{b}.$$

(2) $\vec{a}\cdot\vec{b}=3$, $\vec{a}\cdot\vec{c}=1$, $\vec{b}\cdot\vec{c}=9$, $|\vec{c}|=\sqrt{3}$.

直線 CH が平面 OAB に直交しているので

$$\overrightarrow{\mathrm{CH}}\perp\vec{a} \quad かつ \quad \overrightarrow{\mathrm{CH}}\perp\vec{b}$$

すなわち

$$\overrightarrow{\mathrm{CH}}\cdot\vec{a}=0 \quad かつ \quad \overrightarrow{\mathrm{CH}}\cdot\vec{b}=0$$

である.(1) より

$$\overrightarrow{\mathrm{CH}}=\frac{2}{9}\vec{a}+\frac{8}{27}\vec{b}-\vec{c}$$

であるから,$\overrightarrow{\mathrm{CH}}\cdot\vec{a}=0$ より

$$\left(\frac{2}{9}\vec{a}+\frac{8}{27}\vec{b}-\vec{c}\right)\cdot\vec{a}=0.$$

$$\frac{2}{9}|\vec{a}|^2+\frac{8}{27}\vec{a}\cdot\vec{b}-\vec{a}\cdot\vec{c}=0.$$

$$\frac{2}{9}|\vec{a}|^2+\frac{8}{27}\cdot3-1=0.$$

$$|\vec{a}|^2=\frac{1}{2}.$$

$$|\vec{a}|=\frac{\sqrt{2}}{2}.$$

さらに,$\overrightarrow{\mathrm{CH}}\cdot\vec{b}=0$ より

$$\left(\frac{2}{9}\vec{a}+\frac{8}{27}\vec{b}-\vec{c}\right)\cdot\vec{b}=0.$$

$$\frac{2}{9}\vec{a}\cdot\vec{b}+\frac{8}{27}|\vec{b}|^2-\vec{b}\cdot\vec{c}=0.$$

$$\frac{2}{9}\cdot3+\frac{8}{27}|\vec{b}|^2-9=0.$$

$$|\vec{b}|^2=\frac{225}{8}.$$

$$|\vec{b}|=\frac{15\sqrt{2}}{4}.$$

(3) $\triangle\mathrm{OAB}=\frac{1}{2}\sqrt{|\vec{a}|^2|\vec{b}|^2-(\vec{a}\cdot\vec{b})^2}$

$$=\frac{1}{2}\sqrt{\frac{1}{2}\cdot\frac{225}{8}-3^2}$$

$$=\frac{1}{2}\sqrt{\left(\frac{15}{4}-3\right)\left(\frac{15}{4}+3\right)}$$

$$=\frac{1}{2}\sqrt{\frac{3}{4}\cdot\frac{27}{4}}$$

$$=\frac{9}{8}.$$

(4) 直線 CH が平面 OAB に直交しているので,四面体 OABC の体積を V とすると

$$V=\frac{1}{3}\cdot\triangle\mathrm{OAB}\cdot|\overrightarrow{\mathrm{CH}}|.$$

ここで,(3) より $\triangle\mathrm{OAB}=\frac{9}{8}$ であり,

$$|\overrightarrow{\mathrm{CH}}|^2=\left|\frac{2}{9}\vec{a}+\frac{8}{27}\vec{b}-\vec{c}\right|^2$$
$$=\left(\frac{2}{9}\right)^2\cdot\frac{1}{2}+\left(\frac{8}{27}\right)^2\cdot\frac{225}{8}+3$$
$$+2\cdot\frac{2}{9}\cdot\frac{8}{27}\cdot3-2\cdot\frac{8}{27}\cdot9-2\cdot\frac{2}{9}\cdot1$$
$$=\frac{1}{9}$$

より

$$|\overrightarrow{\mathrm{CH}}|=\frac{1}{3}.$$

以上より

$$V=\frac{1}{3}\cdot\frac{9}{8}\cdot\frac{1}{3}=\frac{1}{8}.$$

（$|\overrightarrow{\mathrm{CH}}|$ を求める部分的別解）

$$|\overrightarrow{\mathrm{OH}}|^2=\left|\frac{2}{27}(3\vec{a}+4\vec{b})\right|^2$$
$$=\left(\frac{2}{27}\right)^2(9|\vec{a}|^2+24\vec{a}\cdot\vec{b}+16|\vec{b}|^2)$$
$$=\left(\frac{2}{27}\right)^2\left(9\cdot\frac{1}{2}+24\cdot3+16\cdot\frac{225}{8}\right)$$
$$=\left(\frac{2}{27}\right)^2\cdot\frac{9^2\cdot13}{2}$$
$$=\frac{26}{9}.$$

ここで，$\angle\mathrm{CHO}=90°$ であるから，直角三角形 CHO に三平方の定理を用いると

$$|\overrightarrow{\mathrm{CH}}|=\sqrt{|\vec{c}|^2-|\overrightarrow{\mathrm{OH}}|^2}=\sqrt{3-\frac{26}{9}}=\frac{1}{3}.$$

（部分的別解終り）

104

(1) 点 H は平面 ABC 上にあるので，実数 s, t を用いて

$$\overrightarrow{\mathrm{AH}}=s\overrightarrow{\mathrm{AB}}+t\overrightarrow{\mathrm{AC}}$$

と表せる．このとき

$$\overrightarrow{\mathrm{OH}}=\overrightarrow{\mathrm{OA}}+s\overrightarrow{\mathrm{AB}}+t\overrightarrow{\mathrm{AC}}. \quad\cdots①$$

$\overrightarrow{\mathrm{OH}}\perp$（平面 ABC）より

$$\overrightarrow{\mathrm{OH}}\perp\overrightarrow{\mathrm{AB}} \quad\text{かつ}\quad \overrightarrow{\mathrm{OH}}\perp\overrightarrow{\mathrm{AC}}$$

すなわち

$$\overrightarrow{\mathrm{OH}}\cdot\overrightarrow{\mathrm{AB}}=0 \quad\text{かつ}\quad \overrightarrow{\mathrm{OH}}\cdot\overrightarrow{\mathrm{AC}}=0$$

であるから

$$\begin{cases}(\overrightarrow{\mathrm{OA}}+s\overrightarrow{\mathrm{AB}}+t\overrightarrow{\mathrm{AC}})\cdot\overrightarrow{\mathrm{AB}}=0\\(\overrightarrow{\mathrm{OA}}+s\overrightarrow{\mathrm{AB}}+t\overrightarrow{\mathrm{AC}})\cdot\overrightarrow{\mathrm{AC}}=0.\end{cases}$$

より

$$\begin{cases}|\overrightarrow{\mathrm{AB}}|^2s+(\overrightarrow{\mathrm{AB}}\cdot\overrightarrow{\mathrm{AC}})t+\overrightarrow{\mathrm{OA}}\cdot\overrightarrow{\mathrm{AB}}=0,\\(\overrightarrow{\mathrm{AB}}\cdot\overrightarrow{\mathrm{AC}})s+|\overrightarrow{\mathrm{AC}}|^2t+\overrightarrow{\mathrm{OA}}\cdot\overrightarrow{\mathrm{AC}}=0.\end{cases}$$

ここで

$$\overrightarrow{\mathrm{OA}}=(1,\ 2,\ 1),$$
$$\overrightarrow{\mathrm{AB}}=(1,\ -1,\ 1),\quad \overrightarrow{\mathrm{AC}}=(-3,\ -2,\ 1)$$

より

$$|\overrightarrow{\mathrm{AB}}|^2=3,\quad |\overrightarrow{\mathrm{AC}}|^2=14,$$
$$\overrightarrow{\mathrm{AB}}\cdot\overrightarrow{\mathrm{AC}}=0,\quad \overrightarrow{\mathrm{OA}}\cdot\overrightarrow{\mathrm{AB}}=0,\quad \overrightarrow{\mathrm{OA}}\cdot\overrightarrow{\mathrm{AC}}=-6$$

であるから

$$\begin{cases}3s=0,\\14t-6=0.\end{cases}$$

よって

$$s=0,\quad t=\frac{3}{7}.$$

このとき，① より

$$\overrightarrow{\mathrm{OH}}=\overrightarrow{\mathrm{OA}}+\frac{3}{7}\overrightarrow{\mathrm{AC}}$$
$$=(1,\ 2,\ 1)+\frac{3}{7}(-3,\ -2,\ 1)$$
$$=\left(-\frac{2}{7},\ \frac{8}{7},\ \frac{10}{7}\right).$$

したがって

$$\mathrm{H}\left(-\frac{2}{7},\ \frac{8}{7},\ \frac{10}{7}\right).$$

(2) $\overrightarrow{\mathrm{OH}}\perp$（平面 ABC）より，四面体 OABC の体積を V とすると

$$V=\frac{1}{3}\cdot\triangle\mathrm{ABC}\cdot|\overrightarrow{\mathrm{OH}}|.$$

ここで

$$\triangle\mathrm{ABC}=\frac{1}{2}\sqrt{|\overrightarrow{\mathrm{AB}}|^2|\overrightarrow{\mathrm{AC}}|^2-(\overrightarrow{\mathrm{AB}}\cdot\overrightarrow{\mathrm{AC}})^2}$$
$$=\frac{1}{2}\sqrt{3\cdot14-0^2}$$
$$=\frac{1}{2}\sqrt{42}$$

であり

$$\overrightarrow{\mathrm{OH}}=\left(-\frac{2}{7},\ \frac{8}{7},\ \frac{10}{7}\right)=\frac{2}{7}(-1,\ 4,\ 5)$$

より
$$|\overrightarrow{OH}|=\frac{2}{7}\sqrt{(-1)^2+4^2+5^2}=\frac{2}{7}\sqrt{42}.$$

以上より
$$V=\frac{1}{3}\cdot\frac{1}{2}\sqrt{42}\cdot\frac{2}{7}\sqrt{42}=2.$$

【参考】

(1)で求めた
$$\overrightarrow{AB}\cdot\overrightarrow{AC}=0, \quad \overrightarrow{OA}\cdot\overrightarrow{AB}=0$$
から
$$\overrightarrow{AB}\perp\overrightarrow{AC} \quad かつ \quad \overrightarrow{AB}\perp\overrightarrow{OA}$$
すなわち
$$\overrightarrow{AB}\perp(平面\ OAC)$$
であることがわかるので, (2)は
$$V=\frac{1}{3}\cdot\triangle OAC\cdot|\overrightarrow{AB}|$$
$$=\frac{1}{3}\cdot\frac{1}{2}\sqrt{|\overrightarrow{AO}|^2|\overrightarrow{AC}|^2-(\overrightarrow{AO}\cdot\overrightarrow{AC})^2}\cdot\sqrt{3}$$
$$=\frac{1}{3}\cdot\frac{1}{2}\sqrt{6\cdot14-6^2}\cdot\sqrt{3}$$
$$=\frac{1}{3}\cdot\frac{1}{2}\cdot4\sqrt{3}\cdot\sqrt{3}$$
$$=2$$
として V を求めることもできる.

(参考終り)

105 ──〈方針〉

(3) 点 M と点 B は平面 α に関して対称なので MP=BP であることを用いる.

(1)

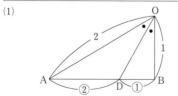

角の二等分線の性質より
$$AD:DB=OA:OB=2:1.$$
したがって
$$\overrightarrow{OD}=\frac{\overrightarrow{OA}+2\overrightarrow{OB}}{3}$$

$$=\frac{1}{3}\overrightarrow{a}+\frac{2}{3}\overrightarrow{b}.$$

点 G は $\triangle OAC$ の重心なので
$$\overrightarrow{OG}=\frac{\overrightarrow{OO}+\overrightarrow{OA}+\overrightarrow{OC}}{3}$$
$$=\frac{1}{3}\overrightarrow{a}+\frac{1}{3}\overrightarrow{c}.$$

(2) 条件より
$$\begin{cases}|\overrightarrow{a}|=2, \ |\overrightarrow{b}|=1, \ |\overrightarrow{c}|=3,\\ \overrightarrow{a}\cdot\overrightarrow{b}=2\cdot1\cdot\cos60°=1, \ \overrightarrow{b}\cdot\overrightarrow{c}=\overrightarrow{c}\cdot\overrightarrow{a}=0.\end{cases}$$

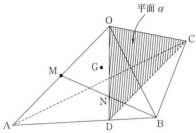

点 M は線分 OA の中点なので
$$\overrightarrow{OM}=\frac{1}{2}\overrightarrow{OA}=\frac{1}{2}\overrightarrow{a}.$$

したがって
$$\overrightarrow{BM}=\overrightarrow{OM}-\overrightarrow{OB}=\frac{1}{2}\overrightarrow{a}-\overrightarrow{b}.$$

このとき, 点 B と点 M は平面 α に関して反対側にあり
$$\overrightarrow{BM}\cdot\overrightarrow{OC}=\left(\frac{1}{2}\overrightarrow{a}-\overrightarrow{b}\right)\cdot\overrightarrow{c}$$
$$=\frac{1}{2}\overrightarrow{c}\cdot\overrightarrow{a}-\overrightarrow{b}\cdot\overrightarrow{c}$$
$$=0,$$
$$\overrightarrow{BM}\cdot\overrightarrow{OD}=\left(\frac{1}{2}\overrightarrow{a}-\overrightarrow{b}\right)\cdot\left(\frac{1}{3}\overrightarrow{a}+\frac{2}{3}\overrightarrow{b}\right)$$
$$=\frac{1}{6}(\overrightarrow{a}-2\overrightarrow{b})\cdot(\overrightarrow{a}+2\overrightarrow{b})$$
$$=\frac{1}{6}(|\overrightarrow{a}|^2-4|\overrightarrow{b}|^2)$$
$$=\frac{1}{6}(2^2-4\cdot1^2)$$
$$=0$$
より

$\overrightarrow{BM}\perp\overrightarrow{OC}$ かつ $\overrightarrow{BM}\perp\overrightarrow{OD}$

であるから，線分 BM は平面 OCD つまり平面 α と直交する.

点 N は線分 BM の中点なので

$$\overrightarrow{ON}=\frac{\overrightarrow{OB}+\overrightarrow{OM}}{2}$$

$$=\frac{1}{4}\vec{a}+\frac{1}{2}\vec{b}$$

$$=\frac{3}{4}\left(\frac{1}{3}\vec{a}+\frac{2}{3}\vec{b}\right)$$

$$=\frac{3}{4}\overrightarrow{OD}.$$

よって，点 N は線分 OD 上にあり，線分 OD は平面 α 上にあるから，点 N は平面 α 上にある.

(3)

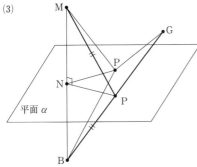

(2)より点 B と点 M は平面 α に関して対称であり，また点 G と点 M は平面 α に関して同じ側にある.

このとき，平面 α 上の動点 P について

$$MP=BP$$

が成り立つので

$$MP+PG=BP+PG$$

である.

BP+PG が最小となるのは，3 点 B，P，M が同一直線上にあるとき，つまり，点 P が線分 BG と平面 α の交点と一致するときである.

このとき，

$$BP+PG=BG$$

であるから，求める最小値は $|\overrightarrow{BG}|$ となる.

$$\overrightarrow{BG}=\overrightarrow{OG}-\overrightarrow{OB}=\frac{1}{3}\vec{a}+\frac{1}{3}\vec{c}-\vec{b}$$

より

$$|\overrightarrow{BG}|^2=\frac{1}{9}(|\vec{a}|^2+|\vec{c}|^2+9|\vec{b}|^2$$
$$+2\vec{c}\cdot\vec{a}-6\vec{b}\cdot\vec{c}-6\vec{a}\cdot\vec{b})$$

$$=\frac{1}{9}(4+9+9+0-0-6)$$

$$=\frac{16}{9}$$

であるから

$$|\overrightarrow{BG}|=\frac{4}{3}.$$

以上より，MP+PG の最小値は

$$\frac{4}{3}.$$

106 ——〈方針〉

(2) 点 H が平面 α 上にある条件は $\overrightarrow{AH}\perp\overrightarrow{OA}$ である.

(3) $|\overrightarrow{BP}|=\sqrt{|\overrightarrow{BH}|^2+|\overrightarrow{PH}|^2}$ であることを利用する.

(1) $|\overrightarrow{OP}|=5$，$|\overrightarrow{AP}|=4$，$OA=\sqrt{1^2+2^2+2^2}=3$ より

$$OP^2=AP^2+OA^2$$

が成り立つので，

$$\angle OAP=90°.$$

(2)

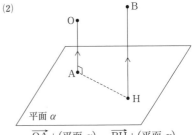

$$\overrightarrow{OA}\perp(\text{平面 }\alpha)，\quad \overrightarrow{BH}\perp(\text{平面 }\alpha)$$

より

$$\overrightarrow{OA}\,/\!/\,\overrightarrow{BH}$$

であるから，実数 k を用いて

$$\overrightarrow{BH}=k\overrightarrow{OA}$$

と表せる. このとき
$$\overrightarrow{OH}=\overrightarrow{OB}+k\overrightarrow{OA}$$
$$=(1,\ -3,\ -2)+k(1,\ 2,\ 2)$$
$$=(k+1,\ 2k-3,\ 2k-2).\quad\cdots\text{①}$$

また, 点 H は平面 α 上にあるので
$$\overrightarrow{AH}\perp\overrightarrow{OA}$$
すなわち
$$\overrightarrow{AH}\cdot\overrightarrow{OA}=0\quad\cdots\text{②}$$
である.

ここで
$$\overrightarrow{AH}=\overrightarrow{OH}-\overrightarrow{OA}$$
$$=(k+1,\ 2k-3,\ 2k-2)-(1,\ 2,\ 2)$$
$$=(k,\ 2k-5,\ 2k-4)$$
であるから, ②より
$$k\cdot1+(2k-5)\cdot2+(2k-4)\cdot2=0.$$
$$9k-18=0.$$
$$k=2.$$

このとき, ①より
$$\overrightarrow{OH}=(3,\ 1,\ 2)$$
であるから
$$\mathbf{H(3,\ 1,\ 2)}.$$

(3)

(1)より $\angle OAP=90°$ であるから, 点 P は平面 α 上の動点であり, さらに, $|\overrightarrow{AP}|=4$ であるから, 点 P は点 A を中心とする半径 4 の, 平面 α 上の円 C の周上を動く.

ここで, (2) より
$$\overrightarrow{AH}=(2,\ -1,\ 0)$$
であるから
$$|\overrightarrow{AH}|=\sqrt{2^2+(-1)^2+0^2}=\sqrt{5}<(\text{円}\ C\ \text{の半径})$$
であり, 点 H は円 C の内部にある.

一方, $\overrightarrow{BH}\perp\overrightarrow{PH}$ より
$$|\overrightarrow{BP}|=\sqrt{|\overrightarrow{BH}|^2+|\overrightarrow{PH}|^2}$$

であり, $\overrightarrow{BH}=(2,\ 4,\ 4)$ より
$$|\overrightarrow{BH}|^2=\sqrt{2^2+4^2+4^2}=36$$
であるから
$$|\overrightarrow{BP}|=\sqrt{36+|\overrightarrow{PH}|^2}.$$

よって, $|\overrightarrow{PH}|$ が最小となるとき $|\overrightarrow{BP}|$ も最小となる.

$|\overrightarrow{PH}|$ が最小となるのは, 点 P が半直線 AH と円 C の交点と一致するときである. このとき
$$\overrightarrow{OP}=\overrightarrow{OA}+\overrightarrow{AP}$$
$$=\overrightarrow{OA}+\frac{|\overrightarrow{AP}|}{|\overrightarrow{AH}|}\overrightarrow{AH}$$
$$=(1,\ 2,\ 2)+\frac{4}{\sqrt{5}}(2,\ -1,\ 0)$$
$$=\left(\frac{5+8\sqrt{5}}{5},\ \frac{10-4\sqrt{5}}{5},\ 2\right).$$

以上より, 求める点 P の座標は
$$\mathbf{P\left(\dfrac{5+8\sqrt{5}}{5},\ \dfrac{10-4\sqrt{5}}{5},\ 2\right)}.$$

107 ─⟨方針⟩─

(3) 点 R が動くとき QR が最小になるのは, 点 R が線分 PQ 上にあるときであり, 点 Q が動くとき PQ が最小となるのは $\overrightarrow{PQ}\perp(\text{平面}\ \alpha)$ のときである.

(1) S の方程式は
$$x^2+y^2+z^2+2x-10y+4z+21=0.$$
$$(x+1)^2+(y-5)^2+(z+2)^2=9.$$
よって,

中心 P の座標は $(-1,\ 5,\ -2)$, 半径は 3.

(2) 点 D は $\overrightarrow{AD}=s\overrightarrow{AB}+t\overrightarrow{AC}$ を満たすので
$$\overrightarrow{OD}=\overrightarrow{OA}+s\overrightarrow{AB}+t\overrightarrow{AC}.$$
$$=(1,\ 0,\ 0)+s(-1,\ -1,\ 0)+t(-1,\ 0,\ -2)$$
$$=(-s-t+1,\ -s,\ -2t).$$
よって,
$$\mathbf{D(-s-t+1,\ -s,\ -2t)}.$$

(3) (2)の点 D は平面 α 上の点である. 点 D が点 P から平面 α に下した垂線の足となるとき

$$\overrightarrow{PD}\perp\overrightarrow{AB} \quad かつ \quad \overrightarrow{PD}\perp\overrightarrow{AC}$$

より

$$\begin{cases} \overrightarrow{PD}\cdot\overrightarrow{AB}=0, \\ \overrightarrow{PD}\cdot\overrightarrow{AC}=0 \end{cases}$$

である．ここで，(1), (2) より

$$\overrightarrow{PD}=(-s-t+2,\ -s-5,\ -2t+2)$$

であるから

$$\begin{cases} (-s-t+2)\cdot(-1)+(-s-5)\cdot(-1)+0=0, \\ (-s-t+2)\cdot(-1)+0+(-2t+2)\cdot(-2)=0 \end{cases}$$

つまり

$$\begin{cases} 2s+t+3=0, \\ s+5t-6=0 \end{cases}$$

であり，これを解いて

$$s=-\frac{7}{3},\quad t=\frac{5}{3}.$$

このとき

$$D\left(\frac{5}{3},\ \frac{7}{3},\ -\frac{10}{3}\right),\ \overrightarrow{PD}=\left(\frac{8}{3},\ -\frac{8}{3},\ -\frac{4}{3}\right)$$

より

$$|\overrightarrow{PD}|=\sqrt{\left(\frac{8}{3}\right)^2+\left(-\frac{8}{3}\right)^2+\left(-\frac{4}{3}\right)^2}=4>(S\ の半径)$$

となるから，球面 S と平面 α は共有点をもたない．

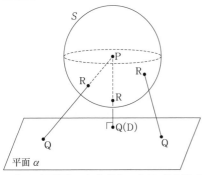

平面 α

点 Q が平面 α 上を動き，点 R が球面 S 上を動くとき，QR の最小値を求める．

まず，点 Q を固定して点 R を動かすと，点 R が半直線 PQ と球面 S の交点と一致するとき QR は最小となり，このとき

$$QR=PQ-PR=PQ-3$$

次に，点 Q を動かすと，PQ が最小となる

のは，点 Q が上で求めた点 D と一致するときで，このとき

$$PQ=PD=4$$

より

$$QR=4-3=1.$$

さらに，このとき

$$\begin{aligned} \overrightarrow{OR}&=\overrightarrow{OP}+\overrightarrow{PR}\\ &=\overrightarrow{OP}+\frac{|\overrightarrow{PR}|}{|\overrightarrow{PD}|}\overrightarrow{PD}\\ &=(-1,\ 5,\ -2)+\frac{3}{4}\left(\frac{8}{3},\ -\frac{8}{3},\ -\frac{4}{3}\right)\\ &=(1,\ 3,\ -3). \end{aligned}$$

以上より，求める最小値は

$$1.$$

そのとき

$$Q\left(\frac{5}{3},\ \frac{7}{3},\ -\frac{10}{3}\right),\ R(1,\ 3,\ -3).$$

【参考】

「平面の方程式」と「点と平面の距離の公式」を使うことができれば $|\overrightarrow{PD}|=4$ を簡単に求めることができる．

$abc\neq0$ のとき，

3 点 $(a,\ 0,\ 0),\ (0,\ b,\ 0),\ (0,\ 0,\ c)$ を通る平面の方程式が

$$\frac{x}{a}+\frac{y}{b}+\frac{z}{c}=1$$

であることを用いると，平面 α の方程式は

$$\frac{x}{1}+\frac{y}{-1}+\frac{z}{-2}=1$$

より

$$2x-2y-z-2=0.$$

ここで，P$(-1,\ 5,\ -2)$ であるから

$$\begin{aligned} |\overrightarrow{PD}|&=(点\ P\ と平面\ \alpha\ の距離)\\ &=\frac{|2\cdot(-1)-2\cdot5-(-2)-2|}{\sqrt{2^2+(-2)^2+(-1)^2}}\\ &=4. \end{aligned}$$

(参考終り)

108 ——〈方針〉

　直線 QY と直線 PX がねじれの位置にあるための必要十分条件は
「直線 QY と直線 PX が共有点をもたない」
　　　　かつ
「直線 QY と直線 PX が平行でない」
ことである.

　条件より
$$\overrightarrow{OP}=\frac{1}{2}\overrightarrow{OA}, \quad \overrightarrow{OQ}=\frac{1}{2}\overrightarrow{OA}+\frac{1}{2}\overrightarrow{OB},$$
$$\overrightarrow{OX}=x\overrightarrow{OC}, \quad \overrightarrow{OY}=(1-y)\overrightarrow{OB}+y\overrightarrow{OC}.$$

直線 QY と直線 PX がねじれの位置にあるための必要十分条件は
「直線 QY と直線 PX が共有点をもたない」
$$\cdots ①$$
　　　　かつ
「直線 QY と直線 PX が平行でない」
$$\cdots ②$$
ことである.

　まず, ① となるための, x, y に関する必要十分条件を求める.

　点 R を直線 QY 上の点, 点 S を直線 PX 上の点とすると, 実数 s, t を用いて
$$\overrightarrow{OR}=(1-s)\overrightarrow{OQ}+s\overrightarrow{OY}$$
$$=(1-s)\left(\frac{1}{2}\overrightarrow{OA}+\frac{1}{2}\overrightarrow{OB}\right)$$
$$+s\{(1-y)\overrightarrow{OB}+y\overrightarrow{OC}\}$$
$$=\frac{1-s}{2}\overrightarrow{OA}+\frac{1+s-2sy}{2}\overrightarrow{OB}+sy\overrightarrow{OC},$$
$$\cdots ③$$
$$\overrightarrow{OS}=(1-t)\overrightarrow{OP}+t\overrightarrow{OX}$$
$$=\frac{1-t}{2}\overrightarrow{OA}+tx\overrightarrow{OC} \qquad \cdots ④$$
と表せる.

　ここで, 4 点 O, A, B, C は同一平面上にないので, 2 点 R, S が一致する, すなわち, 「直線 QY と直線 PX が共有点をもつ」ための必要十分条件は, ③, ④ より

$$\begin{cases} \dfrac{1-s}{2}=\dfrac{1-t}{2}, \\ \dfrac{1+s-2sy}{2}=0, \\ sy=tx, \end{cases} \quad \text{すなわち} \quad \begin{cases} s=t, \\ (2y-1)s=1, \\ s(x-y)=0 \end{cases}$$

を満たす実数 s, t が存在することであり,
$$\left\lceil y \neq \frac{1}{2} \quad \text{かつ} \quad x=y \right\rfloor$$
である.

　よって, 「直線 QY と直線 PX が共有点をもたない」ための必要十分条件は
$$\left\lceil y=\frac{1}{2} \quad \text{または} \quad x \neq y \right\rfloor \quad \cdots ⑤$$
である.

　次に, ② となるための, x, y に関する必要十分条件を求める.
$$\overrightarrow{PX}=\overrightarrow{OX}-\overrightarrow{OP}$$
$$=-\frac{1}{2}\overrightarrow{OA}+x\overrightarrow{OC},$$
$$\overrightarrow{QY}=\overrightarrow{OY}-\overrightarrow{OQ}$$
$$=-\frac{1}{2}\overrightarrow{OA}+\frac{1-2y}{2}\overrightarrow{OB}+y\overrightarrow{OC}.$$

　ここで, 4 点 O, A, B, C は同一平面上にないので, $\overrightarrow{OA}$ の係数が一致していることに注意すると, 「直線 QY と直線 PX が平行である」ための必要十分条件は
$$\begin{cases} 0=\dfrac{1-2y}{2}, \\ x=y. \end{cases}$$
となることであり
$$\left\lceil y=\frac{1}{2} \quad \text{かつ} \quad x=y \right\rfloor$$
である.

　よって, 「直線 QY と直線 PX が平行でない」ための必要十分条件は
$$\left\lceil y \neq \frac{1}{2} \quad \text{または} \quad x \neq y \right\rfloor \quad \cdots ⑥$$
である.

　以上より, 求める必要十分条件は
$$\text{「⑤ かつ ⑥」}$$
であるから
$$x \neq y.$$

109 ──〈方針〉──

(2)は余事象を考える.

$$\begin{cases} -1 \text{ と書かれたカードを } \boxed{-1}, \\ 0 \text{ と書かれたカードを } \boxed{0}, \\ 1 \text{ と書かれたカードを } \boxed{1} \end{cases}$$

と表す.

取り出したカードが

$\boxed{-1}$ と $\boxed{0}$ のとき, $X=-1$, $Y=0$,

$\boxed{-1}$ と $\boxed{1}$ のとき, $X=-1$, $Y=1$,

$\boxed{0}$ と $\boxed{1}$ のとき, $X=0$, $Y=1$,

$\boxed{1}$ と $\boxed{1}$ のとき, $X=1$, $Y=1$ ($m \geqq 2$ のとき)

となる.

(1) $m=2$ のとき袋の中には

$\boxed{-1}$ が1枚, $\boxed{0}$ が1枚, $\boxed{1}$ が2枚

入っているので, すべての取り出し方は

$${}_4C_2=6 \text{（通り）}.$$

$X \geqq 0$ となるのは,

$\boxed{0}$ と $\boxed{1}$ または $\boxed{1}$ と $\boxed{1}$

を取り出したときなので, その取り出し方は

$${}_1C_1 \cdot {}_2C_1 + {}_2C_2 = 3 \text{（通り）}.$$

よって

$$P(X \geqq 0) = \frac{3}{6} = \frac{1}{2}.$$

(2) $m=9$ のとき袋の中には

$\boxed{-1}$ が1枚, $\boxed{0}$ が1枚, $\boxed{1}$ が9枚

入っているので, すべての取り出し方は

$${}_{11}C_2 = 55 \text{（通り）}.$$

$Y \neq 1$ となるのは, $\boxed{-1}$ と $\boxed{0}$ を取り出したときなのでその取り出し方は

$${}_1C_1 \cdot {}_1C_1 = 1 \text{（通り）}.$$

よって

$$P(Y \neq 1) = \frac{1}{55}$$

であるから

$$P(Y=1) = 1 - \frac{1}{55} = \frac{54}{55}.$$

（別解）

$Y=1$ となるのは

$\boxed{-1}$ と $\boxed{1}$ または $\boxed{0}$ と $\boxed{1}$

または $\boxed{1}$ と $\boxed{1}$

を取り出したときなので, その取り出し方は

$${}_1C_1 \cdot {}_9C_1 + {}_1C_1 \cdot {}_9C_1 + {}_9C_2 = 54 \text{（通り）}.$$

よって

$$P(Y=1) = \frac{54}{{}_{11}C_2} = \frac{54}{55}.$$

（別解終り）

(3) 取り出したカードが

$\boxed{-1}$ と $\boxed{0}$ のとき, $XY=0$,

$\boxed{-1}$ と $\boxed{1}$ のとき, $XY=-1$,

$\boxed{0}$ と $\boxed{1}$ のとき, $XY=0$,

$\boxed{1}$ と $\boxed{1}$ のとき, $XY=1$ ($m \geqq 2$ のとき)

となる.

$m=1$ のとき

$$XY=-1 \quad \text{または} \quad XY=0$$

なので, $E(XY)$ が正とはならない.

$m \geqq 2$ のとき

すべての取り出し方は

$${}_{m+2}C_2 \text{ 通り}.$$

・$XY=-1$ となるのは

$\boxed{-1}$ と $\boxed{1}$

を取り出したときで, その取り出し方は

$${}_1C_1 \cdot {}_mC_1 = m \text{（通り）}.$$

・$XY=0$ となるのは

$\boxed{-1}$ と $\boxed{0}$ または $\boxed{0}$ と $\boxed{1}$

を取り出したときで, その取り出し方は

$${}_1C_1 \cdot {}_1C_1 + {}_1C_1 \cdot {}_mC_1 = m+1 \text{（通り）}.$$

・$XY=1$ となるのは

$\boxed{1}$ と $\boxed{1}$

を取り出したときで, その取り出し方は

$${}_mC_2 \text{ 通り}.$$

以上より, XY の確率分布は

XY	-1	0	1
$P(XY)$	$\dfrac{m}{{}_{m+2}C_2}$	$\dfrac{m+1}{{}_{m+2}C_2}$	$\dfrac{{}_mC_2}{{}_{m+2}C_2}$

となるから

$$E(XY) = \frac{1}{{}_{m+2}C_2}\{(-1) \cdot m + 0 \cdot (m+1) + 1 \cdot {}_mC_2\}$$

$$=\frac{2}{(m+2)(m+1)}\left\{-m+\frac{m(m-1)}{2}\right\}$$

$$=\frac{m(m-3)}{(m+2)(m+1)}.$$

$m>0$ であるから，$E(XY)$ が正となる条件は

$$m>3$$

であり，これを満たす最小の自然数 m は

$$m=4.$$

110 ――〈方針〉

(3) 確率変数 X の分散 $V(X)$ は，期待値 $E(X)$，$E(X^2)$ を用いて
$$V(X)=E(X^2)-\{E(X)\}^2$$
として求めることができる.

(1) $m_1=\dfrac{8.0\cdot2+9.0\cdot5+10.0\cdot2}{9}=\dfrac{81}{9}=9.0$,

$S_1{}^2=\dfrac{(8.0-9.0)^2\cdot2+(9.0-9.0)^2\cdot5+(10.0-9.0)^2\cdot2}{9}$

$=\dfrac{4}{9}.$

(2) 母分散 1，標本の大きさ 9，標本平均 9.0 であるから，母平均 m に対する信頼度 95 ％の信頼区間は

$$\left[9.0-1.96\cdot\frac{1}{\sqrt{9}},\ \ 9.0+1.96\cdot\frac{1}{\sqrt{9}}\right].$$

ここで

$$9.0-1.96\cdot\frac{1}{\sqrt{9}}=9.0-0.6533\cdots=8.3466\cdots$$

$$9.0+1.96\cdot\frac{1}{\sqrt{9}}=9.0+0.6533\cdots=9.6533\cdots$$

であるから，求める信頼区間は小数第 3 位を四捨五入して，

$$[8.35,\ 9.65].$$

(3) $$m_2=\frac{x+81}{10}.$$

$S_2{}^2=\dfrac{8.0^2\cdot2+9.0^2\cdot5+10.0^2\cdot2+x^2}{10}-\left(\dfrac{81+x}{10}\right)^2$

$=\dfrac{x^2+733}{10}-\dfrac{x^2+162x+6561}{100}$

$$=\frac{9x^2-162x+769}{100}$$

$$\left(=\frac{9(x-9)^2+40}{100}\right).$$

$8\leqq x\leqq10$ のとき，$0\leqq(x-9)^2\leqq1$ であり

$$\frac{89}{10}\leqq\frac{x+81}{10}\leqq\frac{91}{10},$$

$$\frac{40}{100}\leqq\frac{9(x-9)^2+40}{100}\leqq\frac{49}{100}$$

より

$$\frac{89}{10}\leqq m_2\leqq\frac{91}{10},\quad\frac{40}{100}\leqq S_2{}^2\leqq\frac{49}{100}.$$

すなわち

$$8.9\leqq m_2\leqq9.1,\quad 0.4\leqq S_2{}^2\leqq0.49$$

(4) 母集団は母平均 8，母分散 1 の正規分布に従うから，抽出した 4 人の標本の平均 $\overline{X}$ は，正規分布 $N\left(8,\ \dfrac{1}{4}\right)$ に従う．このとき

$$Z=\frac{\overline{X}-8}{\sqrt{\dfrac{1}{4}}}=2(\overline{X}-8)$$

とおくと，Z は近似的に標準正規分布 $N(0,\ 1)$ に従う.

$\overline{X}\geqq9$ となるのは $Z\geqq2$ のときだから

$$P(\overline{X}\geqq9)=P(Z\geqq2)$$
$$=P(Z\geqq0)-P(0\leqq Z\leqq2)$$
$$=0.5-0.4772$$
$$=0.0228.$$

よって，求める確率は小数第 3 位を四捨五入して

$$0.02.$$

数 学 Ⅲ

111

$f(x)=xe^x \ (x>0)$ より,
$$f\left(\frac{1}{2}\right)=\frac{\sqrt{e}}{2}$$
であるから,
$$g\left(\frac{\sqrt{e}}{2}\right)=\frac{1}{2}. \qquad \cdots ①$$
また, $y=g(x)$ とすると,
$$x=f(y)=ye^y$$
が成り立ち,
$$\frac{dx}{dy}=f'(y)=e^y+ye^y=(y+1)e^y$$
であるから,
$$\frac{dy}{dx}=\frac{1}{\dfrac{dx}{dy}}=\frac{1}{(y+1)e^y}$$
すなわち,
$$g'(x)=\frac{1}{(y+1)e^y}.$$
これと ① より,
$$g'\left(\frac{\sqrt{e}}{2}\right)=\frac{1}{\left(\frac{1}{2}+1\right)e^{\frac{1}{2}}}=\frac{2}{3\sqrt{e}}.$$

112

(1) ド・モアブルの定理より,
$$\alpha^5=\left(\cos\frac{2}{15}\pi+i\sin\frac{2}{15}\pi\right)^5$$
$$=\cos\frac{2}{3}\pi+i\sin\frac{2}{3}\pi$$
$$=-\frac{1}{2}+\frac{\sqrt{3}}{2}i.$$

(2) ド・モアブルの定理より,
$$\alpha^3=\left(\cos\frac{2}{15}\pi+i\sin\frac{2}{15}\pi\right)^3$$
$$=\cos\frac{2}{5}\pi+i\sin\frac{2}{5}\pi$$
$$\neq 1,$$
$$\alpha^{15}=\left(\cos\frac{2}{15}\pi+i\sin\frac{2}{15}\pi\right)^{15}$$
$$=\cos 2\pi+i\sin 2\pi$$
$$=1.$$
よって,
$$1+\alpha^3+\alpha^6+\alpha^9+\alpha^{12}$$
$$=\frac{1\cdot\{1-(\alpha^3)^5\}}{1-\alpha^3}$$
$$=\frac{1-\alpha^{15}}{1-\alpha^3}$$
$$=0.$$

(3) $\quad (1-\alpha)(1-\alpha^4)+(1-\alpha^7)(1-\alpha^{13})$
$$=1-\alpha-\alpha^4+\alpha^5+1-\alpha^7-\alpha^{13}+\alpha^{20}$$
$$=2-\alpha(1+\alpha^3+\alpha^6+\alpha^{12})+2\alpha^5$$
$$=2-\alpha\cdot(-\alpha^9)+2\alpha^5$$
$$=2+\alpha^5(\alpha^5+2)$$
$$=2+\left(-\frac{1}{2}+\frac{\sqrt{3}}{2}i\right)\cdot\left(\frac{3}{2}+\frac{\sqrt{3}}{2}i\right)$$
$$=2+\left(-\frac{3}{2}+\frac{\sqrt{3}}{2}i\right)$$
$$=\frac{1}{2}+\frac{\sqrt{3}}{2}i.$$

113

(1) $\qquad x^4+bx^2+c^2=0. \qquad \cdots(*)$
$t=x^2$ とおくと,
$$t^2+bt+c^2=0. \qquad \cdots ①$$
① の判別式を D とすると,
$$D=b^2-4c^2=(b+2c)(b-2c).$$
$(*)$ が異なる4つの虚数解をもつ条件は,
次の (i) または (ii) が成り立つことである.

(i) ① が異なる2つの虚数解をもつ.

(ii) ① が異なる2つの負の解をもつ.

(i) が成り立つ条件は,

$$D=(b+2c)(b-2c)<0$$

であり，$c>0$ に注意すると，

$$-2c<b<2c. \quad \cdots ②$$

(ii) が成り立つ条件は，① の 2 解を α，β とおくと，

$$\begin{cases} D=(b+2c)(b-2c)>0, \\ \alpha+\beta=-b<0, \\ \alpha\beta=c^2>0 \end{cases}$$

であり，$c>0$ に注意すると，

$$b>2c>0. \quad \cdots ③$$

②，③ より，求める条件は，

$-2c<b<2c$ または $b>2c>0$.

(2) ① の解は，

$$t=\frac{-b\pm\sqrt{(b+2c)(b-2c)}}{2}. \quad \cdots ④$$

(i) ① が異なる 2 つの虚数解をもつとき．

② のもとで，④ は，

$$t=\frac{-b\pm\sqrt{(2c+b)(2c-b)}\,i}{2}$$

$$=\frac{-2b\pm2\sqrt{(2c+b)(2c-b)}\,i}{4}.$$

ここで，

$$(\sqrt{2c-b}\pm\sqrt{2c+b}\,i)^2=-2b\pm2\sqrt{(2c+b)(2c-b)}\,i$$

であるから，

$$x^2=t=\left(\frac{\sqrt{2c-b}\pm\sqrt{2c+b}\,i}{2}\right)^2.$$

(以上，複号同順)

よって，(*) の解は，

$$x=\pm\frac{\sqrt{2c-b}\pm\sqrt{2c+b}\,i}{2} \text{ (複号任意).}$$

(ii) ① が異なる 2 つの負の解をもつとき．

③ のもとで，④ は，

$$t=-\frac{2b\mp2\sqrt{(b+2c)(b-2c)}}{4}.$$

ここで，

$$(\sqrt{b+2c}\mp\sqrt{b-2c})^2=2b\mp2\sqrt{(b+2c)(b-2c)}$$

であるから，

$$x^2=t=\left(\frac{\sqrt{b+2c}\mp\sqrt{b-2c}}{2}i\right)^2.$$

(以上，複号同順)

よって，(*) の解は，

$$x=\pm\frac{\sqrt{b+2c}\pm\sqrt{b-2c}}{2}i \text{ (複号任意).}$$

【注】

(i)，(ii) をまとめて，

$$x=\frac{\pm\sqrt{-b+2c}\pm\sqrt{-b-2c}}{2} \text{ (複号任意)}$$

としてもよい．

(注終り)

(3) ② のとき，(*) の 4 つの解は原点を中心とする長方形の頂点となるから，この 4 点を通る円はつねに存在する．

③ のとき，(*) の 4 つの解はすべて虚軸上にあるから，この 4 点を通る円は存在しない．

よって，求める条件は，

$$-2c<b<2c.$$

(4) (3) の議論より，(*) の 4 つの解が同一直線上に並ぶのは，③ のときである．

$p=\sqrt{b+2c}$，$q=\sqrt{b-2c}$ とおくと，(*) の 4 つの解は虚部が大きい順に，

$$\frac{p+q}{2}i, \quad \frac{p-q}{2}i, \quad -\frac{p-q}{2}i, \quad -\frac{p+q}{2}i$$

となるから，これらが等間隔に並ぶ条件は，

$$\frac{p+q}{2}-\frac{p-q}{2}=\frac{p-q}{2}-\left(-\frac{p-q}{2}\right).$$

$$q=p-q.$$

$$p=2q.$$

$$\sqrt{b+2c}=2\sqrt{b-2c}.$$

$$b+2c=4(b-2c).$$

$$3b=10c.$$

(このとき，③ も成り立つ)

よって，求める条件は，

$3b=10c.$

114

(1)
$$f(z)=z^6+z^4+z^2+1=0$$

より，

$$(z^2+1)(z^4+1)=0$$

であり，これより，

$$z^2 = -1, \qquad \cdots ①$$
$$\text{または}$$
$$z^4 = -1. \qquad \cdots ②$$

① のとき,
$$|z^2| = |-1|.$$
$$|z|^2 = 1.$$
$$|z| = 1.$$

② のとき,
$$|z^4| = |-1|.$$
$$|z|^4 = 1.$$
$$|z| = 1.$$

よって,$f(z)=0$ を満たすすべての複素数 z に対して,$|z|=1$ が成り立つ.

(2) (1)より,$f(z)=0$ を満たすすべての複素数 z に対して,
$$|z| = 1$$
であり,$f(wz)=0$ が成り立つとき,
$$|wz| = 1 \quad \text{すなわち} \quad |w||z| = 1$$
であるから,
$$|w| = 1.$$

よって,
$$w = \cos\theta + i\sin\theta \quad (0 \le \theta < 2\pi)$$
とおける.

① を解くと,
$$z = \pm i.$$

② を解くと,
$$z^4 + 1 = 0.$$
$$(z^2+1)^2 - 2z^2 = 0.$$
$$(z^2+1+\sqrt{2}\,z)(z^2+1-\sqrt{2}\,z) = 0.$$
$$z = \frac{-\sqrt{2} \pm \sqrt{2}\,i}{2},\ \frac{\sqrt{2} \pm \sqrt{2}\,i}{2}.$$

したがって,$f(z)=0$ の解を偏角(0 以上 2π 未満で考える)の小さい方から順に z_1,z_2,z_3,z_4,z_5,z_6 とおくと,
$$z_1 = \cos\frac{\pi}{4} + i\sin\frac{\pi}{4},$$
$$z_2 = \cos\frac{\pi}{2} + i\sin\frac{\pi}{2},$$
$$z_3 = \cos\frac{3}{4}\pi + i\sin\frac{3}{4}\pi,$$
$$z_4 = \cos\frac{5}{4}\pi + i\sin\frac{5}{4}\pi,$$
$$z_5 = \cos\frac{3}{2}\pi + i\sin\frac{3}{2}\pi,$$
$$z_6 = \cos\frac{7}{4}\pi + i\sin\frac{7}{4}\pi.$$

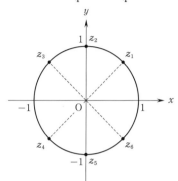

まず,3 点 z_1,z_2,z_3 を原点のまわりに θ 回転したとき,3 点とも $z_1 \sim z_6$ のいずれかと重なることを考えると,
$$\theta = 0,\ \pi$$
が必要である.

$\theta = 0$ すなわち $w = 1$ のとき,
$$f(wz_k) = f(z_k) = 0 \quad (k = 1, 2, 3, 4, 5, 6)$$
が成り立つ.

$\theta = \pi$ すなわち $w = -1$ のとき,
$$f(wz_k) = f(-z_k) = 0 \quad (k = 1, 2, 3, 4, 5, 6)$$
が成り立つ.

よって,
$$w = 1,\ -1.$$

115

$$\begin{cases} z_1 z_2 z_3 \ne 0, & \cdots(*) \\ z_1 = z_2 + \overline{z_3}, & \cdots① \\ z_2 = \overline{z_1} z_3, & \cdots② \\ z_3 = \dfrac{z_1}{z_2}. & \cdots③ \end{cases}$$

(1) ③ を ② に代入すると,
$$z_2 = \overline{z_1} \cdot \frac{z_1}{z_2}.$$

$$z_2{}^2 = |z_1|^2. \qquad \cdots ④$$
$$z_2 = \pm |z_1|.$$

$|z_1|$ は実数であるから，z_2 は実数である.

(2) z_1 が実数であるとき，④ より，
$$z_2{}^2 = z_1{}^2.$$
$$z_2 = \pm z_1.$$

(i) $z_2 = z_1$ のとき.

① より，
$$z_1 = z_1 + \overline{z_3}.$$
$$z_3 = 0.$$

これは，(*) に反するから不適である.

(ii) $z_2 = -z_1$ のとき.

$z_1 = \overline{z_1}$ であることに注意すると，①，②，③ より，
$$\begin{cases} z_1 = -z_1 + \overline{z_3}, \\ -z_1 = z_1 z_3, \\ z_3 = \dfrac{z_1}{-z_1}. \end{cases}$$

これを解くと，
$$z_1 = -\frac{1}{2}, \quad z_3 = -1.$$

$z_2 = -z_1$ より，
$$z_2 = \frac{1}{2}.$$

以上より，
$$(z_1,\ z_2,\ z_3) = \left(-\frac{1}{2},\ \frac{1}{2},\ -1\right).$$

(3) (1) より，z_2 は実数であるから，
$$z_2 = \overline{z_2}.$$

③ を ① に代入すると，
$$z_1 = z_2 + \overline{\left(\frac{z_1}{z_2}\right)}.$$
$$z_1 = z_2 + \frac{\overline{z_1}}{z_2}.$$
$$z_1 z_2 = z_2{}^2 + \overline{z_1}. \qquad \cdots ⑤$$

この両辺について，共役な複素数を考えると，
$$\overline{z_1 z_2} = \overline{(z_2{}^2 + \overline{z_1})}.$$
$$\overline{z_1} z_2 = z_2{}^2 + z_1. \qquad \cdots ⑥$$

⑤−⑥ より，
$$(z_1 - \overline{z_1}) z_2 = \overline{z_1} - z_1.$$

$$(z_1 - \overline{z_1})(z_2 + 1) = 0.$$

z_1 が実数でないとき，$z_1 \neq \overline{z_1}$ であるから，
$$z_2 = -1.$$

このとき，①，②，③ より，
$$\begin{cases} z_1 = -1 + \overline{z_3}, \\ -1 = \overline{z_1} z_3, \\ z_3 = -z_1. \end{cases}$$

これより，z_3 を消去すると，
$$\begin{cases} z_1 + \overline{z_1} = -1, \\ z_1 \overline{z_1} = 1. \end{cases}$$

よって，z_1，$\overline{z_1}$ は2次方程式
$$x^2 + x + 1 = 0$$

の2解であるから，
$$z_1 = \frac{-1 \pm \sqrt{3}\,i}{2}.$$

$z_3 = -z_1$ より，
$$z_3 = \frac{1 \mp \sqrt{3}\,i}{2}. \quad (\text{以上，複号同順})$$

以上より，
$$(z_1,\ z_2,\ z_3) = \left(\frac{-1 \pm \sqrt{3}\,i}{2},\ -1,\ \frac{1 \mp \sqrt{3}\,i}{2}\right).$$

(複号同順)

116

(1)
$$z + i\overline{z} = 1 + i, \qquad \cdots ①$$
$$|z| = |z - \alpha| \qquad \cdots ②$$

$z = x + yi$ (x, y は実数) とおくと，① は，
$$x + yi + i(x - yi) = 1 + i.$$
$$(x + y)(1 + i) = 1 + i.$$
$$x + y = 1.$$

よって，① は点 1 を通る傾き -1 の直線を表す.

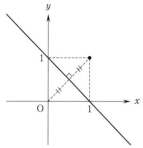

一方，② は点 0 と点 α を結ぶ線分の垂直二等分線を表す.

これらが一致するとき，
$$\alpha = 1 + i.$$

(2)
$$\frac{1+\sqrt{3}\,i}{2z} = \frac{1}{z}\left(\cos\frac{\pi}{3} + i\sin\frac{\pi}{3}\right)$$

であるから，点 $\dfrac{1+\sqrt{3}\,i}{2z}$ は点 $\dfrac{1}{z}$ を原点の

まわりに $\dfrac{\pi}{3}$ 回転させた点である.

よって，3 点 0, $\dfrac{1}{z}$, $\dfrac{1+\sqrt{3}\,i}{2z}$ を 3 頂点

とする三角形は，一辺の長さが $\left|\dfrac{1}{z}\right|$ の正三

角形であるから，その面積を S とすると，
$$S = \frac{1}{2}\left|\frac{1}{z}\right|^2 \sin\frac{\pi}{3}$$
$$= \frac{\sqrt{3}}{4|z|^2}.$$

S が最大となるのは，$|z|$ が最小となるときである.

z が ① を満たすとき，$|z|$ の最小値は，
$$\left|\frac{1+i}{2}\right| = \frac{1}{\sqrt{2}}$$

であるから，S の最大値は，
$$\frac{\sqrt{3}}{2}.$$

(3) (1) より，① を満たす任意の z に対して，
$$|z| = |z - (1+i)| \qquad \cdots ③$$
が成り立つ.

③ を満たす z に対して，w を

$$w = \frac{1}{z}$$
と定めると，$w \neq 0$ であり，
$$z = \frac{1}{w}.$$

これを ③ に代入すると，
$$\left|\frac{1}{w}\right| = \left|\frac{1}{w} - (1+i)\right|$$
$$1 = |1 - (1+i)w|.$$
$$|(1+i)w - 1| = 1.$$
$$\left|(1+i)\left(w - \frac{1}{1+i}\right)\right| = 1.$$
$$\sqrt{2}\left|w - \frac{1-i}{2}\right| = 1.$$
$$\left|w - \frac{1-i}{2}\right| = \frac{1}{\sqrt{2}}.$$

よって，点 $w\left(= \dfrac{1}{z}\right)$ は，

点 $\dfrac{1-i}{2}$ を中心とする半径 $\dfrac{1}{\sqrt{2}}$ の ⋯④

円周のうち，点 0 を除いた部分を動く.

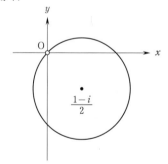

3 点 $A(3)$, $P\left(\dfrac{1}{z}\right)$, $Q\left(\dfrac{1}{z} + 1 + i\right)$ をとる

と，P は ④ 上を動き，Q は P を実軸方向に 1，虚軸方向に 1 だけ平行移動した点となる.

これを xy 平面上で考えると，3 点 A,P, Q の座標は，

A(3, 0),

$P\left(\dfrac{1}{2}+\dfrac{1}{\sqrt{2}}\cos\theta, \ -\dfrac{1}{2}+\dfrac{1}{\sqrt{2}}\sin\theta\right)$,

$Q\left(\dfrac{3}{2}+\dfrac{1}{\sqrt{2}}\cos\theta, \ \dfrac{1}{2}+\dfrac{1}{\sqrt{2}}\sin\theta\right)$

$$\left(0\leqq\theta<2\pi, \ \theta\neq\dfrac{3}{4}\pi\right)$$

と表せる．このとき，

$\overrightarrow{PA}=\left(\dfrac{5}{2}-\dfrac{1}{\sqrt{2}}\cos\theta, \ \dfrac{1}{2}-\dfrac{1}{\sqrt{2}}\sin\theta\right)$,

$\overrightarrow{PQ}=(1, \ 1)$

であるから，三角形 APQ の面積を T とすると，

$$T=\dfrac{1}{2}\left|\left(\dfrac{5}{2}-\dfrac{1}{\sqrt{2}}\cos\theta\right)\cdot1-\left(\dfrac{1}{2}-\dfrac{1}{\sqrt{2}}\sin\theta\right)\cdot1\right|$$

$$=\dfrac{1}{2}\left|2+\dfrac{1}{\sqrt{2}}(\sin\theta-\cos\theta)\right|$$

$$=\dfrac{1}{2}\left|2+\sin\left(\theta-\dfrac{\pi}{4}\right)\right|$$

$$=\dfrac{1}{2}\left\{2+\sin\left(\theta-\dfrac{\pi}{4}\right)\right\}.$$

$0\leqq\theta<2\pi$, $\theta\neq\dfrac{3}{4}\pi$ であるから，T が最小となるのは，$\theta=\dfrac{7}{4}\pi$ のときであり，最小値は，

$$\dfrac{1}{2}.$$

((3) の部分的別解)

(点 w が動く図形が ④ であることを求めた後)

3 点 $A(3)$, $P\left(\dfrac{1}{z}\right)$, $Q\left(\dfrac{1}{z}+1+i\right)$ をとると，P は ④ 上を動く．

これを xy 平面上で考えると，

$$A(3, 0)$$

であり，P は

$$円\left(x-\dfrac{1}{2}\right)^2+\left(y+\dfrac{1}{2}\right)^2=\dfrac{1}{2} \ 上$$

にある．

さらに，$B(4, 1)$ をとると，四角形 ABQP は平行四辺形となるから，

$$\triangle APQ=\triangle ABP.$$

ここで，$AB=\sqrt{2}$ であり，直線 AB の方程式は

$$x-y-3=0.$$

この直線と，円の中心 $\left(\dfrac{1}{2}, \ -\dfrac{1}{2}\right)$ との距離は

$$\dfrac{\left|\dfrac{1}{2}-\left(-\dfrac{1}{2}\right)-3\right|}{\sqrt{1^2+(-1)^2}}=\sqrt{2}$$

であるから，AB を底辺としたときの三角形 ABP の高さ h のとり得る値の範囲は，

$$\sqrt{2}-\dfrac{1}{\sqrt{2}}\leqq h\leqq\sqrt{2}+\dfrac{1}{\sqrt{2}},$$

すなわち

$$\dfrac{\sqrt{2}}{2}\leqq h\leqq\dfrac{3}{2}\sqrt{2}.$$

以上より，求める最小値は，

$$\dfrac{1}{2}\cdot\sqrt{2}\cdot\dfrac{\sqrt{2}}{2}=\dfrac{1}{2}.$$

((3) の部分的別解終り)

117

(1) $$E=\left\{z\left|\left|\dfrac{z-1-i}{z+1+i}\right|\leqq1\right.\right\}.$$

3 点 $A(1+i)$, $B(-1-i)$, $P(z)$ をとると，領域 E は，$\dfrac{PA}{PB}\leqq1$ を満たす P が動く範囲である．

$\dfrac{PA}{PB}=1$ すなわち $PA=PB$ を満たす P が動く範囲は，線分 AB の垂直二等分線上であることに注意すると，領域 E は次図の網掛け部分（境界を含む）である．

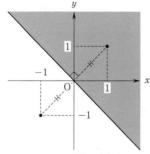

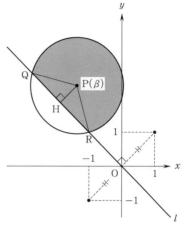

(2) $D=\{z|\,|z-\sqrt{2}-\sqrt{6}\,|\leqq2\}$,

$\quad D'=\{z|z=\alpha w,\ w\in D\}$.

領域 D は点 $\sqrt{2}+\sqrt{6}$ を中心とする半径 2 の円の周および内部である.

また,

$$\alpha=\frac{-\sqrt{2}+\sqrt{6}\,i}{4}$$

$$=\frac{1}{\sqrt{2}}\Big(\cos\frac{2}{3}\pi+i\sin\frac{2}{3}\pi\Big)$$

であるから, 領域 D' は領域 D を原点のまわりに $\frac{2}{3}\pi$ 回転させ, 原点を中心に $\frac{1}{\sqrt{2}}$ 倍に拡大した領域である.

よって, D' の中心を点 $P(\beta)$ とすると,

$$\beta=(\sqrt{2}+\sqrt{6})\cdot\frac{1}{\sqrt{2}}\Big(\cos\frac{2}{3}\pi+i\sin\frac{2}{3}\pi\Big)$$

$$=-\frac{1+\sqrt{3}}{2}+\frac{\sqrt{3}+3}{2}i$$

であり, D' の半径は,

$$2\cdot\frac{1}{\sqrt{2}}=\sqrt{2}$$

であるから, D' と E の共通領域は次図の網掛け部分（境界を含む）となる.

線分 AB の垂直二等分線を l とし, l と領域 D' の境界との交点を Q, R とする. また, P から l に下ろした垂線の足を H とする. このとき,

$$PH=\frac{\left|\frac{-1+\sqrt{3}}{2}+\frac{\sqrt{3}+3}{2}\right|}{\sqrt{1^2+1^2}}=\frac{1}{\sqrt{2}},$$

$$PQ=\sqrt{2}$$

であるから,

$$\angle QPH=\frac{\pi}{3}.$$

よって, 求める面積を S とすると,

$$S=\frac{1}{2}\cdot(\sqrt{2})^2\cdot\frac{4}{3}\pi+\frac{1}{2}\cdot(\sqrt{2})^2\sin\frac{2}{3}\pi$$

$$=\frac{4}{3}\pi+\frac{\sqrt{3}}{2}.$$

118 ──〈方針〉

(1) 与えられた等式 $w=\frac{\alpha-z}{1-\overline{\alpha}z}$ を z について解き, それを $|z|=\frac{1}{3}$ に代入することで, w が描く図形の方程式が得られる.

(1) $\qquad w=\dfrac{\alpha-z}{1-\overline{\alpha}z}\qquad\cdots①$

より,

$$w - \overline{\alpha} zw = \alpha - z.$$
$$(1 - \overline{\alpha} w)z = \alpha - w. \qquad \cdots ②$$

ここで, $\overline{\alpha} w = 1$ であるとすると, ① より,

$$\frac{\overline{\alpha}(\alpha - z)}{1 - \overline{\alpha} z} = 1.$$
$$\alpha\overline{\alpha} - \overline{\alpha} z = 1 - \overline{\alpha} z.$$
$$|\alpha|^2 = 1.$$

これは $|\alpha| < 1$ という条件に反するから, $\overline{\alpha} w \neq 1$ である. よって, ② より,

$$z = \frac{\alpha - w}{1 - \overline{\alpha} w}.$$

z が $|z| = \dfrac{1}{3}$ を満たしながら動くとき,

$$\left| \frac{\alpha - w}{1 - \overline{\alpha} w} \right| = \frac{1}{3}.$$
$$3|\alpha - w| = |1 - \overline{\alpha} w|.$$
$$9(\alpha - w)(\overline{\alpha} - \overline{w}) = (1 - \overline{\alpha} w)(1 - \alpha\overline{w}).$$

展開, 整理して,

$$(9 - |\alpha|^2)w\overline{w} - 8\overline{\alpha} w - 8\alpha\overline{w} + 9|\alpha|^2 - 1 = 0.$$

$|\alpha| < 1$ より $9 - |\alpha|^2 \neq 0$ であるから,

$$w\overline{w} - \frac{8\alpha}{9 - |\alpha|^2}w - \frac{8\alpha}{9 - |\alpha|^2}\overline{w} + \frac{9|\alpha|^2 - 1}{9 - |\alpha|^2} = 0.$$
$$\left(w - \frac{8\alpha}{9 - |\alpha|^2}\right)\left(\overline{w} - \frac{8\overline{\alpha}}{9 - |\alpha|^2}\right) = \frac{9(1 - |\alpha|^2)^2}{(9 - |\alpha|^2)^2}.$$
$$\left| w - \frac{8\alpha}{9 - |\alpha|^2} \right|^2 = \frac{9(1 - |\alpha|^2)^2}{(9 - |\alpha|^2)^2}.$$

$|\alpha| < 1$ より $\dfrac{1 - |\alpha|^2}{9 - |\alpha|^2} > 0$ であるから,

$$\left| w - \frac{8\alpha}{9 - |\alpha|^2} \right| = \frac{3(1 - |\alpha|^2)}{9 - |\alpha|^2}.$$

よって, w の描く図形 D は,

中心 $\dfrac{8\alpha}{9 - |\alpha|^2}$, 半径 $\dfrac{3(1 - |\alpha|^2)}{9 - |\alpha|^2}$ の円

である.

特に, $\alpha = \dfrac{1}{2}$ のときの D は, 点 $\dfrac{16}{35}$ を中心とする半径 $\dfrac{9}{35}$ の円であり, 次図のよう

になる.

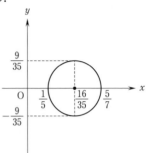

(2) $|\alpha| = \dfrac{1}{2}$ のときの D は, 点 $\dfrac{32}{35}\alpha$ を中心とする半径 $\dfrac{9}{35}$ の円である.

また, $|\alpha| = \dfrac{1}{2}$ より, D の中心の点 $\dfrac{32}{35}\alpha$ は, 次図のように, 原点を中心とする半径 $\dfrac{16}{35}$ の円上を動く.

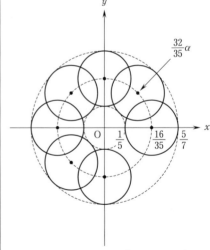

よって, D が通過する範囲 E は, 次図の網掛け部分である (境界線を含む).

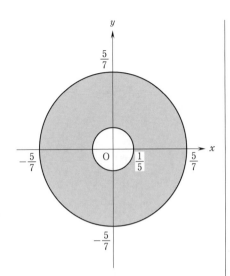

119 ——〈方針〉

(1) $\left|-\dfrac{1}{z}-1\right|=\sqrt{2}$ が成り立つことを示

せばよい.

(2) $|z-1|=\sqrt{2}$ であることを利用する.

(3) (2)の結果を踏まえ, さらに

$$|w+2|=2|z|$$

が成り立つことを示せばよい. その際には(1)の結果を利用できる.

$$C : |z-1|=\sqrt{2}. \qquad \cdots ①$$

(1) 円 C 上の点 z に対し,

$$
\begin{aligned}
\left|-\frac{1}{z}-1\right|^2 &= \left|\frac{1}{z}+1\right|^2 \\
&= \left|\frac{z+1}{z}\right|^2 \\
&= \frac{(z+1)(\overline{z}+1)}{z\overline{z}} \\
&= \frac{z\overline{z}+z+\overline{z}+1}{z\overline{z}}. \cdots ②
\end{aligned}
$$

z は ① を満たすから,

$$(z-1)(\overline{z}-1)=2.$$

$$z\overline{z}-z-\overline{z}-1=0.$$
$$z+\overline{z}+1=z\overline{z}. \qquad \cdots ③$$

②, ③ より,

$$\left|-\frac{1}{z}-1\right|^2=\frac{2z\overline{z}}{z\overline{z}}=2.$$

よって,

$$\left|-\frac{1}{z}-1\right|=\sqrt{2} \qquad \cdots ④$$

が成り立つから, $-\dfrac{1}{z}$ も円 C 上にある.

(2) 円 C 上の点 z に対し, $w=z+\dfrac{1}{z}$ とすると,

$$
\begin{aligned}
|w-2| &= \left|z+\frac{1}{z}-2\right| \\
&= \left|\frac{z^2-2z+1}{z}\right| \\
&= \left|\frac{(z-1)^2}{z}\right| \\
&= \frac{|z-1|^2}{|z|} \\
&= \frac{2}{|z|}. \ (① より)
\end{aligned}
$$

(3)
$$
\begin{aligned}
|w+2| &= \left|z+\frac{1}{z}+2\right| \\
&= \left|z\left(\frac{1}{z^2}+\frac{2}{z}+1\right)\right| \\
&= \left|z\left(\frac{1}{z}+1\right)^2\right| \\
&= |z|\left|\frac{1}{z}+1\right|^2 \\
&= |z|\left|-\frac{1}{z}-1\right|^2 \\
&= 2|z|. \ (④ より)
\end{aligned}
$$

これと(2)の結果から,

$$
\begin{aligned}
|w-2||w+2| &= \frac{2}{|z|}\cdot 2|z| \\
&= 4.
\end{aligned}
$$

120

$$\lim_{x \to a}\frac{x^3-x^2+(2a-3)x+b}{x^2-(a-1)x-a}=3. \quad \cdots (*)$$

$$f(x)=x^3-x^2+(2a-3)x+b,$$
$$g(x)=x^2-(a-1)x-a$$

とおくと，(*) より，

$$\lim_{x\to a}\frac{f(x)}{g(x)}=3. \qquad \cdots ①$$

また，

$$\lim_{x\to a}g(x)=\lim_{x\to a}\{x^2-(a-1)x-a\}$$
$$=a^2-(a-1)a-a$$
$$=0. \qquad \cdots ②$$

①，② より，

$$\lim_{x\to a}f(x)=\lim_{x\to a}\frac{f(x)}{g(x)}\cdot g(x)$$
$$=3\cdot 0$$
$$=0$$

であるから，

$$\lim_{x\to a}\{x^3-x^2+(2a-3)x+b\}=0.$$
$$a^3-a^2+(2a-3)a+b=0.$$
$$b=-a^3-a^2+3a. \qquad \cdots ③$$

よって，

$$\frac{x^3-x^2+(2a-3)x+b}{x^2-(a-1)x-a}$$
$$=\frac{x^3-x^2+(2a-3)x-a^3-a^2+3a}{x^2-(a-1)x-a}$$
$$=\frac{(x-a)\{x^2+(a-1)x+a^2+a-3\}}{(x-a)(x+1)}$$
$$=\frac{x^2+(a-1)x+a^2+a-3}{x+1}$$

であるから，(*) は，

$$\lim_{x\to a}\frac{x^2+(a-1)x+a^2+a-3}{x+1}=3. \quad \cdots ④$$

ここで，$a=-1$ であるとすると，④ は，

$$\lim_{x\to -1}\frac{x^2-2x-3}{x+1}=3.$$
$$\lim_{x\to -1}\frac{(x+1)(x-3)}{x+1}=3.$$
$$\lim_{x\to -1}(x-3)=3.$$

これは成り立たないから，$a\neq -1$ である。
よって，④ より，

$$\frac{a^2+(a-1)a+a^2+a-3}{a+1}=3.$$

$$3a^2-3=3(a+1).$$
$$a^2-a-2=0.$$
$$(a+1)(a-2)=0.$$

$a\neq -1$ より，

$$a=2.$$

これと ③ より，

$$\boldsymbol{a=2, \quad b=-6.}$$

121 ——〈方針〉

(1) $\displaystyle\sum_{k=1}^{n}r^{k-1}=\begin{cases} n & (r=1), \\ \dfrac{1-r^n}{1-r} & (r\neq 1) \end{cases}$

を用いて計算する。
(2) $r\neq 1$ のとき，$\{r^n\}$ が収束するための条件は $|r|<1$ であり，そのとき $\displaystyle\lim_{n\to\infty}r^n=0$ であることを用いる。

$\{a_n\}$ は初項 1，公比 $1+c$ の等比数列であるから，

$$a_n=(1+c)^{n-1} \quad (n\geq 1).$$

(1)
$$S_n=\sum_{k=1}^{n}\frac{a_k}{(1+d)^k}$$
$$=\sum_{k=1}^{n}\frac{(1+c)^{k-1}}{(1+d)^k}$$
$$=\frac{1}{1+d}\sum_{k=1}^{n}\left(\frac{1+c}{1+d}\right)^{k-1}.$$

$c=d$ のときは $\dfrac{1+c}{1+d}=1$ であるから，

$$S_n=\frac{n}{1+d}=\frac{n}{1+c}.$$

$c\neq d$ のときは $\dfrac{1+c}{1+d}\neq 1$ であるから，

$$S_n=\frac{1}{1+d}\cdot\frac{1-\left(\dfrac{1+c}{1+d}\right)^n}{1-\dfrac{1+c}{1+d}}$$
$$=\frac{1}{1+d}\cdot\frac{1-\left(\dfrac{1+c}{1+d}\right)^n}{\dfrac{d-c}{1+d}}$$
$$=\frac{1}{d-c}\left\{1-\left(\frac{1+c}{1+d}\right)^n\right\}.$$

以上より,

$$S_n = \begin{cases} \dfrac{n}{1+c} & (c=d \text{ のとき}), \\[2mm] \dfrac{1}{d-c}\left\{1-\left(\dfrac{1+c}{1+d}\right)^n\right\} & (c \neq d \text{ のとき}). \end{cases}$$

(2) $c=d$ のとき, $c>0$ であることより,

$$\lim_{n\to\infty} S_n = \lim_{n\to\infty} \frac{n}{1+c} = \infty$$

であるから, $\{S_n\}$ は収束しない.

$c \neq d$ のとき, $\dfrac{1+c}{1+d} \neq 1$ であることより, $\{S_n\}$ が収束するための必要十分条件は,

$$\left|\frac{1+c}{1+d}\right| < 1.$$

$c>0$, $d>0$ より $\dfrac{1+c}{1+d}>0$ であるから,

$$\frac{1+c}{1+d} < 1.$$
$$1+c < 1+d.$$

よって, $\{S_n\}$ が収束するための必要十分条件は

$$c < d$$

であり, そのとき $\displaystyle\lim_{n\to\infty}\left(\dfrac{1+c}{1+d}\right)^n = 0$ であるから,

$$\lim_{n\to\infty} S_n = \frac{1}{d-c}.$$

122 ──〈方針〉

(2)(4)
$$\lim_{\theta\to 0} \frac{\sin\theta}{\theta} = 1$$
を利用して, 極限値を求める.

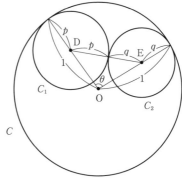

(1) 与条件より,

$$\text{OD} = 1-p, \quad \text{OE} = 1-q, \quad \text{DE} = p+q$$

であり, $\angle\text{DOE}=\theta$ であるから, 三角形 ODE に余弦定理を用いれば,

$$(p+q)^2 = (1-p)^2 + (1-q)^2 - 2(1-p)(1-q)\cos\theta.$$
$$\{1+p-(1-p)\cos\theta\}q = (1-p)(1-\cos\theta).$$

よって,

$$q = \frac{(1-p)(1-\cos\theta)}{1+p-(1-p)\cos\theta}. \quad \cdots\text{①}$$

【注1】

$p<1$, $0<\theta\leqq\pi$ より, $1-p>0$, $\cos\theta<1$ であるから,

$$1+p-(1-p)\cos\theta > 1+p-(1-p)$$
$$= 2p > 0.$$

よって, $1+p-(1-p)\cos\theta \neq 0$ である.

(注1終り)

【注2】

$\theta=\pi$ のときは3点 D, O, E がこの順に一直線上に並ぶため, 三角形 ODE を考えることができないが, その場合は C の直径が $2(p+q)=2$ となることから, $q=1-p$ である.

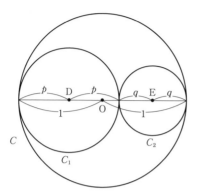

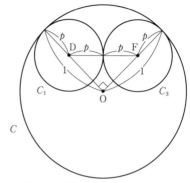

①に $\theta=\pi$ を代入すると $q=1-p$ となるから，①は $\theta=\pi$ のときも成立している．

(注2終り)

(2) (1)より，

$$\frac{q}{\theta^2}=\frac{1-p}{1+p-(1-p)\cos\theta}\cdot\frac{1-\cos\theta}{\theta^2}.$$

ここで，$\theta\to 0$ のとき，

$$\frac{1-p}{1+p-(1-p)\cos\theta}\to\frac{1-p}{1+p-(1-p)}$$
$$=\frac{1-p}{2p},$$

$$\frac{1-\cos\theta}{\theta^2}=\frac{\sin^2\theta}{\theta^2(1+\cos\theta)}$$
$$=\left(\frac{\sin\theta}{\theta}\right)^2\cdot\frac{1}{1+\cos\theta}$$
$$\to 1^2\cdot\frac{1}{2}=\frac{1}{2}.$$

よって，

$$\lim_{\theta\to 0}\frac{q}{\theta^2}=\frac{1-p}{2p}\cdot\frac{1}{2}$$
$$=\frac{1-p}{4p}.$$

(3) $p=\sqrt{2}-1$ のときの C_3 の中心を F とする．

C_1 と C_3 の半径がともに p であることより，

$$\mathrm{OD}=\mathrm{OF}=1-p=2-\sqrt{2}.$$

C_1 と C_3 が外接することより，

$$\mathrm{DF}=2p=2(\sqrt{2}-1)=\sqrt{2}(2-\sqrt{2}).$$

よって，

$$\mathrm{OD}:\mathrm{OF}:\mathrm{DF}=1:1:\sqrt{2}$$

であるから，三角形 ODF は $\angle\mathrm{DOF}=\dfrac{\pi}{2}$ の直角二等辺三角形である．

このとき，C_2 の位置について，次の2通りの場合がある．

(i) $\theta=\angle\mathrm{DOE}=\dfrac{\pi}{4}$ の場合．

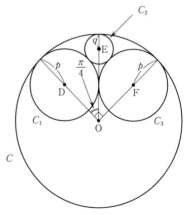

このとき，$p=\sqrt{2}-1$，$\theta=\dfrac{\pi}{4}$ を①に代

入して計算すれば,

$$q = 3 - 2\sqrt{2}$$

となる.

(ⅱ) $\theta = \angle\mathrm{DOE} = \dfrac{3}{4}\pi$ の場合.

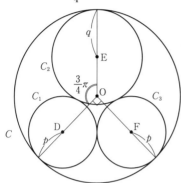

このとき, $p = \sqrt{2} - 1$, $\theta = \dfrac{3}{4}\pi$ を ① に代

入して計算すれば,

$$q = \frac{1 + 2\sqrt{2}}{7}$$

となる.

以上より,

$$q = 3 - 2\sqrt{2},\quad \frac{1 + 2\sqrt{2}}{7}.$$

(4) 図形の対称性より, 直線 OE は線分 DF の垂直二等分線になる.

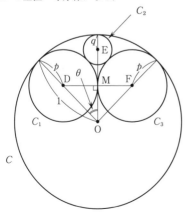

θ を 0 に近づけるので, $0 < \theta < \dfrac{\pi}{2}$ として

考えてよく, そのとき, 線分 DF の中点を M とすれば,

$$\sin\theta = \frac{\mathrm{DM}}{\mathrm{OD}} = \frac{p}{1 - p}.$$

p について解くと,

$$p = \frac{\sin\theta}{1 + \sin\theta}.$$

これを ① に代入して整理すると,

$$q = \frac{1 - \cos\theta}{1 - \cos\theta + 2\sin\theta}.$$

よって,

$$\frac{q}{p} = \frac{1 - \cos\theta}{1 - \cos\theta + 2\sin\theta} \cdot \frac{1 + \sin\theta}{\sin\theta}$$

$$= \frac{\dfrac{1 - \cos\theta}{\theta^2} \cdot (1 + \sin\theta)}{\left(\dfrac{1 - \cos\theta}{\theta} + 2 \cdot \dfrac{\sin\theta}{\theta}\right) \cdot \dfrac{\sin\theta}{\theta}}$$

$$= \frac{\dfrac{1 - \cos\theta}{\theta^2} \cdot (1 + \sin\theta)}{\left(\theta \cdot \dfrac{1 - \cos\theta}{\theta^2} + 2 \cdot \dfrac{\sin\theta}{\theta}\right) \cdot \dfrac{\sin\theta}{\theta}}$$

であるから,

$$\lim_{\theta \to 0} \frac{q}{p} = \frac{\dfrac{1}{2} \cdot 1}{\left(0 \cdot \dfrac{1}{2} + 2 \cdot 1\right) \cdot 1}$$

$$= \frac{1}{4}.$$

【注3】

(2)で

$$\lim_{\theta \to 0} \frac{1 - \cos\theta}{\theta^2} = \frac{1}{2}$$

を示したので, (4)の極限の計算においても, これを用いた.

(注3終り)

123 ──〈方針〉──

(1) 数学的帰納法を用いる.

(2) はさみうちの原理を用いる.

(1) $a_1 \leqq 2$ のとき, すべての自然数 n に対

して
$$a_1 \leqq a_n \leqq 2 \qquad \cdots (*)$$
が成り立つことを n に関する数学的帰納法で証明する.

［I］ $n=1$ のとき, $a_1 \leqq 2$ であることより, $(*)$ が成り立つ.

［II］ $n=k$ のときに $(*)$ が成り立つと仮定すると,
$$a_1 \leqq a_k \leqq 2. \qquad \cdots ①$$
このとき, $a_k \leqq 2$ より,
$$\frac{2}{3} - \frac{1}{3}a_k \leqq f(a_k) \leqq 2 - a_k \quad \cdots ②$$
が成り立つ.

$a_{k+1} = a_k + f(a_k)$ より,
$$\begin{aligned} 2 - a_{k+1} &= 2 - a_k - f(a_k) \\ &\geqq 2 - a_k - (2 - a_k) \quad (②\text{より}) \\ &= 0. \end{aligned}$$
よって,
$$a_{k+1} \leqq 2. \qquad \cdots ③$$
また,
$$\begin{aligned} a_{k+1} - a_1 &= a_k + f(a_k) - a_1 \\ &\geqq a_k + \left(\frac{2}{3} - \frac{1}{3}a_k\right) - a_1 \quad (②\text{より}) \\ &= \frac{2}{3}a_k + \frac{2}{3} - a_1 \\ &\geqq \frac{2}{3}a_1 + \frac{2}{3} - a_1 \quad (①\text{より}) \\ &= \frac{1}{3}(2 - a_1) \\ &\geqq 0. \quad (a_1 \leqq 2 \text{より}) \end{aligned}$$
よって,
$$a_{k+1} \geqq a_1. \qquad \cdots ④$$
③, ④ より,
$$a_1 \leqq a_{k+1} \leqq 2$$
であるから, $n=k+1$ のときも $(*)$ が成り立つ.

［I］, ［II］ より, すべての自然数 n に対して $(*)$ が成り立つ.

(2) (1) より, $a_n \leqq 2$ であるから,
$$f(a_n) \geqq \frac{2}{3} - \frac{1}{3}a_n$$

が成り立つ.

これと $a_{n+1} = a_n + f(a_n)$ より,
$$\begin{aligned} 2 - a_{n+1} &= 2 - a_n - f(a_n) \\ &\leqq 2 - a_n - \left(\frac{2}{3} - \frac{1}{3}a_n\right) \\ &= \frac{2}{3}(2 - a_n). \end{aligned}$$
この不等式を繰り返し用いることにより,
$$2 - a_n \leqq (2 - a_1)\left(\frac{2}{3}\right)^{n-1}.$$
これと $a_n \leqq 2$ より,
$$0 \leqq 2 - a_n \leqq (2 - a_1)\left(\frac{2}{3}\right)^{n-1}.$$
$$2 - (2 - a_1)\left(\frac{2}{3}\right)^{n-1} \leqq a_n \leqq 2.$$
$n \to \infty$ のとき, (最左辺) $\to 2$ であるから, はさみうちの原理により,
$$\lim_{n \to \infty} a_n = 2$$
となる.

124

$a_k = 2^{\sqrt{k}}$ について,
「a_k の整数部分が n 桁」
となるための条件は,
$$\begin{aligned} &10^{n-1} \leqq a_k < 10^n \\ \Longleftrightarrow\ &10^{n-1} \leqq 2^{\sqrt{k}} < 10^n \\ \Longleftrightarrow\ &n - 1 \leqq \sqrt{k} \log_{10} 2 < n \\ \Longleftrightarrow\ &\frac{n-1}{\log_{10} 2} \leqq \sqrt{k} < \frac{n}{\log_{10} 2} \\ \Longleftrightarrow\ &\left(\frac{n-1}{\log_{10} 2}\right)^2 \leqq k < \left(\frac{n}{\log_{10} 2}\right)^2. \quad \cdots ① \end{aligned}$$

① を満たす自然数 k の個数が N_n である.

以下, 実数 x に対して x 以下の最大の整数を $[x]$ で表す.

自然数 n に対し, $\left(\dfrac{n}{\log_{10} 2}\right)^2$ の値は 1 より大きく, かつ自然数ではないことに注意すれば, $n \geqq 2$ のとき, ① より,
$$N_n = \left[\left(\frac{n}{\log_{10} 2}\right)^2\right] - \left[\left(\frac{n-1}{\log_{10} 2}\right)^2\right] \quad \cdots ②$$

である.

【注】

2つの実数 a, b が $1 < a < b$ を満たし, かつ, どちらも自然数ではないとき, $a \leq k < b$ を満たす自然数 k の個数を N とすると,

$$N = [b] - ([a] + 1) + 1$$
$$= [b] - [a]$$

である.

(注終り)

次に,

「a_k の整数部分が n 桁であり, その最高位の数字が 1」

となるための条件は,

$$10^{n-1} \leq a_k < 2 \cdot 10^{n-1}$$
$$\iff 10^{n-1} \leq 2^{\sqrt{k}} < 2 \cdot 10^{n-1}$$
$$\iff n-1 \leq \sqrt{k} \log_{10} 2 < \log_{10} 2 + n - 1$$
$$\iff \frac{n-1}{\log_{10} 2} \leq \sqrt{k} < 1 + \frac{n-1}{\log_{10} 2}$$
$$\iff \left(\frac{n-1}{\log_{10} 2} \right)^2 \leq k < \left(1 + \frac{n-1}{\log_{10} 2} \right)^2. \quad \cdots ③$$

③ を満たす自然数 k の個数が L_n であるから, $n \geq 2$ のとき,

$$L_n = \left[\left(1 + \frac{n-1}{\log_{10} 2} \right)^2 \right] - \left[\left(\frac{n-1}{\log_{10} 2} \right)^2 \right] \quad \cdots ④$$

である.

②, ④ より, $n \geq 2$ のとき,

$$\frac{L_n}{N_n} = \frac{\left[\left(1 + \frac{n-1}{\log_{10} 2} \right)^2 \right] - \left[\left(\frac{n-1}{\log_{10} 2} \right)^2 \right]}{\left[\left(\frac{n}{\log_{10} 2} \right)^2 \right] - \left[\left(\frac{n-1}{\log_{10} 2} \right)^2 \right]}.$$

さらに, $x - 1 < [x] \leq x$ が成り立つことに注意すれば,

$$\frac{L_n}{N_n} < \frac{\left(1 + \frac{n-1}{\log_{10} 2} \right)^2 - \left\{ \left(\frac{n-1}{\log_{10} 2} \right)^2 - 1 \right\}}{\left\{ \left(\frac{n}{\log_{10} 2} \right)^2 - 1 \right\} - \left(\frac{n-1}{\log_{10} 2} \right)^2}$$

$$= \frac{2 + 2 \cdot \frac{n-1}{\log_{10} 2}}{\frac{2n}{(\log_{10} 2)^2} - 1 - \frac{1}{(\log_{10} 2)^2}}$$

$$= \frac{2(\log_{10} 2)^2 + 2(n-1)\log_{10} 2}{2n - (\log_{10} 2)^2 - 1}$$

$$= (\log_{10} 2) \cdot \frac{2n + 2\log_{10} 2 - 2}{2n - (\log_{10} 2)^2 - 1}$$

$$= (\log_{10} 2) \cdot \frac{1 + \frac{\log_{10} 2 - 1}{n}}{1 - \frac{(\log_{10} 2)^2 + 1}{2n}}$$

$$(= E_n \text{ とおく}). \quad \cdots ⑤$$

$$\frac{L_n}{N_n} > \frac{\left\{ \left(1 + \frac{n-1}{\log_{10} 2} \right)^2 - 1 \right\} - \left(\frac{n-1}{\log_{10} 2} \right)^2}{\left(\frac{n}{\log_{10} 2} \right)^2 - \left\{ \left(\frac{n-1}{\log_{10} 2} \right)^2 - 1 \right\}}$$

$$= \frac{2 \cdot \frac{n-1}{\log_{10} 2}}{\frac{2n}{(\log_{10} 2)^2} + 1 - \frac{1}{(\log_{10} 2)^2}}$$

$$= (\log_{10} 2) \cdot \frac{2(n-1)}{2n + (\log_{10} 2)^2 - 1}$$

$$= (\log_{10} 2) \cdot \frac{1 - \frac{1}{n}}{1 + \frac{(\log_{10} 2)^2 - 1}{2n}}$$

$$(= F_n \text{ とおく}). \quad \cdots ⑥$$

$$\lim_{n \to \infty} E_n = \lim_{n \to \infty} F_n = \log_{10} 2$$

であるから, ⑤, ⑥ および, はさみうちの原理により,

$$\lim_{n \to \infty} \frac{L_n}{N_n} = \boldsymbol{\log_{10} 2}.$$

$\boldsymbol{125}$ ──〈方針〉

$f(x)$ が $x = a$ で微分可能であるとは, $\displaystyle \lim_{h \to 0} \frac{f(a+h) - f(a)}{h}$ が収束することである.

$f(x) = |x|^3$ について,

$$f(x) = \begin{cases} x^3 & (x > 0), \\ 0 & (x = 0), \\ -x^3 & (x < 0) \end{cases}$$

であるから, $f(x)$ は $x \neq 0$ では微分可能であり,

$$f'(x) = \begin{cases} 3x^2 & (x > 0), \\ -3x^2 & (x < 0). \end{cases}$$

また,

$$\lim_{h \to +0} \frac{f(0+h)-f(0)}{h} = \lim_{h \to +0} \frac{h^3}{h}$$
$$= \lim_{h \to +0} h^2$$
$$= 0, \quad \cdots \text{①}$$

$$\lim_{h \to -0} \frac{f(0+h)-f(0)}{h} = \lim_{h \to -0} \frac{-h^3}{h}$$
$$= \lim_{h \to -0} (-h^2)$$
$$= 0. \quad \cdots \text{②}$$

①, ② より,

$$\lim_{h \to 0} \frac{f(0+h)-f(0)}{h} = 0$$

であるから, $f(x)$ は $x=0$ でも微分可能であり,

$$f'(0)=0.$$

よって,

$$f'(x) = \begin{cases} 3x^2 & (x>0), \\ 0 & (x=0), \\ -3x^2 & (x<0) \end{cases}$$

である.

これより, $f'(x)$ は $x \neq 0$ では微分可能であり,

$$f''(x) = \begin{cases} 6x & (x>0), \\ -6x & (x<0). \end{cases}$$

また,

$$\lim_{h \to +0} \frac{f'(0+h)-f'(0)}{h} = \lim_{h \to +0} \frac{3h^2}{h}$$
$$= \lim_{h \to +0} 3h$$
$$= 0, \quad \cdots \text{③}$$

$$\lim_{h \to -0} \frac{f'(0+h)-f'(0)}{h} = \lim_{h \to -0} \frac{-3h^2}{h}$$
$$= \lim_{h \to -0} (-3h)$$
$$= 0. \quad \cdots \text{④}$$

③, ④ より,

$$\lim_{h \to 0} \frac{f'(0+h)-f'(0)}{h} = 0$$

であるから, $f'(x)$ は $x=0$ でも微分可能であり,

$$f''(0)=0.$$

よって,

$$f''(x) = \begin{cases} 6x & (x>0), \\ 0 & (x=0), \\ -6x & (x<0) \end{cases}$$

である.

これより,

$$\lim_{h \to +0} \frac{f''(0+h)-f''(0)}{h} = \lim_{h \to +0} \frac{6h}{h}$$
$$= \lim_{h \to +0} 6$$
$$= 6, \quad \cdots \text{⑤}$$

$$\lim_{h \to -0} \frac{f''(0+h)-f''(0)}{h} = \lim_{h \to -0} \frac{-6h}{h}$$
$$= \lim_{h \to -0} (-6)$$
$$= -6. \quad \cdots \text{⑥}$$

⑤, ⑥ より, $\lim_{h \to 0} \dfrac{f''(0+h)-f''(0)}{h}$ は存在しないから, $f''(x)$ は $x=0$ で微分可能でない.

126

$x-a \geq 0$ より, $f(x)$ の定義域は $x \geq a$ である.

$$f'(x) = \sqrt{x-a} + \left(x - \frac{1}{3}\right)\frac{1}{2\sqrt{x-a}}$$
$$= \frac{9x-6a-1}{6\sqrt{x-a}}$$
$$= \frac{9}{6\sqrt{x-a}}\left\{x - \left(\frac{2}{3}a + \frac{1}{9}\right)\right\},$$

$$f''(x) = \frac{1}{6} \cdot \frac{9\sqrt{x-a} - (9x-6a-1)\dfrac{1}{2\sqrt{x-a}}}{x-a}$$
$$= \frac{9x-12a+1}{12(x-a)^{\frac{3}{2}}}$$
$$= \frac{9}{12(x-a)^{\frac{3}{2}}}\left\{x - \left(\frac{4}{3}a - \frac{1}{9}\right)\right\}.$$

ここで,

$$\lim_{x \to \infty} f(x) = \infty$$

である. また,

$$\left(\frac{4}{3}a - \frac{1}{9}\right) - a = a - \left(\frac{2}{3}a + \frac{1}{9}\right) = \frac{1}{3}\left(a - \frac{1}{3}\right)$$

であることに注意して，以下の場合に分けて調べる．

(ⅰ) $0<a<\dfrac{1}{3}$ のとき，

$$\frac{4}{3}a-\frac{1}{9}<a<\frac{2}{3}a+\frac{1}{9}$$

であり，$y=f(x)$ の増減，凹凸，グラフは次のようになる．

x	a	$\cdots$	$\dfrac{2}{3}a+\dfrac{1}{9}$	$\cdots$
$f'(x)$		$-$	0	$+$
$f''(x)$		$+$		$+$
$f(x)$	0	$\searrow$	極小	$\nearrow$

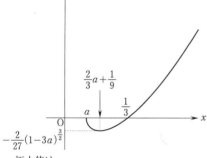

極小値は

$$f\left(\frac{2}{3}a+\frac{1}{9}\right)=-\frac{2}{27}(1-3a)^{\frac{3}{2}},$$

変曲点は存在しない．

(ⅱ) $a=\dfrac{1}{3}$ のとき，

$$\frac{4}{3}a-\frac{1}{9}=\frac{2}{3}a+\frac{1}{9}=a\left(=\frac{1}{3}\right)$$

であり，

$$f'(x)=\frac{3}{2}\sqrt{x-\frac{1}{3}},$$

$$f''(x)=\frac{3}{4\sqrt{x-\dfrac{1}{3}}}$$

であるから，$y=f(x)$ の増減，凹凸，グラフは次のようになる．

x	$\dfrac{1}{3}$	$\cdots$
$f'(x)$		$+$
$f''(x)$		$+$
$f(x)$	0	$\nearrow$

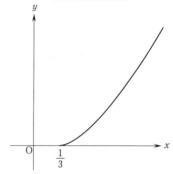

極値，変曲点は存在しない．

(ⅲ) $a>\dfrac{1}{3}$ のとき，

$$\frac{2}{3}a+\frac{1}{9}<a<\frac{4}{3}a-\frac{1}{9}$$

であり，$y=f(x)$ の増減，凹凸，グラフは次のようになる．

x	a	$\cdots$	$\dfrac{4}{3}a-\dfrac{1}{9}$	$\cdots$
$f'(x)$		$+$		$+$
$f''(x)$		$-$	0	$+$
$f(x)$	0	$\nearrow$	変曲点	$\nearrow$

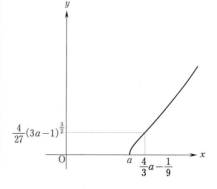

極値は存在せず，変曲点は

$$\left(\frac{4}{3}a-\frac{1}{9},\ \frac{4}{27}(3a-1)^{\frac{3}{2}}\right).$$

【注】

(i) のとき，$\displaystyle\lim_{x\to a+0}f'(x)=-\infty$.

(ii) のとき，$\displaystyle\lim_{x\to a+0}f'(x)=0$.

(iii) のとき，$\displaystyle\lim_{x\to a+0}f'(x)=\infty$.

(注終り)

127

$$f'(x)=\frac{2x}{2\sqrt{x^2+a}}-\frac{1}{2}(x^2+a)^{-\frac{3}{2}}\cdot 2x$$
$$=\frac{\boxed{x(x^2+a-1)}}{(x^2+a)^{\frac{3}{2}}}.$$

(i) $0<a<1$ のとき，

$$f'(x)=\frac{x(x-\sqrt{1-a})(x+\sqrt{1-a})}{(x^2+a)^{\frac{3}{2}}}$$

となり，$f(x)$ の増減は次のようになる．

x	$\cdots$	$-\sqrt{1-a}$	$\cdots$	0	$\cdots$	$\sqrt{1-a}$	$\cdots$
$f'(x)$	$-$	0	$+$	0	$-$	0	$+$
$f(x)$	↘	極小	↗	極大	↘	極小	↗

(ii) $a=1$ のとき，

$$f'(x)=\frac{x^3}{(x^2+1)^{\frac{3}{2}}}$$

となり，$f(x)$ の増減は次のようになる．

x	$\cdots$	0	$\cdots$
$f'(x)$	$-$	0	$+$
$f(x)$	↘	極小	↗

(iii) $a>1$ のとき，$x^2+a-1>0$ であるから，$f(x)$ の増減は次のようになる．

x	$\cdots$	0	$\cdots$
$f'(x)$	$-$	0	$+$
$f(x)$	↘	極小	↗

以上(i)，(ii)，(iii) より，$f(x)$ が極大値をもつための条件は

$$0<a<\boxed{1}.$$

また，このとき，$f(x)$ の極大値は

$$f(0)=\boxed{\sqrt{a}+\frac{1}{\sqrt{a}}},$$

極小値は

$$f(\pm\sqrt{1-a})=\boxed{2}.$$

128

四角形 ABCD の外接円の中心を O とすると次の場合がある．

(i) $\dfrac{\pi}{3}<\theta\le\dfrac{\pi}{2}$ のとき．

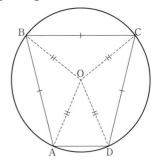

(ii) $\dfrac{\pi}{2}<\theta<\pi$ のとき．

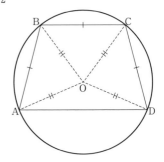

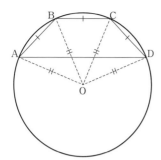

(1) 三角形 OAB，三角形 OBC，三角形 OCD は O を頂角とする二等辺三角形である．また，AB＝BC＝CD＝1 より，対応する辺がそれぞれ等しいから

$$\triangle OAB \equiv \triangle OBC \equiv \triangle OCD$$

が成り立つ．

∠ABC，∠BCD のいずれもこれらの三角形の底角の2倍に等しいので，

$$\angle BCD = \angle ABC = \theta$$

である．

(2) 四角形 ABCD は円に内接するから，∠BAD の外角は ∠BCD に等しい．また，(1)より，

$$\angle BCD = \angle ABC$$

であるから，∠BAD の外角は ∠ABC に等しい．

同位角が等しいので AD∥BC であり，四角形 ABCD は台形である．

A，D から直線 BC に下ろした垂線の足をそれぞれ E，F とする．

(i)のとき，

$$AD = BC - BE - CF$$
$$= 1 - 2\cos\theta.$$

(ii)のとき，

$$AD = BC + BE + CF$$
$$= 1 - 2\cos\theta.$$

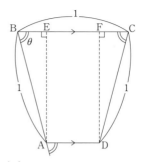

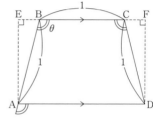

以上より，AD＝$1-2\cos\theta$．

(3)
$$S = \frac{1}{2}(AD + BC)AE$$
$$= (1 - \cos\theta)\sin\theta,$$
$$\frac{dS}{d\theta} = \sin^2\theta + (1 - \cos\theta)\cos\theta$$
$$= (1 - \cos\theta)(1 + 2\cos\theta).$$

したがって，S の増減は次のようになる．

θ	$\left(\dfrac{\pi}{3}\right)$	$\cdots$	$\dfrac{2}{3}\pi$	$\cdots$	(π)
$\dfrac{dS}{d\theta}$		$+$	0	$-$	
S		$\nearrow$	$\dfrac{3\sqrt{3}}{4}$	$\searrow$	

よって，S の最大値は $\dfrac{3\sqrt{3}}{4}$，そのときの $\theta = \dfrac{2}{3}\pi$．

129

$y = \log x$ に対して $y' = \dfrac{1}{x}$ であるから，曲線 $y = \log x$ の点 $(t,\ \log t)$ $(t > 0)$ における法線の方程式は

$$y = -\frac{1}{\dfrac{1}{t}}(x - t) + \log t.$$

$$y = -tx + t^2 + \log t.$$

この法線が点 $(3,\ a)$ を通る条件は

$$a = -3t + t^2 + \log t. \qquad \cdots (*)$$

$(*)$ を t の方程式と見たとき，異なる実数解の個数が求める法線の本数を与える．

$(*)$ の右辺を $f(t)$ とおくと，

$$f(t) = t^2 - 3t + \log t \quad (t > 0),$$

$$f'(t) = 2t - 3 + \frac{1}{t}$$

$$= \frac{(2t - 1)(t - 1)}{t}.$$

$f(t)$ の増減は次のようになる．

t	(0)	$\cdots$	$\dfrac{1}{2}$	$\cdots$	1	$\cdots$
$f'(t)$		$+$	0	$-$	0	$+$
$f(t)$		$\nearrow$	$-\dfrac{5}{4} - \log 2$	$\searrow$	-2	$\nearrow$

さらに，

$$\lim_{t \to +0} f(t) = -\infty,$$

$$\lim_{t \to \infty} f(t) = \lim_{t \to \infty}\{t(t - 3) + \log t\}$$

$$= \infty$$

であるから，$y = f(t)$ のグラフは次のようになる．

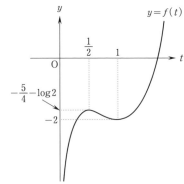

$(*)$ の実数解は $y = f(t)$ のグラフと直線 $y = a$ の共有点の t 座標であるから，その個数を数えることにより，求める法線の本数は

$a < -2,\ -\dfrac{5}{4} - \log 2 < a$ のとき 1 本，

$a = -2,\ -\dfrac{5}{4} - \log 2$ のとき 2 本，

$-2 < a < -\dfrac{5}{4} - \log 2$ のとき 3 本．

【注】

法線 $y = -tx + t^2 + \log t$ の傾きは t の減少関数であるから，異なる t に対しては異なる法線が与えられる．上記の解答ではこのことを利用している．

（注終り）

130

$$\frac{dy}{dx} = \frac{\dfrac{dy}{dt}}{\dfrac{dx}{dt}}$$

$$= \frac{\dfrac{\cos t}{q}}{-\dfrac{\sin t}{p}}$$

$$= \boxed{-\frac{p\cos t}{q\sin t}}.$$

C 上の $t = \theta$ $\left(0 < \theta < \dfrac{\pi}{2}\right)$ に対応する点 $Q\left(\dfrac{\cos\theta}{p},\ \dfrac{\sin\theta}{q}\right)$ における接線の方程式は

$$y = -\frac{p\cos\theta}{q\sin\theta}\left(x - \frac{\cos\theta}{p}\right) + \frac{\sin\theta}{q}.$$

$$y = -\frac{p\cos\theta}{q\sin\theta}x + \frac{1}{q\sin\theta}.$$

したがって,

$$x_0 = \frac{1}{\boxed{p\cos\theta}}, \quad y_0 = \frac{1}{\boxed{q\sin\theta}}.$$

よって,

$$f(\theta) = x_0{}^2 + y_0{}^2$$

$$= \frac{1}{p^2\cos^2\theta} + \frac{1}{q^2\sin^2\theta},$$

$$f'(\theta) = \frac{2\sin\theta}{p^2\cos^3\theta} - \frac{2\cos\theta}{q^2\sin^3\theta}$$

$$= \frac{2\cos\theta}{p^2\sin^3\theta}\left\{\left(\frac{\sin\theta}{\cos\theta}\right)^4 - \frac{p^2}{q^2}\right\}.$$

ここで, $f'(\theta_0) = 0$ とすると,

$$\left(\frac{\sin\theta_0}{\cos\theta_0}\right)^4 - \frac{p^2}{q^2} = 0.$$

$0 < \theta_0 < \dfrac{\pi}{2}$ より $\cos\theta_0 > 0$, $\sin\theta_0 > 0$ に注意して,

$$\frac{\sin\theta_0}{\cos\theta_0} = \boxed{\sqrt{\frac{p}{q}}}.$$

これを $\sin^2\theta_0 + \cos^2\theta_0 = 1$ と連立することにより,

$$\cos\theta_0 = \boxed{\sqrt{\frac{q}{p+q}}}, \quad \sin\theta_0 = \boxed{\sqrt{\frac{p}{p+q}}}.$$

さらに,

$$f'(\theta) = \frac{2\cos\theta}{p^2\sin^3\theta}\left(\tan^4\theta - \frac{p^2}{q^2}\right)$$

であるから, $f'(\theta)$ の符号は $\theta = \theta_0$ のときを境に負から正へ変化する.

したがって, $f(\theta)$ の増減は次のようになる.

θ	(0)	$\cdots$	θ_0	$\cdots$	$\left(\dfrac{\pi}{2}\right)$
$f'(\theta)$		$-$	0	$+$	
$f(\theta)$		$\searrow$	最小	$\nearrow$	

よって, $L = \sqrt{f(\theta)}$ の最小値は

$$\sqrt{f(\theta_0)} = \sqrt{\frac{1}{p^2 \cdot \dfrac{q}{p+q}} + \frac{1}{q^2 \cdot \dfrac{p}{p+q}}}$$

$$= \sqrt{\frac{(p+q)^2}{p^2 q^2}}$$

$$= \boxed{\frac{p+q}{pq}}.$$

131

(1) $g(x) = x^2(2x-3)f'(x)$

$$= x^2(2x-3) \cdot \frac{\dfrac{2}{2x-3} \cdot x - \log(2x-3)}{x^2}$$

$$= 2x - (2x-3)\log(2x-3).$$

(2) $g'(x) = 2 - 2\log(2x-3) - (2x-3) \cdot \frac{2}{2x-3}$

$$= -2\log(2x-3).$$

$x > 2$ において $g'(x) < 0$ であるから, $x > 2$ において $g(x)$ は減少する.

また,

$$\lim_{x \to \infty} g(x) = \lim_{x \to \infty} 2x\left\{1 - \left(1 - \frac{3}{2x}\right)\log(2x-3)\right\}$$

$$= -\infty.$$

したがって, $y = g(x)$ のグラフは次のようになり, $g(\alpha) = 0$ を満たす 2 以上の実数 α がただ 1 つ存在する.

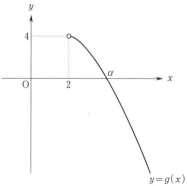

(3) $x > 2$ のとき $x^2(2x-3) > 0$ であるから, $f'(x)$ と $g(x)$ の符号は一致する.

したがって, $f(x)$ の増減は次のようになる.

x	2	$\cdots$	α	$\cdots$
$f'(x)$		$+$	0	$-$
$f(x)$	0	$\nearrow$		$\searrow$

また,
$$\lim_{x\to\infty}f(x)=\lim_{x\to\infty}\left\{\frac{2x-3}{x}\cdot\frac{\log(2x-3)}{2x-3}\right\}$$
$$=\lim_{x\to\infty}\left\{\left(2-\frac{3}{x}\right)\frac{\log(2x-3)}{2x-3}\right\}$$
$$=0.$$

以上より, $y=f(x)$ のグラフの概形は次のようになる.

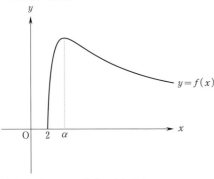

(4) $2\leqq m<n$ のとき, (*) より
$$\frac{\log(2m-3)}{m}=\frac{\log(2n-3)}{n}.$$
$$f(m)=f(n).$$

したがって, $y=f(x)$ のグラフ上の2点 $(m,\ f(m))$, $(n,\ f(n))$ が直線 $y=k$ (k は定数) 上にあるような組 $(m,\ n)$ を求めればよい.

ここで,
$$f(3)=\frac{\log 3}{3}=\frac{\log 9}{6}=f(6)$$
より, 次図の状況であるとわかる.

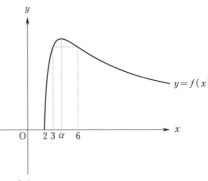

また,
$$f(4)=\frac{\log 5}{4}=\frac{\log 5^5}{20},$$
$$f(5)=\frac{\log 7}{5}=\frac{\log 7^4}{20}$$
であり, これらは等しくない.

以上より, 求める組は $(m,\ n)=(3,\ 6).$

132

(1) $h(x)=\dfrac{e^{x-a}+e^{-x+a}}{2}+b-x.$

$\displaystyle\lim_{x\to\infty}\frac{x}{e^x}=0$, $\displaystyle\lim_{x\to\infty}e^{-x+a}=0$ より,

$$\lim_{x\to\infty}h(x)=\lim_{x\to\infty}\left\{e^x\left(\frac{e^{-a}}{2}-\frac{x}{e^x}\right)+\frac{e^{-x+a}}{2}+b\right\}$$
$$=\infty.$$

$\displaystyle\lim_{x\to-\infty}e^{x-a}=0$, $\displaystyle\lim_{x\to-\infty}e^{-x+a}=\infty$ より,
$$\lim_{x\to-\infty}h(x)=\infty.$$

(2) C と L が接するための条件は,
$$f'(t)=g'(t)\quad かつ\quad f(t)=g(t)$$
すなわち
$$h'(t)=0\quad かつ\quad h(t)=0$$
を満たす実数 t が存在することである.

したがって, $y=h(x)$ のグラフが x 軸に接する条件を求めればよい.

ここで,
$$h'(x)=\frac{e^{x-a}-e^{-x+a}}{2}-1$$

$$= \frac{(e^{x-a}-1)^2-2}{2e^{x-a}}$$

$$= \frac{(e^{x-a}-1+\sqrt{2})(e^{x-a}-1-\sqrt{2})}{2e^{x-a}}.$$

$e^{x-a}-1+\sqrt{2}>0$ にも注意すると，$h(x)$ の増減は次のようになる．

x	$\cdots$	$a+\log(1+\sqrt{2})$	$\cdots$
$h'(x)$	$-$	0	$+$
$h(x)$	$\searrow$		$\nearrow$

したがって，求める条件は
$$h(a+\log(1+\sqrt{2}))=0.$$

$$\frac{1+\sqrt{2}+\frac{1}{1+\sqrt{2}}}{2}+b-\{a+\log(1+\sqrt{2})\}=0.$$

$$\boldsymbol{b-a+\sqrt{2}-\log(1+\sqrt{2})=0.}$$

(3) C と L が相異なる 2 点で交わるための条件は，
$$f(t)=g(t)$$
を満たす相異なる実数 t がちょうど 2 つ存在し，それぞれの前後で $f(x)$ と $g(x)$ の大小が逆転すること，すなわち
$$h(t)=0$$
を満たす相異なる実数 t がちょうど 2 つ存在し，それぞれの前後で $h(x)$ の正負が逆転することである．

したがって，$y=h(x)$ のグラフが x 軸と相異なる 2 点で交わる条件を求めればよい．

(2)の増減表と，(1) より $\lim_{x \to \pm\infty} h(x)=\infty$ であることにも注意して，求める条件は
$$h(a+\log(1+\sqrt{2}))<0.$$
$$\boldsymbol{b-a+\sqrt{2}-\log(1+\sqrt{2})<0.}$$

133

(1) $x>0$ のとき，
$$f'_n(x)=-\frac{n}{2}e^{nx}-\frac{1}{3}\sin\frac{x}{3}$$
$$<-\frac{n}{2}e^{n \cdot 0}-\frac{1}{3}(-1)$$

$$=\frac{2-3n}{6}$$
$$<0$$
であるから，$f_n(x)$ は減少する．
また，
$$f_n(0)=\frac{3}{2}>0$$
である．さらに，
$$f_n(x)=1-\frac{1}{2}e^{nx}+\cos\frac{x}{3}\leqq 2-\frac{1}{2}e^{nx},$$
$$\lim_{x \to \infty}\left(2-\frac{1}{2}e^{nx}\right)=-\infty$$
であるから，
$$\lim_{x \to \infty}f_n(x)=-\infty.$$

したがって，方程式 $f_n(x)=0$ は，ただ 1 つの実数解をもつ．

(2) (1)の結果と
$$f_n(0)>0,$$
$$f_n\left(\frac{\log 4}{n}\right)=-1+\cos\frac{\log 4}{3n}\leqq 0$$
より，
$$0<a_n\leqq\frac{\log 4}{n}.$$

さらに，
$$\lim_{n \to \infty}\frac{\log 4}{n}=0$$
であるから，はさみうちの原理より
$$\lim_{n \to \infty}a_n=\boldsymbol{0.}$$

(3) $f_n(a_n)=0$ より，
$$1-\frac{1}{2}e^{na_n}+\cos\frac{a_n}{3}=0.$$
$$e^{na_n}=2\left(1+\cos\frac{a_n}{3}\right).$$
$$na_n=\log\left\{2\left(1+\cos\frac{a_n}{3}\right)\right\}.$$

したがって，
$$\lim_{n \to \infty}na_n=\lim_{n \to \infty}\log\left\{2\left(1+\cos\frac{a_n}{3}\right)\right\}$$
$$=\boldsymbol{\log 4.}$$

134

(1) $\displaystyle\int_0^{\sqrt{3}} \log(1+x^2)\,dx$

$\displaystyle = \int_0^{\sqrt{3}} (x)' \log(1+x^2)\,dx$

$\displaystyle = \left[x\log(1+x^2) \right]_0^{\sqrt{3}} - \int_0^{\sqrt{3}} x\cdot\frac{2x}{x^2+1}\,dx$

$\displaystyle = \sqrt{3}\,\log 4 - \int_0^{\sqrt{3}} \frac{2x^2}{x^2+1}\,dx$

$\displaystyle = \sqrt{3}\,\log 4 - \int_0^{\sqrt{3}} \frac{2(x^2+1)-2}{x^2+1}\,dx$

$\displaystyle = \sqrt{3}\,\log 4 - \int_0^{\sqrt{3}} \left(2-\frac{2}{x^2+1}\right)dx$

$\displaystyle = \sqrt{3}\,\log 4 - \left[2x\right]_0^{\sqrt{3}} + \int_0^{\sqrt{3}} \frac{2}{x^2+1}\,dx$

$\displaystyle = \sqrt{3}\,\log 4 - 2\sqrt{3} + 2\int_0^{\sqrt{3}} \frac{1}{x^2+1}\,dx. \quad\cdots①$

ここで,

$$x = \tan\theta \quad \left(-\frac{\pi}{2} < \theta < \frac{\pi}{2}\right)$$

とおくと,

x	$0 \longrightarrow \sqrt{3}$
θ	$0 \longrightarrow \dfrac{\pi}{3}$

, $\dfrac{dx}{d\theta} = \dfrac{1}{\cos^2\theta}$

であるから,

$\displaystyle \int_0^{\sqrt{3}} \frac{1}{x^2+1}\,dx = \int_0^{\frac{\pi}{3}} \frac{1}{\tan^2\theta+1}\cdot\frac{1}{\cos^2\theta}\,d\theta$

$\displaystyle = \int_0^{\frac{\pi}{3}} d\theta$

$\displaystyle = \left[\theta\right]_0^{\frac{\pi}{3}}$

$\displaystyle = \frac{\pi}{3}.$

よって, ① より,

$\displaystyle\int_0^{\sqrt{3}} \log(1+x^2)\,dx = \sqrt{3}\,\log 4 - 2\sqrt{3} + \frac{2}{3}\pi.$

(2) $\displaystyle\int_{-\sqrt{3}}^{\sqrt{3}} \frac{e^x\log(1+x^2)}{1+e^x}\,dx$

$\displaystyle = \int_{-\sqrt{3}}^{\sqrt{3}} \frac{\log(1+x^2)}{e^{-x}+1}\,dx. \quad\cdots②$

ここで, $x=-t$ とおくと,

x	$-\sqrt{3} \longrightarrow \sqrt{3}$
t	$\sqrt{3} \longrightarrow -\sqrt{3}$

, $dx=(-1)\,dt$

より,

$\displaystyle \int_{-\sqrt{3}}^{\sqrt{3}} \frac{\log(1+x^2)}{e^{-x}+1}\,dx = \int_{\sqrt{3}}^{-\sqrt{3}} \frac{\log(1+t^2)}{e^t+1}\cdot(-1)\,dt$

$\displaystyle = \int_{-\sqrt{3}}^{\sqrt{3}} \frac{\log(1+x^2)}{e^x+1}\,dx. \quad\cdots③$

②, ③ より,

$\displaystyle \int_{-\sqrt{3}}^{\sqrt{3}} \frac{\log(1+x^2)}{1+e^x}\,dx = \int_{-\sqrt{3}}^{\sqrt{3}} \frac{e^x\log(1+x^2)}{1+e^x}\,dx.$

(3) $\displaystyle I = \int_{-\sqrt{3}}^{\sqrt{3}} \frac{\log(1+x^2)}{1+e^x}\,dx$

とおくと, (2) より,

$\displaystyle I = \int_{-\sqrt{3}}^{\sqrt{3}} \frac{e^x\log(1+x^2)}{1+e^x}\,dx$

であるから,

$\displaystyle 2I = \int_{-\sqrt{3}}^{\sqrt{3}} \frac{\log(1+x^2)}{1+e^x}\,dx + \int_{-\sqrt{3}}^{\sqrt{3}} \frac{e^x\log(1+x^2)}{1+e^x}\,dx$

$\displaystyle = \int_{-\sqrt{3}}^{\sqrt{3}} \frac{(1+e^x)\log(1+x^2)}{1+e^x}\,dx$

$\displaystyle = \int_{-\sqrt{3}}^{\sqrt{3}} \log(1+x^2)\,dx$

より,

$\displaystyle I = \frac{1}{2}\int_{-\sqrt{3}}^{\sqrt{3}} \log(1+x^2)\,dx. \quad\cdots④$

ここで,

$$f(x) = \log(1+x^2)$$

とおくと,

$$f(-x) = f(x)$$

が成り立つので, $\log(1+x^2)$ は偶関数である.

よって, ④ および (1) より,

$\displaystyle I = \frac{1}{2}\cdot 2\int_0^{\sqrt{3}} \log(1+x^2)\,dx$

$\displaystyle = \int_0^{\sqrt{3}} \log(1+x^2)\,dx$

$\displaystyle = \sqrt{3}\,\log 4 - 2\sqrt{3} + \frac{2}{3}\pi.$

135

$f(x) = x + \displaystyle\int_0^\pi f(t)\cos(x+t)\,dt$

$\qquad = x + \displaystyle\int_0^\pi f(t)(\cos x\cos t - \sin x\sin t)\,dt$

$\qquad = x + \cos x\displaystyle\int_0^\pi f(t)\cos t\,dt$

$\qquad\qquad - \sin x\displaystyle\int_0^\pi f(t)\sin t\,dt. \quad\cdots(*)$

ここで,

$$\begin{cases} a = \displaystyle\int_0^\pi f(t)\cos t\,dt, & \cdots① \\[2mm] b = \displaystyle\int_0^\pi f(t)\sin t\,dt & \cdots② \end{cases}$$

とおくと, (*) より,

$\qquad f(x) = x + a\cos x - b\sin x \quad\cdots(**)$

と表せるから, ① より,

$a = \displaystyle\int_0^\pi (t + a\cos t - b\sin t)\cos t\,dt$

$\quad = \displaystyle\int_0^\pi (t\cos t + a\cos^2 t - b\sin t\cos t)\,dt$

$\quad = \displaystyle\int_0^\pi \left(t\cos t + a\cdot\frac{1+\cos 2t}{2} - b\cdot\frac{\sin 2t}{2}\right)dt$

$\qquad\qquad\qquad\qquad\qquad\qquad \cdots①'$

であり,

$\displaystyle\int t\cos t\,dt = \int t(\sin t)'\,dt$

$\qquad\qquad = t\sin t - \displaystyle\int 1\cdot\sin t\,dt$

$\qquad\qquad = t\sin t - (-\cos t) + C$

$\qquad\qquad = t\sin t + \cos t + C$

$\qquad\qquad\qquad (C$ は積分定数$)$

であるから, ①' より,

$a = \left[t\sin t + \cos t + \dfrac{a}{2}\left(t + \dfrac{1}{2}\sin 2t\right) + \dfrac{b}{4}\cos 2t\right]_0^\pi$

$\quad = -2 + \dfrac{\pi}{2}a.$

よって,

$\qquad\qquad \dfrac{\pi-2}{2}a = 2.$

$\qquad\qquad\qquad a = \dfrac{4}{\pi-2}. \qquad\cdots③$

同様に ② より,

$b = \displaystyle\int_0^\pi (t + a\cos t - b\sin t)\sin t\,dt$

$\quad = \displaystyle\int_0^\pi (t\sin t + a\sin t\cos t - b\sin^2 t)\,dt$

$\quad = \displaystyle\int_0^\pi \left(t\sin t + a\cdot\frac{\sin 2t}{2} - b\cdot\frac{1-\cos 2t}{2}\right)dt$

$\qquad\qquad\qquad\qquad\qquad\qquad \cdots②'$

であり,

$\displaystyle\int t\sin t\,dt = \int t(-\cos t)'\,dt$

$\qquad\qquad = -t\cos t + \displaystyle\int\cos t\,dt$

$\qquad\qquad = -t\cos t + \sin t + C'$

$\qquad\qquad\qquad (C'$ は積分定数$)$

であるから, ②' より,

$b = \left[-t\cos t + \sin t - \dfrac{a}{4}\cos 2t - \dfrac{b}{2}\left(t - \dfrac{1}{2}\sin 2t\right)\right]_0^\pi$

$\quad = \pi - \dfrac{\pi}{2}b.$

よって,

$\qquad\qquad \dfrac{\pi+2}{2}b = \pi.$

$\qquad\qquad\qquad b = \dfrac{2\pi}{\pi+2}. \qquad\cdots④$

③, ④ および (**) より,

$\qquad f(x) = x + \dfrac{4}{\pi-2}\cos x - \dfrac{2\pi}{\pi+2}\sin x.$

136

(1) $\qquad I(m,\ n) = \displaystyle\int_1^e x^m e^x(\log x)^n\,dx$

より,

$\qquad I(m+1,\ n+1)$

$= \displaystyle\int_1^e x^{m+1}e^x(\log x)^{n+1}\,dx$

$= \displaystyle\int_1^e (e^x)'x^{m+1}(\log x)^{n+1}\,dx$

$= \left[e^x x^{m+1}(\log x)^{n+1}\right]_1^e$

$\qquad\qquad - \displaystyle\int_1^e e^x\Big\{(m+1)x^m(\log x)^{n+1}$

$\qquad\qquad\qquad + x^{m+1}\cdot(n+1)(\log x)^n\cdot\dfrac{1}{x}\Big\}dx$

$$=e^e \cdot e^{m+1}-(m+1)\int_1^e e^x x^m (\log x)^{n+1}\,dx$$
$$-(n+1)\int_1^e e^x x^m (\log x)^n\,dx$$
$$=e^{m+1+e}-(m+1)I(m,\ n+1)-(n+1)I(m,\ n).$$

(2) $1<x<e$ のとき,
$$x^m e^x (\log x)^n>0$$
であるから,
$$\int_1^e x^m e^x (\log x)^n\,dx>0.$$
よって,
$$I(m,\ n)>0.$$
同様にして,
$$I(m+1,\ n+1)>0,$$
$$I(m,\ n+1)>0.$$
これらと (1) の等式から,
$$0<I(m,\ n)=\frac{e^{m+1+e}-(m+1)I(m,\ n+1)-I(m+1,\ n+1)}{n+1}$$
$$<\frac{e^{m+1+e}}{n+1}.$$
ここで,
$$\lim_{n\to\infty}\frac{e^{m+1+e}}{n+1}=0$$
であるから, はさみうちの原理より,
$$\lim_{n\to\infty}I(m,\ n)=0$$
が成り立つ.

137

(1) $g(t)=x-\log t \quad (t>0)$
とおくと,
$$|g(t)|=\begin{cases} x-\log t & (0<t\leqq e^x),\\ -(x-\log t) & (t\geqq e^x). \end{cases}$$
$0\leqq x\leqq 1$ のとき,
$$1\leqq e^x \leqq e$$
であるから,
$$f(x)=\int_1^e |x-\log t|\,dt$$
$$=\int_1^{e^x}(x-\log t)\,dt+\int_{e^x}^e\{-(x-\log t)\}\,dt$$
$$=\Big[xt-t\log t+t\Big]_1^{e^x}-\Big[xt-t\log t+t\Big]_{e^x}^e$$

$$=2(xe^x-e^x\log e^x+e^x)-(x+1)$$
$$-(xe-e\log e+e)$$
$$=2e^x-(e+1)x-1.$$

(2) (1) の結果から,
$$f'(x)=2e^x-(e+1).$$
$f'(x)=0$ のとき,
$$e^x=\frac{e+1}{2}$$
より,
$$x=\log\frac{e+1}{2}.$$
したがって, $0\leqq x\leqq 1$ における $f(x)$ の増減は次のようになる.

x	0	$\cdots$	$\log\dfrac{e+1}{2}$	$\cdots$	1
$f'(x)$		$-$	0	$+$	
$f(x)$	1	$\searrow$	極小	$\nearrow$	$e-2$

よって,
$f(x)$ は, $x=\log\dfrac{e+1}{2}$ のとき最小となり,
最小値は
$$f\Big(\log\frac{e+1}{2}\Big)=2\cdot\frac{e+1}{2}-(e+1)\log\frac{e+1}{2}-1$$
$$=e-(e+1)\log\frac{e+1}{2}.$$

138

(1)
$$I=\int e^{-x}\sin x\,dx,$$
$$J=\int e^{-x}\cos x\,dx$$
とおく.
$$I=\int(-e^{-x})'\sin x\,dx$$
$$=-e^{-x}\sin x-\int(-e^{-x})\cos x\,dx$$
$$=-e^{-x}\sin x+J,$$
$$J=\int(-e^{-x})'\cos x\,dx$$
$$=-e^{-x}\cos x-\int(-e^{-x})(-\sin x)\,dx$$

$$= -e^x \cos x - I$$

より，

$$\begin{cases} I = -e^{-x} \sin x + J \\ J = -e^{-x} \cos x - I \end{cases}$$

I, J について解くと，

$$I = \int e^{-x} \sin x \, dx$$
$$= -\frac{1}{2} e^{-x}(\sin x + \cos x) + C$$

（C は積分定数），

$$J = \int e^{-x} \cos x \, dx$$
$$= \frac{1}{2} e^{-x}(\sin x - \cos x) + C'$$

（C' は積分定数）．

(2) (1) より，

$$\int e^{-x} \sin x \, dx = -\frac{1}{2} e^{-x}(\sin x + \cos x) + C$$

であるから，両辺を x で微分すると，

$$e^{-x} \sin x = \left\{ -\frac{1}{2} e^{-x}(\sin x + \cos x) \right\}'.$$

よって，

$$\int x e^{-x} \sin x \, dx$$
$$= \int x \left\{ -\frac{1}{2} e^{-x}(\sin x + \cos x) \right\}' dx$$
$$= x \left\{ -\frac{1}{2} e^{-x}(\sin x + \cos x) \right\}$$
$$\qquad - \int \left\{ -\frac{1}{2} e^{-x}(\sin x + \cos x) \right\} dx$$
$$= -\frac{1}{2} x e^{-x}(\sin x + \cos x)$$
$$\qquad + \frac{1}{2} \left(\int e^{-x} \sin x \, dx + \int e^{-x} \cos x \, dx \right)$$
$$= -\frac{1}{2} x e^{-x}(\sin x + \cos x) + \frac{1}{2}(I + J) + C''$$
$$= -\frac{1}{2} x e^{-x}(\sin x + \cos x) - \frac{1}{2} e^{-x} \cos x + C''$$

（C'' は積分定数）．

(3) C_1 と C_2 の共有点の x 座標は，
方程式 $x e^{-x} = x e^{-x} \sin x$ $(0 \leqq x \leqq 3\pi)$
$\qquad\qquad\qquad\qquad\qquad\qquad \cdots$①

の実数解である．

① より，

$$x e^{-x}(\sin x - 1) = 0.$$

$e^{-x} > 0$ に注意して，

$$x = 0 \quad \text{または} \quad \sin x = 1.$$

$0 \leqq x \leqq 3\pi$ より，

$$x = 0, \ \frac{\pi}{2}, \ \frac{5}{2}\pi.$$

ここで，

$$f(x) = x e^{-x},$$
$$g(x) = x e^{-x} \sin x$$

とおくと，

$$f'(x) = e^{-x} + x \cdot (-e^{-x})$$
$$= (1 - x)e^{-x},$$
$$g'(x) = e^{-x} \sin x + x \cdot (-e^{-x}) \sin x + x e^{-x} \cos x$$
$$= \{(1 - x)\sin x + x \cos x\} e^{-x}$$

であるから，

$$f'(0) = 1, \quad g'(0) = 0$$

より，

$$f'(0) \neq g'(0).$$

$$f'\left(\frac{\pi}{2}\right) = \left(1 - \frac{\pi}{2}\right) e^{-\frac{\pi}{2}},$$
$$g'\left(\frac{\pi}{2}\right) = \left(1 - \frac{\pi}{2}\right) e^{-\frac{\pi}{2}}$$

より，

$$f'\left(\frac{\pi}{2}\right) = g'\left(\frac{\pi}{2}\right).$$

$$f'\left(\frac{5}{2}\pi\right) = \left(1 - \frac{5}{2}\pi\right) e^{-\frac{5}{2}\pi},$$
$$g'\left(\frac{5}{2}\pi\right) = \left(1 - \frac{5}{2}\pi\right) e^{-\frac{5}{2}\pi}$$

より，

$$f'\left(\frac{5}{2}\pi\right) = g'\left(\frac{5}{2}\pi\right).$$

以上より，C_1 と C_2 が接する点の座標は，

$$\left(\frac{\pi}{2}, \ \frac{\pi}{2} e^{-\frac{\pi}{2}}\right), \ \left(\frac{5}{2}\pi, \ \frac{5}{2}\pi e^{-\frac{5}{2}\pi}\right).$$

(4) $0 \leqq x \leqq 3\pi$ において，

$$f(x) - g(x) = x e^{-x}(1 - \sin x) \geqq 0$$

より，$f(x) \geqq g(x)$．

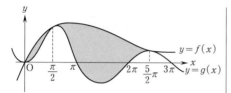

求める面積を S とすると,

$$S=\int_0^{\frac{5}{2}\pi}\{f(x)-g(x)\}\,dx$$

$$=\int_0^{\frac{5}{2}\pi}(xe^{-x}-xe^{-x}\sin x)\,dx$$

$$=\int_0^{\frac{5}{2}\pi}xe^{-x}\,dx-\int_0^{\frac{5}{2}\pi}xe^{-x}\sin x\,dx.$$

ここで,

$$\int_0^{\frac{5}{2}\pi}xe^{-x}\,dx$$

$$=\int_0^{\frac{5}{2}\pi}x\cdot(-e^{-x})'\,dx$$

$$=\Big[x\cdot(-e^{-x})\Big]_0^{\frac{5}{2}\pi}-\int_0^{\frac{5}{2}\pi}(-e^{-x})\,dx$$

$$=-\frac{5}{2}\pi e^{-\frac{5}{2}\pi}+\Big[-e^{-x}\Big]_0^{\frac{5}{2}\pi}$$

$$=-\Big(\frac{5}{2}\pi+1\Big)e^{-\frac{5}{2}\pi}+1.$$

また, (2) より,

$$\int_0^{\frac{5}{2}\pi}xe^{-x}\sin x\,dx$$

$$=\Big[-\frac{1}{2}xe^{-x}(\sin x+\cos x)-\frac{1}{2}e^{-x}\cos x\Big]_0^{\frac{5}{2}\pi}$$

$$=-\frac{5}{4}\pi e^{-\frac{5}{2}\pi}+\frac{1}{2}.$$

よって,

$$S=\Big\{-\Big(\frac{5}{2}\pi+1\Big)e^{-\frac{5}{2}\pi}+1\Big\}-\Big(-\frac{5}{4}\pi e^{-\frac{5}{2}\pi}+\frac{1}{2}\Big)$$

$$=\frac{1}{2}-\Big(\frac{5}{4}\pi+1\Big)e^{-\frac{5}{2}\pi}.$$

139

$$C:y=\frac{1}{2}(e^x-e^{-x}).$$

(1) $$f(x)=\frac{1}{2}(e^x-e^{-x})$$

とおくと,

$$f'(x)=\frac{1}{2}(e^x+e^{-x})\qquad\cdots①$$

であるから,

$$f'(0)=\frac{1}{2}(1+1)=1$$

よって, 曲線 C 上の点 $(0,\ 0)$ における接線の方程式は,

$$y-0=f'(0)(x-0)$$

$$\boldsymbol{y=x.}$$

(2) $$f''(x)=\frac{1}{2}(e^x-e^{-x})\qquad\cdots②$$

e^x は単調増加, e^{-x} は単調減少であることと ①, ② より, $f(x)$ の増減および凹凸は次のようになる.

x	$\cdots$	0	$\cdots$
$f'(x)$	$+$	$+$	$+$
$f''(x)$	$-$	0	$+$
$f(x)$	$\curvearrowright$	0	$\nearrow$

また,

$$\lim_{x\to\infty}f(x)=\infty,\quad \lim_{x\to-\infty}f(x)=-\infty.$$

C の概形は次のようになる.

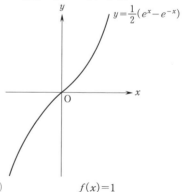

(3) $$f(x)=1$$

のとき,

$$\frac{1}{2}(e^x-e^{-x})=1.$$

両辺に $2e^x\,(>0)$ をかけて,

$$(e^x)^2-1=2e^x.$$
$$(e^x)^2-2e^x-1=0.$$
$$e^x=1\pm\sqrt{2}.$$

$e^x>0$ より,

$$e^x=1+\sqrt{2}.$$

よって,

$$x=\log(1+\sqrt{2}).$$

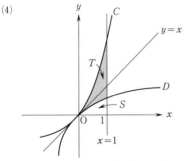

S は,上図の斜線部の面積であるから,

$$S=1\cdot\log(1+\sqrt{2})-\int_0^{\log(1+\sqrt{2})}\frac{1}{2}(e^x-e^{-x})\,dx.$$
$$=\log(1+\sqrt{2})-\frac{1}{2}\Big[e^x+e^{-x}\Big]_0^{\log(1+\sqrt{2})}$$
$$=\log(1+\sqrt{2})-\frac{1}{2}\Big(1+\sqrt{2}+\frac{1}{1+\sqrt{2}}-2\Big)$$
$$=\log(1+\sqrt{2})-\frac{1}{2}(2\sqrt{2}-2)$$
$$=\log(1+\sqrt{2})-\sqrt{2}+1.$$

(4)

曲線 C と曲線 D は,直線 $x=1$ に関して対称であるから,D と x 軸および直線 $x=1$ で囲まれる図形の面積は,(3)で求めた S と等しい.

よって,

$$T=\int_0^1 f(x)\,dx-S$$
$$=\int_0^1\frac{1}{2}(e^x-e^{-x})\,dx-S$$
$$=\frac{1}{2}\Big[e^x+e^{-x}\Big]_0^1-S$$
$$=\frac{1}{2}\Big(e+\frac{1}{e}\Big)-1-\{\log(1+\sqrt{2})-\sqrt{2}+1\}$$
$$=\frac{1}{2}\Big(e+\frac{1}{e}\Big)-\log(1+\sqrt{2})+\sqrt{2}-2.$$

140

(1) $f(x)=x\cos x$ について,
$$f'(x)=1\cdot\cos x+x\cdot(-\sin x)$$
$$=\cos x-x\sin x$$

n を整数とするとき,
$$f(2n\pi)=2n\pi,$$
$$f'(2n\pi)=1$$

であるから,点 $(2n\pi,\ f(2n\pi))$ における曲線 $y=f(x)$ の接線の方程式は

$$y-f(2n\pi)=f'(2n\pi)(x-2n\pi)$$

より,

$$y-2n\pi=1\cdot(x-2n\pi).$$
$$y=x.$$

(2) $0\leqq x\leqq 2\pi$ の範囲においては,
$$x-f(x)=x-x\cos x$$
$$=x(1-\cos x)\geqq 0$$

が成り立ち,等号が成り立つのは,

$$x=0 \quad \text{または} \quad \cos x=1$$

より,

$$x=0,\ 2\pi$$

のときであることに注意すると,求める面積 S は

$$S=\int_0^{2\pi}(x-x\cos x)\,dx$$
$$=\int_0^{2\pi}x\,dx-\int_0^{2\pi}x\cos x\,dx.$$

ここで,

$$\int_0^{2\pi}x\,dx=\Big[\frac{1}{2}x^2\Big]_0^{2\pi}=2\pi^2,$$

$$\int_0^{2\pi} x \cos x \, dx$$

$$= \int_0^{2\pi} x (\sin x)' \, dx$$

$$= \Big[x \sin x \Big]_0^{2\pi} - \int_0^{2\pi} 1 \cdot \sin x \, dx$$

$$= 0 - \Big[-\cos x \Big]_0^{2\pi}$$

$$= 0 - (-1+1)$$

$$= 0$$

であるから,

$$S = 2\pi^2 - 0$$

$$= 2\pi^2.$$

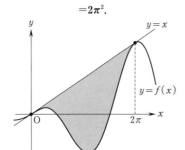

(3) $$F(x) = \int f(x) \, dx$$

とおくと,

$$F'(x) = f(x)$$

であるから,

$$I(x) = \int_x^{3x} f(t) \, dt$$

$$= \Big[F(t) \Big]_x^{3x}$$

$$= F(3x) - F(x).$$

よって,

$$I'(x) = 3\{F(3x)\}' - \{F(x)\}'$$

$$= 3f(3x) - f(x)$$

$$= 9x \cos 3x - x \cos x$$

$$= x\{9(4\cos^3 x - 3\cos x) - \cos x\}$$

$$= 36x \cos x \left(\cos x + \frac{\sqrt{7}}{3} \right)\left(\cos x - \frac{\sqrt{7}}{3} \right)$$

$0 < x < \dfrac{\pi}{2}$ において, $I'(x) = 0$ を満たす x は,

$$\cos x = \frac{\sqrt{7}}{3}$$

を満たす x であり,その x はただ1つ存在する.

この x を x_0 とすると,

$$\cos x_0 = \frac{\sqrt{7}}{3}, \quad 0 < x_0 < \frac{\pi}{2}. \quad \cdots ①$$

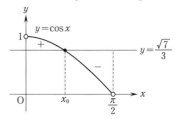

$0 \leqq x \leqq \dfrac{\pi}{2}$ における $I(x)$ の増減は次のようになる.

x	0	$\cdots$	x_0	$\cdots$	$\dfrac{\pi}{2}$
$I'(x)$		$+$	0	$-$	
$I(x)$		↗	最大	↘	

よって,

$I(x)$ は, $x = x_0$ のとき最大値をとるので,

$$\alpha = x_0.$$

したがって, ① より,

$$\cos \alpha = \cos x_0 = \frac{\sqrt{7}}{3}.$$

141

(1) $$\int \theta \sin a\theta \, d\theta$$

$$= \int \theta \left(-\frac{1}{a} \cos a\theta \right)' d\theta$$

$$= \theta \cdot \left(-\frac{1}{a} \cos a\theta \right) - \int 1 \cdot \left(-\frac{1}{a} \cos a\theta \right) d\theta$$

$$= -\frac{1}{a} \theta \cos a\theta + \frac{1}{a^2} \sin a\theta + C'.$$

(C' は積分定数)

$$\int \theta^2 \cos a\theta \, d\theta$$

$$= \int \theta^2 \cdot \left(\frac{1}{a}\sin a\theta\right)' d\theta$$

$$= \theta^2 \cdot \left(\frac{1}{a}\sin a\theta\right) - \int 2\theta \cdot \left(\frac{1}{a}\sin a\theta\right) d\theta$$

$$= \frac{1}{a}\theta^2 \sin a\theta - \frac{2}{a}\int \theta \sin a\theta\, d\theta$$

$$= \frac{1}{a}\theta^2 \sin a\theta - \frac{2}{a}\left(-\frac{1}{a}\theta\cos a\theta + \frac{1}{a^2}\sin a\theta\right) + C''$$

$$= \frac{2}{a^2}\theta\cos a\theta + \frac{a^2\theta^2 - 2}{a^3}\sin a\theta + C''.$$

(C'' は積分定数)

(2) 原点を O，線分 AB と半円 C の接点を T とする．また，点 $(1,\ 0)$ を A_0 とする．

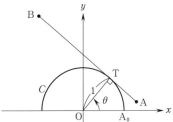

線分 AB が滑ることなく動くから，
$$TA = \widehat{TA_0} = 1\cdot\theta = \theta$$
より，

$\overrightarrow{TA}$ は，大きさが θ で，$\overrightarrow{OT}$ を $-\dfrac{\pi}{2}$ 回転した向きであるから，

$$\overrightarrow{TA} = \theta\left(\cos\left(\theta - \frac{\pi}{2}\right),\ \sin\left(\theta - \frac{\pi}{2}\right)\right)$$
$$= (\theta\sin\theta,\ -\theta\cos\theta).$$

よって，
$$\overrightarrow{OA} = \overrightarrow{OT} + \overrightarrow{TA}$$
$$= (\cos\theta,\ \sin\theta) + (\theta\sin\theta,\ -\theta\cos\theta)$$
$$= (\cos\theta + \theta\sin\theta,\ \sin\theta - \theta\cos\theta).$$

以上より，A の座標は，
$$(\cos\theta + \theta\sin\theta,\ \sin\theta - \theta\cos\theta)$$

(3) (2)の結果から，曲線 L は媒介変数 θ を用いて
$$\begin{cases} x = \cos\theta + \theta\sin\theta, \\ y = \sin\theta - \theta\cos\theta \end{cases} (0 \leq \theta \leq \pi)$$
と表せる．

ここで，
$$\begin{cases} x(\theta) = \cos\theta + \theta\sin\theta \\ y(\theta) = \sin\theta - \theta\cos\theta \end{cases} (0 \leq \theta \leq \pi)$$
とおく．

$0 \leq \theta \leq \pi$ において $\theta\sin\theta \geq 0$ であるから，
$$x(\theta) \geq \cos\theta \geq -1.$$
よって，

L は，$x \geq 1$ の領域にある．

また，
$$y'(\theta) = \cos\theta - \{1\cdot\cos\theta + \theta\cdot(-\sin\theta)\}$$
$$= \theta\sin\theta > 0 \quad (0 < \theta < \pi)$$
であるから，$0 \leq \theta \leq \pi$ において $y(\theta)$ は単調増加である．

よって，
$$S = \int_{y(0)}^{y(\pi)} \{x - (-1)\}\, dy.$$

ここで，$y = y(\theta)$ と置換すると，

y	$y(0) \longrightarrow y(\pi)$
θ	$0 \longrightarrow \pi$

$$\frac{dy}{d\theta} = y'(\theta)$$

であるから，
$$S = \int_0^{\pi} \{x(\theta) + 1\}y'(\theta)\, d\theta.$$

さらに，
$$\{x(\theta) + 1\}y'(\theta)$$
$$= (\cos\theta + \theta\sin\theta + 1)\cdot\theta\sin\theta$$
$$= \theta\sin\theta\cos\theta + \theta^2\sin^2\theta + \theta\sin\theta$$
$$= \frac{1}{2}\theta\sin2\theta + \frac{1}{2}\theta^2(1 - \cos2\theta) + \theta\sin\theta$$
$$= \frac{1}{2}\theta\sin2\theta - \frac{1}{2}\theta^2\cos2\theta + \theta\sin\theta + \frac{1}{2}\theta^2$$
であるから，(1)の結果も用いて，
$$S = \left[\frac{1}{2}\left(-\frac{\theta}{2}\cos2\theta + \frac{1}{4}\sin2\theta\right)\right.$$
$$-\frac{1}{2}\left(\frac{\theta}{2}\cos2\theta + \frac{2\theta^2 - 1}{4}\sin2\theta\right)$$
$$\left.+ (-\theta\cos\theta + \sin\theta) + \frac{1}{6}\theta^3\right]_0^{\pi}$$
$$= \frac{\pi}{2} + \frac{\pi^3}{6}.$$

【参考】

L の概形は次図の通り.

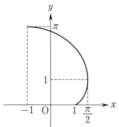

142

(1) $x=\sqrt{2}\sin\theta \left(-\dfrac{\pi}{2}\leqq\theta\leqq\dfrac{\pi}{2}\right)$ とおくと,

$dx=\sqrt{2}\cos\theta\, d\theta,$

x	$0 \longrightarrow \sqrt{2}$
θ	$0 \longrightarrow \dfrac{\pi}{2}$

であるから,

$$\int_0^{\sqrt{2}}\sqrt{2-x^2}\,dx=\int_0^{\frac{\pi}{2}}\sqrt{2(1-\sin^2\theta)}\cdot\sqrt{2}\cos\theta\,d\theta$$

$$=\int_0^{\frac{\pi}{2}}2\sqrt{\cos^2\theta}\cos\theta\,d\theta$$

$$=\int_0^{\frac{\pi}{2}}2\cos^2\theta\,d\theta$$

$$(\cos\theta\geqq 0 \text{ より})$$

$$=\int_0^{\frac{\pi}{2}}(1+\cos 2\theta)\,d\theta$$

$$=\left[\theta+\dfrac{1}{2}\sin 2\theta\right]_0^{\frac{\pi}{2}}$$

$$=\dfrac{\pi}{2}.$$

また,

x	$1 \longrightarrow \sqrt{2}$
θ	$\dfrac{\pi}{4} \longrightarrow \dfrac{\pi}{2}$

であるから,同様にして,

$$\int_1^{\sqrt{2}}\sqrt{2-x^2}\,dx=\int_{\frac{\pi}{4}}^{\frac{\pi}{2}}(1+\cos 2\theta)\,d\theta$$

$$=\left[\theta+\dfrac{1}{2}\sin 2\theta\right]_{\frac{\pi}{4}}^{\frac{\pi}{2}}$$

$$=\dfrac{\pi}{4}-\dfrac{1}{2}.$$

【参考】

曲線 $y=\sqrt{2-x^2}$ は円 $x^2+y^2=2$ の $y\geqq 0$ の部分を表すことに着目し, 定積分を面積と捉えて次のように求めてもよい.

$\displaystyle\int_0^{\sqrt{2}}\sqrt{2-x^2}\,dx$ は次図の網掛け部分の面積である.

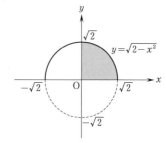

よって,

$$\int_0^{\sqrt{2}}\sqrt{2-x^2}\,dx=\pi(\sqrt{2})^2\cdot\dfrac{1}{4}=\dfrac{\pi}{2}.$$

また, $\displaystyle\int_1^{\sqrt{2}}\sqrt{2-x^2}\,dx$ は次図の網掛け部分の面積である.

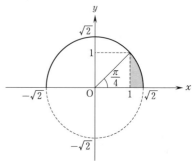

よって,

$$\int_1^{\sqrt{2}}\sqrt{2-x^2}\,dx=\underbrace{\dfrac{1}{2}\cdot(\sqrt{2})^2\cdot\dfrac{\pi}{4}}_{\substack{\text{半径}\sqrt{2},\text{中心角}\frac{\pi}{4}\\\text{の扇形の面積}}}-\underbrace{\dfrac{1}{2}\cdot 1\cdot 1}_{\substack{\text{底辺, 高さが}\\\text{ともに 1 の}\\\text{三角形の面積}}}$$

$$=\frac{\pi}{4}-\frac{1}{2}.$$

（参考終り）

(2) $x^2+(y-1)^2=2$ より，

$y\geqq1$ のとき $y=1+\sqrt{2-x^2}$,

$y\leqq1$ のとき $y=1-\sqrt{2-x^2}$.

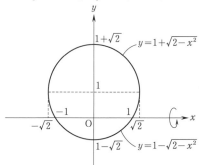

求める体積を V とする．

円 $x^2+(y-1)^2=2$ は y 軸に関して対称であることに留意すれば，

$$V=2\Bigg\{\int_0^{\sqrt2}\pi(1+\sqrt{2-x^2})^2\,dx$$
$$-\int_1^{\sqrt2}\pi(1-\sqrt{2-x^2})^2\,dx\Bigg\}$$
$$=2\pi\Bigg\{\int_0^{\sqrt2}(3-x^2+2\sqrt{2-x^2})\,dx$$
$$-\int_1^{\sqrt2}(3-x^2-2\sqrt{2-x^2})\,dx\Bigg\}$$
$$=2\pi\Bigg\{\Big[3x-\frac{x^3}{3}\Big]_0^{\sqrt2}+2\cdot\frac{\pi}{2}-\Big[3x-\frac{x^3}{3}\Big]_1^{\sqrt2}$$
$$+2\Big(\frac{\pi}{4}-\frac{1}{2}\Big)\Bigg\}\quad（(1)より）$$
$$=2\pi\Big(\frac{3}{2}\pi+\frac{5}{3}\Big)$$
$$=3\pi^2+\frac{10}{3}\pi.$$

143 ──〈方針〉──

(4) $\int x^2\,dy$ は，次のいずれかの方法で計算する．

・x^2 を y の式で表す．

・dy を x と dx で表す（置換積分）．

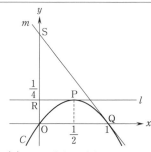

(1) $f(x)=x-x^2$ とおくと，

$$f'(x)=1-2x.$$

よって，l の方程式は，

$$y-\frac{1}{4}=f'\Big(\frac{1}{2}\Big)\Big(x-\frac{1}{2}\Big)$$

すなわち

$$y=\frac{1}{4}.$$

また，m の方程式は，

$$y-0=f'(1)(x-1)$$

すなわち

$$y=-x+1.$$

(2) $m:y=-x+1$ より，S(0, 1) であるから，

$$\triangle OQS=\frac{1}{2}OQ\cdot OS=\frac{1}{2}\cdot1\cdot1=\frac{1}{2}.$$

よって，求める面積は，

$$A=\triangle OQS-\int_0^1(x-x^2)\,dx$$
$$=\frac{1}{2}-\Big[\frac{x^2}{2}-\frac{x^3}{3}\Big]_0^1$$
$$=\frac{1}{3}.$$

(3) $$V_1=\int_0^1\pi(x-x^2)^2\,dx$$
$$=\pi\int_0^1(x^2-2x^3+x^4)\,dx$$

$$=\pi\left[\frac{x^3}{3}-\frac{x^4}{2}+\frac{x^5}{5}\right]_0^1$$

$$=\frac{\pi}{30}.$$

(4)　$l:y=\frac{1}{4}$ より，R$\left(0,\ \frac{1}{4}\right)$ である．

$y=x-x^2$ より，

$$\left(x-\frac{1}{2}\right)^2=\frac{1}{4}-y$$

であるから，

$$\begin{cases}x\geqq\frac{1}{2}\ \text{のとき}\ x=\frac{1}{2}+\sqrt{\frac{1}{4}-y},\\[2mm]x\leqq\frac{1}{2}\ \text{のとき}\ x=\frac{1}{2}-\sqrt{\frac{1}{4}-y}.\end{cases}\cdots\text{①}$$

よって，

$$V_2=\int_0^{\frac{1}{4}}\pi\left(\frac{1}{2}-\sqrt{\frac{1}{4}-y}\right)^2dy$$

$$=\pi\int_0^{\frac{1}{4}}\left(\frac{1}{2}-y-\sqrt{\frac{1}{4}-y}\right)dy$$

$$=\pi\left[\frac{y}{2}-\frac{y^2}{2}+\frac{2}{3}\left(\frac{1}{4}-y\right)^{\frac{3}{2}}\right]_0^{\frac{1}{4}}$$

$$=\frac{\pi}{96}.$$

((4) の別解)

$V_2=\int_0^{\frac{1}{4}}\pi x^2\,dy$ であり，$y=x-x^2$ および C の概形より，

$dy=(1-2x)\,dx$,

y	$0 \longrightarrow \frac{1}{4}$
x	$0 \longrightarrow \frac{1}{2}$

であるから，

$$V_2=\int_0^{\frac{1}{2}}\pi x^2(1-2x)\,dx$$

$$=\pi\int_0^{\frac{1}{2}}(x^2-2x^3)\,dx$$

$$=\pi\left[\frac{x^3}{3}-\frac{x^4}{2}\right]_0^{\frac{1}{2}}$$

$$=\frac{\pi}{96}.$$

((4) の別解終り)

(5)　① より，

$$V_3=\int_0^{\frac{1}{4}}\pi\left(\frac{1}{2}+\sqrt{\frac{1}{4}-y}\right)^2dy$$

$$-\int_0^{\frac{1}{4}}\pi\left(\frac{1}{2}-\sqrt{\frac{1}{4}-y}\right)^2dy$$

$$=\pi\int_0^{\frac{1}{4}}2\sqrt{\frac{1}{4}-y}\,dy$$

$$=2\pi\left[-\frac{2}{3}\left(\frac{1}{4}-y\right)^{\frac{3}{2}}\right]_0^{\frac{1}{4}}$$

$$=\frac{\pi}{6}.$$

【参考】

① より，$\int_0^{\frac{1}{4}}2\sqrt{\frac{1}{4}-y}\,dy$ は，C の

$0\leqq x\leqq1$ の部分と線分 OQ で囲まれた部分の面積である．

このことを利用して，

$$V_3=\pi\int_0^1(x-x^2)\,dx$$

$$=\frac{\pi}{6}$$

としてもよい．

(参考終り)

144──〈方針〉

(2)　$C_1:y=f(x)$ と $C_2:y=f^{-1}(x)$ は直線 $y=x$ に関して対称であることを利用するとよい．

(1)　関数 $y=\sqrt{x+2}\ (x\geqq-2)$ の値域は，

$$y\geqq0.$$

また，$y=\sqrt{x+2}$ より，

$$y^2=x+2.$$

$$x=y^2-2.$$

よって，

$$f^{-1}(x)=x^2-2\quad(x\geqq0).$$

(2)

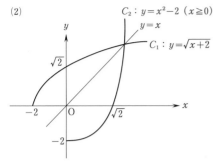

グラフの概形および C_1 と C_2 は直線 $y=x$ に関して対称であることから，求める共有点は C_2 と直線 $y=x$ の共有点と一致する．

$x \geqq 0$ において，$x^2-2=x$ を解くと，

$$x^2-x-2=0.$$
$$(x+1)(x-2)=0.$$
$$x=2.$$

よって，C_1 と C_2 の共有点の座標は，

$$(2, 2).$$

((2)の別解)

C_1 と C_2 の共有点の x 座標は，$x \geqq 0$ における

$$f(x)=f^{-1}(x) \quad \text{すなわち} \quad \sqrt{x+2}=x^2-2$$
$$\cdots\text{①}$$

の実数解である．

$x \geqq \sqrt{2}$ のもとで，①の両辺はともに 0 以上であるから 2 乗すると，

$$x+2=(x^2-2)^2.$$
$$x^4-4x^2-x+2=0.$$
$$(x-2)(x^3+2x^2-1)=0.$$
$$(x-2)(x+1)(x^2+x-1)=0.$$

$x \geqq \sqrt{2}$ より

$$x=2.$$

よって，C_1 と C_2 の共有点の座標は，

$$(2, 2).$$

((2)の別解終り)

【注】

一般に，関数 $y=f(x)$ のグラフと，その逆関数 $y=f^{-1}(x)$ のグラフが共有点をもつとき，その共有点は直線 $y=x$ 上にあるとは限らない．

例えば，関数 $f(x)=-x^2+1$ $(x \geqq 0)$ のグラフと，その逆関数 $f^{-1}(x)=\sqrt{1-x}$ $(x \leqq 1)$ のグラフの共有点の座標は

$$(1, 0), \quad (0, 1), \quad \left(\frac{-1+\sqrt{5}}{2}, \frac{-1+\sqrt{5}}{2}\right)$$

であり，2 点 $(1, 0)$, $(0, 1)$ は直線 $y=x$ 上に存在しない．

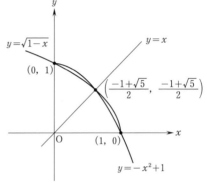

ただし，$f(x)$ が単調増加であるときは共有点は直線 $y=x$ 上にある．

(注終り)

(3)

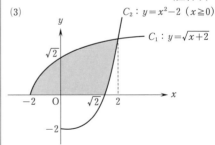

求める面積を S とすると，

$$S=\int_{-2}^{2}\sqrt{x+2}\,dx-\int_{\sqrt{2}}^{2}(x^2-2)\,dx$$
$$=\left[\frac{2}{3}(x+2)^{\frac{3}{2}}\right]_{-2}^{2}-\left[\frac{x^3}{3}-2x\right]_{\sqrt{2}}^{2}$$
$$=\frac{16}{3}-\left(-\frac{4}{3}+\frac{4\sqrt{2}}{3}\right)$$
$$=\frac{20-4\sqrt{2}}{3}.$$

(4) 直線 $y=x$, C_2 および y 軸で囲まれた部分を D とする.

D の $y \geqq 0$ を満たす部分と D の $y \leqq 0$ を満たす部分を x 軸に関して折り返した部分を合わせた図形を D' とする.

D' は次図の網掛け部分（境界を含む）となる.

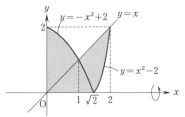

求める体積を V とすると, V は D' を x 軸のまわりに1回転してできる立体の体積であるから,

$$V = \int_0^1 \pi(-x^2+2)^2\,dx + \int_1^2 \pi x^2\,dx$$
$$- \int_{\sqrt{2}}^2 \pi(x^2-2)^2\,dx$$
$$= \pi \int_0^1 (x^4-4x^2+4)\,dx + \pi\left[\frac{x^3}{3}\right]_1^2$$
$$- \pi \int_{\sqrt{2}}^2 (x^4-4x^2+4)\,dx$$
$$= \pi\left[\frac{x^5}{5}-\frac{4}{3}x^3+4x\right]_0^1 + \frac{7}{3}\pi$$
$$- \pi\left[\frac{x^5}{5}-\frac{4}{3}x^3+4x\right]_{\sqrt{2}}^2$$
$$= \frac{43}{15}\pi + \frac{7}{3}\pi - \left(\frac{56}{15}-\frac{32\sqrt{2}}{15}\right)\pi$$
$$= \frac{22+32\sqrt{2}}{15}\pi.$$

145 ──〈方針〉

(3) 直線 $x+y=1$ を新たな座標軸 t 軸と見て積分を考えると, 回転体の体積 V は,

$$V = \int_0^{\sqrt{2}} \pi PQ^2\,dt$$

で求められる. ただし, B を t 軸上の $t=0$ である点とし, $\overrightarrow{BA}$ の方向を t 軸の正の向きとした.

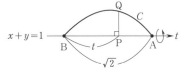

(2)で PQ を t を用いて表しているから, その結果を代入して積分すればよい.

(1)

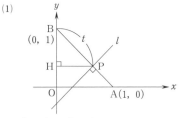

A(1, 0), B(0, 1) とし, P を通り x 軸に平行な直線と y 軸との交点を H とすると,

$$PH = BH = \frac{1}{\sqrt{2}}t$$

であるから,

$$P\left(\frac{1}{\sqrt{2}}t,\ 1-\frac{1}{\sqrt{2}}t\right).$$

また, 直線 AB の傾きは -1 であり, AB⊥l であるから, l の傾きは1である.

よって, l の方程式は,

$$y-\left(1-\frac{1}{\sqrt{2}}t\right)=x-\frac{1}{\sqrt{2}}t$$

すなわち

$$y=x+1-\sqrt{2}\,t. \qquad \cdots ①$$

(2) $\sqrt{x}+\sqrt{y}=1$ より,

$$\sqrt{y} = 1 - \sqrt{x}.$$

よって，$0 \leqq x \leqq 1$ のもとで C の方程式は，
$$y = (1 - \sqrt{x})^2$$

すなわち
$$y = 1 - 2\sqrt{x} + x \qquad \cdots ②$$

と表される．

①，② より，y を消去すると，
$$x + 1 - \sqrt{2}\,t = 1 - 2\sqrt{x} + x.$$
$$\sqrt{x} = \frac{\sqrt{2}}{2}t.$$
$$x = \frac{1}{2}t^2. \qquad \cdots ③$$

$0 \leqq t \leqq \sqrt{2}$ より，$0 \leqq \dfrac{1}{2}t^2 \leqq 1$ であるから，③ は $0 \leqq x \leqq 1$ を満たす．

③ を ① に代入して，
$$y = \frac{1}{2}t^2 - \sqrt{2}\,t + 1.$$

よって，
$$Q\left(\frac{1}{2}t^2,\ \frac{1}{2}t^2 - \sqrt{2}\,t + 1\right).$$

線分 PQ の長さは，点 Q と直線 $x + y - 1 = 0$ の距離であるから，
$$\begin{aligned}
PQ &= \frac{\left|\frac{1}{2}t^2 + \left(\frac{1}{2}t^2 - \sqrt{2}\,t + 1\right) - 1\right|}{\sqrt{1^2 + 1^2}} \\
&= \frac{1}{\sqrt{2}}\,|t(t - \sqrt{2})| \\
&= \frac{1}{\sqrt{2}}\,t(\sqrt{2} - t) \quad (0 \leqq t \leqq \sqrt{2} \ \text{より}) \\
&= t - \frac{\sqrt{2}}{2}t^2.
\end{aligned}$$

(3)

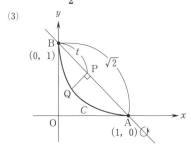

求める体積を V とすると，

$$\begin{aligned}
V &= \int_0^{\sqrt{2}} \pi PQ^2\,dt \\
&= \pi \int_0^{\sqrt{2}} \left(t - \frac{\sqrt{2}}{2}t^2\right)^2 dt \\
&= \pi \int_0^{\sqrt{2}} \left(t^2 - \sqrt{2}\,t^3 + \frac{1}{2}t^4\right) dt \\
&= \pi \left[\frac{t^3}{3} - \frac{\sqrt{2}}{4}t^4 + \frac{t^5}{10}\right]_0^{\sqrt{2}} \\
&= \frac{\sqrt{2}}{15}\pi.
\end{aligned}$$

【参考1】

② より，C の方程式は，
$$y = 1 - 2\sqrt{x} + x \quad (0 \leqq x \leqq 1)$$
と表され，$0 < x < 1$ において，
$$y' = -\frac{1}{\sqrt{x}} + 1,$$
$$y'' = \frac{1}{2x\sqrt{x}} > 0$$
であるから，C は下に凸である．

よって，$0 < x < 1$ において C は線分 S の下側にある．

(参考1終り)

【参考2】

解答では，点と直線の距離公式を用いて PQ を t で表したが，2点間の距離公式を用いて次のように表すこともできる．
$$\begin{aligned}
PQ &= \sqrt{\left(\frac{1}{2}t^2 - \frac{1}{\sqrt{2}}t\right)^2 + \left\{\left(\frac{1}{2}t^2 - \sqrt{2}\,t + 1\right) - \left(1 - \frac{1}{\sqrt{2}}t\right)\right\}^2} \\
&= \sqrt{\left(\frac{1}{2}t^2 - \frac{1}{\sqrt{2}}t\right)^2 + \left(\frac{1}{2}t^2 - \frac{1}{\sqrt{2}}t\right)^2} \\
&= \sqrt{2}\,\left|\frac{1}{2}t^2 - \frac{1}{\sqrt{2}}t\right| \\
&= \frac{\sqrt{2}}{2}\,|t(t - \sqrt{2})| \\
&= \frac{\sqrt{2}}{2}\,t(\sqrt{2} - t) \quad (0 \leqq t \leqq \sqrt{2} \ \text{より}) \\
&= t - \frac{\sqrt{2}}{2}t^2.
\end{aligned}$$

(参考2終り)

146 ──〈方針〉

(2) $\int_a^b \pi x^2\, dy$ $(y=\sin x)$ の形の定積分
で体積を立式できるが，x を y で表す
ことは困難である．

したがって，dy を x と dx で表すと
よい（積分置換する）．

(1)

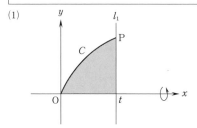

$$V(t)=\int_0^t \pi \sin^2 x\, dx$$
$$=\pi\int_0^t \frac{1-\cos 2x}{2}\, dx$$
$$=\frac{\pi}{2}\Big[x-\frac{1}{2}\sin 2x\Big]_0^t$$
$$=\frac{\pi}{4}(2t-\sin 2t).$$

(2)

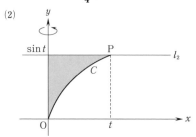

$W(t)=\int_0^{\sin t} \pi x^2\, dy$ であり，$y=\sin x$ より，

$dy=\cos x\, dx,$

y	0 $\longrightarrow$ $\sin t$
x	0 $\longrightarrow$ t

であるから，

$$W(t)=\pi\int_0^t x^2 \cos x\, dx.$$

ここで，

$$\int x^2 \cos x\, dx$$

$$=x^2\sin x-\int 2x\sin x\, dx$$
$$=x^2\sin x-\Big\{2x(-\cos x)-\int 2(-\cos x)\, dx\Big\}$$
$$=x^2\sin x+2x\cos x-2\sin x+C'$$

$(C'$：積分定数$)$

であるから，

$$W(t)=\pi\Big[x^2\sin x+2x\cos x-2\sin x\Big]_0^t$$
$$=\pi(t^2\sin t+2t\cos t-2\sin t).$$

(3) $\displaystyle\lim_{t\to+0}\frac{W(t)}{\pi t^2\sin t}$

$$=\lim_{t\to+0}\Big(1+2\cdot\frac{t\cos t-\sin t}{t^2\sin t}\Big)$$
$$=\lim_{t\to+0}\Big(1+2\cdot\frac{t\cos t-\sin t}{t^3}\cdot\frac{t}{\sin t}\Big)$$
$$=\lim_{t\to+0}\Big\{1+2\Big(\frac{\cos t}{t^2}-\frac{\sin t}{t^3}\Big)\cdot\frac{t}{\sin t}\Big\}$$
$$=1+2\Big(-\frac{1}{3}\Big)\cdot 1 \quad\text{（問題文の条件より）}$$
$$=\frac{1}{3}.$$

147 ──〈方針〉

(3) $\int_a^b \pi x^2\, dy$ の形の定積分で体積を立
式できる．ただし，x も y も t の関数
で表されているから，立式後に x と dy
を t と dt で表す（置換積分する）．

$$C:\begin{cases} x=\sin t+\dfrac{1}{2}\sin 2t, \\ y=-\cos t-\dfrac{1}{2}\cos 2t-\dfrac{1}{2} \end{cases}\quad (0\le t\le\pi).$$

(1) $\quad y=-\cos t-\dfrac{1}{2}\cos 2t-\dfrac{1}{2}$

$$=-\cos t-\frac{1}{2}(2\cos^2 t-1)-\frac{1}{2}$$
$$=-\cos^2 t-\cos t$$
$$=-\Big(\cos t+\frac{1}{2}\Big)^2+\frac{1}{4}.$$

$0\le t\le\pi$ より，$\cos t$ のとり得る値の範囲
は，

$$-1 \leqq \cos t \leqq 1.$$

よって，y は

$\cos t = -\dfrac{1}{2}$ のとき　最大値 $\dfrac{1}{4}$,

$\cos t = 1$ のとき　最小値 -2

をとる.

(2)
$$\begin{aligned}\frac{dy}{dt} &= \sin t + \sin 2t \\ &= \sin t + 2\sin t\cos t \\ &= \sin t(1 + 2\cos t)\end{aligned}$$

であり，$\sin t \geqq 0$ であるから，$\dfrac{dy}{dt} < 0$ となる条件は，

$$\sin t \neq 0 \quad \text{かつ} \quad 1 + 2\cos t < 0.$$

$$\sin t \neq 0 \quad \text{かつ} \quad \cos t < -\frac{1}{2}.$$

$0 \leqq t \leqq \pi$ より，$\dfrac{dy}{dt} < 0$ となる t の値の範囲は，

$$\frac{2}{3}\pi < t < \pi.$$

また，

$$\begin{aligned}\frac{dx}{dt} &= \cos t + \cos 2t \\ &= \cos t + 2\cos^2 t - 1 \\ &= (2\cos t - 1)(\cos t + 1).\end{aligned}$$

よって，C 上の点 $(x,\ y)$ の移動は次のようになる.

t	0	$\cdots$	$\dfrac{\pi}{3}$	$\cdots$	$\dfrac{2}{3}\pi$	$\cdots$	π
$\dfrac{dx}{dt}$		$+$	0	$-$	$-$	$-$	
$\dfrac{dy}{dt}$		$+$	$+$	$+$	0	$-$	
$(x,\ y)$	$(0, -2)$	$\nearrow$	$\left(\dfrac{3\sqrt{3}}{4}, -\dfrac{3}{4}\right)$	$\nwarrow$	$\left(\dfrac{\sqrt{3}}{4}, \dfrac{1}{4}\right)$	$\swarrow$	$(0, 0)$

したがって，C の概形は次のようになる.

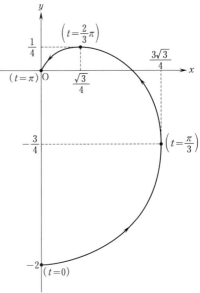

(3)　C 上の

$0 \leqq t \leqq \dfrac{2}{3}\pi$ の部分にある点を $(x_1,\ y_1)$,

$\dfrac{2}{3}\pi \leqq t \leqq \pi$ の部分にある点を $(x_2,\ y_2)$

とおくと，

$$V = \int_{-2}^{\frac{1}{4}} \pi x_1{}^2 dy_1 - \int_0^{\frac{1}{4}} \pi x_2{}^2 dy_2.$$

ここで，$i = 1,\ 2$ に対して，

$$dy_i = \sin t(1 + 2\cos t)\,dt,$$

y_1	$-2 \longrightarrow \dfrac{1}{4}$
t	$0 \longrightarrow \dfrac{2}{3}\pi$

y_2	$0 \longrightarrow \dfrac{1}{4}$
t	$\pi \longrightarrow \dfrac{2}{3}\pi$

であるから，

$$\begin{aligned}V = &\int_0^{\frac{2}{3}\pi} \pi\left(\sin t + \frac{1}{2}\sin 2t\right)^2 \sin t(1 + 2\cos t)\,dt \\ &- \int_\pi^{\frac{2}{3}\pi} \pi\left(\sin t + \frac{1}{2}\sin 2t\right)^2 \sin t(1 + 2\cos t)\,dt \\ = &\int_0^{\frac{2}{3}\pi} \pi\left(\sin t + \frac{1}{2}\sin 2t\right)^2 \sin t(1 + 2\cos t)\,dt\end{aligned}$$

$$+\int_{\frac{2}{3}\pi}^{\pi}\pi\Bigl(\sin t+\frac{1}{2}\sin 2t\Bigr)^2\sin t(1+2\cos t)\,dt$$

$$=\int_0^{\pi}\pi\Bigl(\sin t+\frac{1}{2}\sin 2t\Bigr)^2\sin t(1+2\cos t)\,dt$$

$$=\pi\int_0^{\pi}(\sin t+\sin t\cos t)^2\sin t(1+2\cos t)\,dt$$

$$=\pi\int_0^{\pi}\sin^2 t(1+\cos t)^2(1+2\cos t)\sin t\,dt$$

$$=\pi\int_0^{\pi}(1-\cos^2 t)(1+\cos t)^2(1+2\cos t)\sin t\,dt.$$

$u=\cos t$ とおくと,

$$du=-\sin t\,dt,$$

t	$0 \longrightarrow \pi$
u	$1 \longrightarrow -1$

であるから,

$$V=\pi\int_1^{-1}(1-u^2)(1+u)^2(1+2u)\cdot(-1)\,du$$

$$=\pi\int_{-1}^{1}(1-u^2)(1+u)^2(1+2u)\,du$$

$$=\pi\int_{-1}^{1}(-2u^5-5u^4-2u^3+4u^2+4u+1)\,du$$

$$=2\pi\int_0^{1}(-5u^4+4u^2+1)\,du$$

$$=2\pi\Bigl[-u^5+\frac{4}{3}u^3+u\Bigr]_0^{1}$$

$$=\frac{8}{3}\pi.$$

148 ──〈方針〉─

　題意の立体を K とし, K を平面 $x=t$ で切断したときの断面を E とする.

　平面 $x=t$ が K と共有点をもつような実数 t の値の範囲は $0\leqq t\leqq 1$ であるから, E の面積を $S(t)$ とすると, K の体積 V は

$$V=\int_0^1 S(t)\,dt$$

で求められる.

　$S(t)$ は, 三角形 ABD の周および内部を平面 $x=t$ で切断したときの切り口を x 軸のまわりに 1 回転してできる図形が E であることに着目して求める.

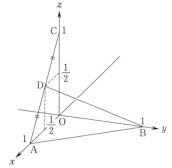

　D は線分 AC の中点より,

$$D\Bigl(\frac{1}{2},\ 0,\ \frac{1}{2}\Bigr).$$

　三角形 ABD の周および内部を x 軸のまわりに 1 回転させて得られる立体を K とする.

　平面 $x=t$ が K と共有点をもつような実数 t の値の範囲は $0\leqq t\leqq 1$ である.

　このとき, 平面 $x=t$ と辺 AB の交点を P とすると, 直線 AB の方程式は

$$y=-x+1\quad(z=0)$$

であるから,

$$P(t,\ 1-t,\ 0).$$

　また, 平面 $x=t$ と x 軸との交点を I と

すると，
$$I(t, 0, 0).$$

K を平面 $x=t$ で切断したときの断面を E とし，平面 $x=t$ が辺 BD と共有点をもつ場合と辺 AD と共有点をもつ場合に分けて E を考える．

(ⅰ) $0<t<\dfrac{1}{2}$ のとき．

平面 $x=t$ と辺 BD の交点を Q とすると，Q は辺 BD を
$$t:\left(\dfrac{1}{2}-t\right)=2t:(1-2t)$$
に内分する点であるから，
$$Q\left(\dfrac{(1-2t)\cdot0+2t\cdot\dfrac{1}{2}}{2t+(1-2t)}, \dfrac{(1-2t)\cdot1+2t\cdot0}{2t+(1-2t)}, \dfrac{(1-2t)\cdot0+2t\cdot\dfrac{1}{2}}{2t+(1-2t)}\right)$$
すなわち，
$$Q(t, 1-2t, t).$$
よって，
$$IP^2=(1-t)^2=1-2t+t^2,$$
$$IQ^2=(1-2t)^2+t^2=1-4t+5t^2$$
より，
$$IP^2-IQ^2=2t-4t^2$$
$$=4t\left(\dfrac{1}{2}-t\right)$$
$$>0 \quad\left(0<t<\dfrac{1}{2}\ \text{より}\right)$$
であるから，
$$IP^2>IQ^2 \quad\text{すなわち}\quad IP>IQ.$$
また，直線 PQ の方程式は，
$$z=-y+1-t \quad(x=t) \quad\cdots①$$
であり，I から直線 PQ に下ろした垂線の足を H とすると，直線 IH の方程式は，
$$z=y \quad(x=t) \quad\cdots②$$
であるから，①，②より，
$$H\left(t, \dfrac{1-t}{2}, \dfrac{1-t}{2}\right).$$
線分 PQ を平面 $x=t$ 上で I のまわりに1回転させて得られる図形が E であり，H が線分 PQ 上に存在するかしないかで場合に分けると，E は次の網掛け部分（境界を含む）である．

(ア) $t<\dfrac{1-t}{2}$ すなわち $0<t<\dfrac{1}{3}$ のとき．

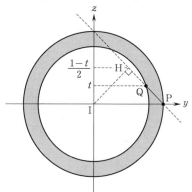

(イ) $t\geqq\dfrac{1-t}{2}$ すなわち $\dfrac{1}{3}\leqq t<\dfrac{1}{2}$ のとき．

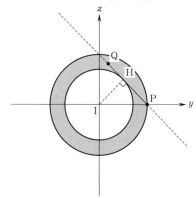

(ⅱ) $\dfrac{1}{2}\leqq t<1$ のとき．

平面 $x=t$ と辺 AD の交点を R とすると，直線 AD の方程式は
$$z=-x+1 \quad(y=0)$$
であるから，
$$R(t, 0, 1-t).$$
よって，直線 PR の方程式は，
$$z=-y+1-t \quad(x=t)$$
であるから，I から直線 PR に下ろした垂線

の足を H′ とすると，H′ は(i)の H と同じ点である．

線分 PR を平面 $x=t$ 上で I のまわりに1回転させて得られる図形が E であるから，E は次の網掛け部分（境界を含む）である．

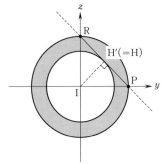

(i)，(ii)より，E の面積を $S(t)$ とすると，

・$0<t<\dfrac{1}{3}$ のとき，

$$S(t)=\pi \mathrm{IP}^2-\pi \mathrm{IQ}^2$$
$$=\pi(2t-4t^2).$$

これは，$t=0$ のときも成り立つ．

・$\dfrac{1}{3}\leqq t<1$ のとき，

$$S(t)=\pi \mathrm{IP}^2-\pi \mathrm{IH}^2$$
$$=\pi(1-t)^2-\pi\left\{\dfrac{\sqrt{2}\,(1-t)}{2}\right\}^2$$
$$=\dfrac{\pi}{2}(1-t)^2.$$

これは，$t=1$ のときも成り立つ．

よって，求める体積を V とすると，

$$V=\int_0^1 S(t)\,dt$$
$$=\int_0^{\frac{1}{3}}\pi(2t-4t^2)\,dt+\int_{\frac{1}{3}}^1\dfrac{\pi}{2}(1-t)^2\,dt$$
$$=\pi\left[t^2-\dfrac{4}{3}t^3\right]_0^{\frac{1}{3}}+\dfrac{\pi}{2}\left[-\dfrac{(1-t)^3}{3}\right]_{\frac{1}{3}}^1$$
$$=\dfrac{\pi}{9}.$$

149

(1)
$$I_1=\dfrac{1}{1!}\int_0^a(a-x)e^x\,dx$$
$$=\left[(a-x)e^x\right]_0^a-\int_0^a(-1)e^x\,dx$$
$$=-a+\left[e^x\right]_0^a$$
$$=e^a-a-1.$$

(2) $0\leqq x\leqq a$ において，

$$0\leqq a-x\leqq a$$

であり，$0<a\leqq 1$ より，

$$0\leqq a-x\leqq 1.$$

これより，

$$0\leqq(a-x)^n\leqq 1$$

であるから，

$$0<\dfrac{1}{n!}\int_0^a(a-x)^n e^x\,dx<\dfrac{1}{n!}\int_0^a e^x\,dx$$

より，

$$0<I_n<\dfrac{1}{n!}\int_0^a e^x\,dx.$$

ここで，

$$\dfrac{1}{n!}\int_0^a e^x\,dx=\dfrac{1}{n!}\left[e^x\right]_0^a$$
$$=\dfrac{1}{n!}(e^a-1)$$

より，

$$\lim_{n\to\infty}\dfrac{1}{n!}\int_0^a e^x\,dx=\lim_{n\to\infty}\dfrac{1}{n!}(e^a-1)$$
$$=0$$

であるから，はさみうちの原理により，

$$\lim_{n\to\infty}I_n=0.$$

(3)
$$I_{n+1}=\dfrac{1}{(n+1)!}\int_0^a(a-x)^{n+1}e^x\,dx$$
$$=\dfrac{1}{(n+1)!}\left\{\left[(a-x)^{n+1}e^x\right]_0^a\right.$$
$$\left.-\int_0^a(n+1)(a-x)^n(-1)e^x\,dx\right\}$$
$$=-\dfrac{a^{n+1}}{(n+1)!}+\dfrac{1}{n!}\int_0^a(a-x)^n e^x\,dx$$
$$=I_n-\dfrac{a^{n+1}}{(n+1)!}.$$

(4) 無限級数の第 n 部分和を
$$S_n = \sum_{k=1}^{n} \frac{a^k}{k!}$$
とする.

(3)の結果より，$k \geqq 2$ のとき，
$$\frac{a^k}{k!} = I_{k-1} - I_k$$
が成り立つから，
$$\begin{aligned}
S_n &= \sum_{k=1}^{n} \frac{a^k}{k!} \\
&= \frac{a^1}{1!} + \sum_{k=2}^{n} (I_{k-1} - I_k) \\
&= a + I_1 - I_n \\
&= a + (e^a - a - 1) - I_n \\
&= e^a - 1 - I_n.
\end{aligned}$$

(2)より，$\lim\limits_{n \to \infty} I_n = 0$ であるから，
$$\begin{aligned}
\sum_{n=1}^{\infty} \frac{a^n}{n!} &= \lim_{n \to \infty} S_n \\
&= \boldsymbol{e^a - 1}.
\end{aligned}$$

150

(1) $0 \leqq \theta \leqq \dfrac{\pi}{2}$ より，
$$0 \leqq \cos\theta \leqq 1.$$
$$0 \leqq 2\sqrt{2}\cos\theta \leqq 2\sqrt{2}.$$
よって，
$$\boldsymbol{0 \leqq x \leqq 2\sqrt{2}}.$$
また，
$$\begin{aligned}
y &= \frac{1}{2}\sin 2\theta \\
&= \sin\theta\cos\theta
\end{aligned}$$
であり，
$$\cos\theta = \frac{x}{2\sqrt{2}}.$$
$0 \leqq \theta \leqq \dfrac{\pi}{2}$ において，$\sin\theta \geqq 0$ であるから，
$$\begin{aligned}
\sin\theta &= \sqrt{1 - \cos^2\theta} \\
&= \sqrt{1 - \left(\frac{x}{2\sqrt{2}}\right)^2} \\
&= \sqrt{1 - \frac{x^2}{8}}.
\end{aligned}$$

よって，
$$\begin{aligned}
y &= \sqrt{1 - \frac{x^2}{8}} \cdot \frac{x}{2\sqrt{2}} \\
&= \frac{1}{8}x\sqrt{8 - x^2}.
\end{aligned}$$

(2) $y = \dfrac{1}{8}x\sqrt{8 - x^2}$ より，
$$\begin{aligned}
\frac{dy}{dx} &= \frac{1}{8}\sqrt{8 - x^2} + \frac{1}{8}x \cdot \frac{-2x}{2\sqrt{8 - x^2}} \\
&= \frac{(8 - x^2) - x^2}{8\sqrt{8 - x^2}} \\
&= \frac{4 - x^2}{4\sqrt{8 - x^2}} \\
&= \frac{-(x + 2)(x - 2)}{4\sqrt{8 - x^2}}.
\end{aligned}$$
$$\begin{aligned}
\frac{d^2y}{dx^2} &= \frac{-2x\sqrt{8 - x^2} - (4 - x^2) \cdot \dfrac{-2x}{2\sqrt{8 - x^2}}}{4(8 - x^2)} \\
&= \frac{-2x(8 - x^2) + x(4 - x^2)}{4(8 - x^2)\sqrt{8 - x^2}} \\
&= \frac{x(x^2 - 12)}{4(8 - x^2)\sqrt{8 - x^2}}.
\end{aligned}$$

よって，y の増減と凹凸は次のようになる.

x	0	$\cdots$	2	$\cdots$	$2\sqrt{2}$
$\dfrac{dy}{dx}$		$+$	0	$-$	
$\dfrac{d^2y}{dx^2}$		$-$	$-$	$-$	
y	0	$\nearrow$	$\dfrac{1}{2}$	$\searrow$	0

したがって，曲線の概形は次のようになる.

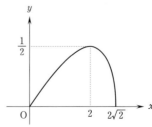

(3) 求める面積を S とすると，

$$S=\int_0^{2\sqrt{2}} y\,dx.$$

$x=2\sqrt{2}\cos\theta$ より，

$$\frac{dx}{d\theta}=-2\sqrt{2}\sin\theta,$$

$$dx=-2\sqrt{2}\sin\theta\,d\theta.$$

x	$0 \longrightarrow 2\sqrt{2}$
θ	$\frac{\pi}{2} \longrightarrow \quad 0$

よって，

$$S=\int_{\frac{\pi}{2}}^{0}\frac{1}{2}\sin 2\theta\cdot(-2\sqrt{2}\sin\theta)\,d\theta$$

$$=\int_0^{\frac{\pi}{2}} 2\sqrt{2}\sin^2\theta\cos\theta\,d\theta$$

$$=\left[\frac{2\sqrt{2}}{3}\sin^3\theta\right]_0^{\frac{\pi}{2}}$$

$$=\frac{2\sqrt{2}}{3}.$$

((3) の別解)

求める面積を S とすると，

$$S=\int_0^{2\sqrt{2}} y\,dx$$

$$=\int_0^{2\sqrt{2}}\frac{1}{8}x\sqrt{8-x^2}\,dx.$$

$8-x^2=t$ とおくと，

$$-2x=\frac{dt}{dx}\ \text{より，}\ x\,dx=-\frac{1}{2}dt.$$

x	$0 \longrightarrow 2\sqrt{2}$
t	$8 \longrightarrow \quad 0$

よって，

$$S=\int_8^0\frac{1}{8}\sqrt{t}\left(-\frac{1}{2}\right)dt$$

$$=\int_0^8\frac{1}{16}\sqrt{t}\,dt$$

$$=\left[\frac{1}{16}\cdot\frac{2}{3}t^{\frac{3}{2}}\right]_0^8$$

$$=\frac{2\sqrt{2}}{3}.$$

((3) の別解終り)

(4) 曲線の長さを L とすると，

$$L=\int_0^{\frac{\pi}{2}}\sqrt{\left(\frac{dx}{d\theta}\right)^2+\left(\frac{dy}{d\theta}\right)^2}\,d\theta$$

$$=\int_0^{\frac{\pi}{2}}\sqrt{(-2\sqrt{2}\sin\theta)^2+(\cos 2\theta)^2}\,d\theta$$

$$=\int_0^{\frac{\pi}{2}}\sqrt{8\cdot\frac{1-\cos 2\theta}{2}+\cos^2 2\theta}\,d\theta$$

$$=\int_0^{\frac{\pi}{2}}\sqrt{(2-\cos 2\theta)^2}\,d\theta$$

$$=\int_0^{\frac{\pi}{2}}(2-\cos 2\theta)\,d\theta$$

$$=\left[2\theta-\frac{1}{2}\sin 2\theta\right]_0^{\frac{\pi}{2}}$$

$$=\pi.$$

151

(1) $\qquad x=3\cos^3 2t,\quad y=3\sin^3 2t$

より，

$$\frac{dx}{dt}=9\cos^2 2t\cdot(-\sin 2t)\cdot 2$$

$$=-18\sin 2t\cos^2 2t,$$

$$\frac{dy}{dt}=9\sin^2 2t\cdot\cos 2t\cdot 2$$

$$=18\sin^2 2t\cos 2t.$$

よって，

$$\vec{v}=18\sin 2t\cos 2t(-\cos 2t,\ \sin 2t)$$

$$=9\sin 4t(-\cos 2t,\ \sin 2t).$$

(2) $|\vec{v}|=|9\sin 4t|\sqrt{(-\cos 2t)^2+\sin^2 2t}$

$$=9|\sin 4t|.$$

(3) $\quad L=\int_0^{\frac{\pi}{3}}|\vec{v}|\,dt$

$$=\int_0^{\frac{\pi}{3}}9|\sin 4t|\,dt$$

$$=\int_0^{\frac{\pi}{4}}9\sin 4t\,dt-\int_{\frac{\pi}{4}}^{\frac{\pi}{3}}9\sin 4t\,dt$$

$$=\left[-\frac{9}{4}\cos 4t\right]_0^{\frac{\pi}{4}}+\left[\frac{9}{4}\cos 4t\right]_{\frac{\pi}{4}}^{\frac{\pi}{3}}$$

$$=\frac{9}{4}-\left(-\frac{9}{4}\right)+\frac{9}{4}\left(-\frac{1}{2}\right)-\left(-\frac{9}{4}\right)$$

$$=\frac{45}{8}.$$

152

(1)

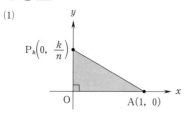

$\angle\mathrm{AOP}_k=\dfrac{\pi}{2}$ であるから，線分 AP_k は三角形 AOP_k の外接円の直径であり，三角形 AOP_k の外接円の半径は $\dfrac{1}{2}\mathrm{AP}_k$ である.

よって，

$$b_k=\pi\left(\frac{1}{2}\mathrm{AP}_k\right)^2=\frac{\pi}{4}\left\{1+\left(\frac{k}{n}\right)^2\right\}$$

であるから，

$$\lim_{n\to\infty}\sum_{k=1}^{n}\frac{b_k}{n}=\lim_{n\to\infty}\frac{\pi}{4}\cdot\frac{1}{n}\sum_{k=1}^{n}\left\{1+\left(\frac{k}{n}\right)^2\right\}$$
$$=\frac{\pi}{4}\int_0^1(1+x^2)\,dx$$
$$=\frac{\pi}{4}\left[x+\frac{1}{3}x^3\right]_0^1$$
$$=\frac{\pi}{3}.$$

(2)(i) $\sqrt{x^2+1}+x=t$ とおいたとき，

$$\sqrt{x^2+1}=t-x$$

より，

$$x^2+1=t^2-2tx+x^2.$$
$$2tx=t^2-1.$$
$$x=\frac{1}{2}\left(t-\frac{1}{t}\right).$$

よって，

$$\sqrt{x^2+1}=t-x$$
$$=t-\frac{1}{2}\left(t-\frac{1}{t}\right)$$
$$=\frac{1}{2}\left(t+\frac{1}{t}\right).$$

(ii) $\sqrt{x^2+1}+x=t$ とおくと，

x	$0\longrightarrow$	1
t	$1\longrightarrow$	$\sqrt{2}+1$

であり，$x=\dfrac{1}{2}\left(t-\dfrac{1}{t}\right)$ より，

$$dx=\frac{1}{2}\left(1+\frac{1}{t^2}\right)dt.$$

よって，(i) より，

$$\int_0^1\sqrt{x^2+1}\,dx$$
$$=\int_1^{\sqrt{2}+1}\frac{1}{2}\left(t+\frac{1}{t}\right)\cdot\frac{1}{2}\left(1+\frac{1}{t^2}\right)dt$$
$$=\frac{1}{4}\int_1^{\sqrt{2}+1}\left(t+\frac{1}{t^3}+\frac{2}{t}\right)dt$$
$$=\frac{1}{4}\left[\frac{1}{2}t^2-\frac{1}{2t^2}+2\log t\right]_1^{\sqrt{2}+1}$$
$$=\frac{1}{4}\left\{\frac{1}{2}(\sqrt{2}+1)^2-\frac{1}{2(\sqrt{2}+1)^2}+2\log(\sqrt{2}+1)\right\}$$
$$=\frac{\sqrt{2}}{2}+\frac{1}{2}\log(\sqrt{2}+1).$$

(3) 三角形 AOP_k の面積を S とすると，

$$S=\frac{1}{2}\cdot1\cdot\frac{k}{n}=\frac{k}{2n}.$$

また，

$$S=\frac{1}{2}c_k(\mathrm{OA}+\mathrm{OP}_k+\mathrm{AP}_k)$$
$$=\frac{1}{2}c_k\left\{1+\frac{k}{n}+\sqrt{1+\left(\frac{k}{n}\right)^2}\right\}$$

であるから，

$$\frac{1}{2}c_k\left\{1+\frac{k}{n}+\sqrt{1+\left(\frac{k}{n}\right)^2}\right\}=\frac{k}{2n}.$$

$$c_k=\frac{\dfrac{k}{n}}{1+\dfrac{k}{n}+\sqrt{1+\left(\dfrac{k}{n}\right)^2}}$$

$$=\frac{\dfrac{k}{n}\left\{1+\dfrac{k}{n}-\sqrt{1+\left(\dfrac{k}{n}\right)^2}\right\}}{\left(1+\dfrac{k}{n}\right)^2-\left\{1+\left(\dfrac{k}{n}\right)^2\right\}}$$

$$=\frac{1}{2}\left\{1+\frac{k}{n}-\sqrt{1+\left(\frac{k}{n}\right)^2}\right\}.$$

よって，

$$\lim_{n\to\infty}\sum_{k=1}^{n}\frac{c_k}{n}=\lim_{n\to\infty}\frac{1}{2}\cdot\frac{1}{n}\sum_{k=1}^{n}\left\{1+\frac{k}{n}-\sqrt{1+\left(\frac{k}{n}\right)^2}\right\}$$

$$=\frac{1}{2}\int_0^1(1+x-\sqrt{1+x^2})\,dx$$

$$=\frac{1}{2}\Big[x+\frac{1}{2}x^2\Big]_0^1-\frac{1}{2}\int_0^1\sqrt{1+x^2}\,dx$$

$$=\frac{3}{4}-\frac{1}{2}\Big\{\frac{\sqrt{2}}{2}+\frac{1}{2}\log(\sqrt{2}+1)\Big\}$$

$$=\frac{3}{4}-\frac{\sqrt{2}}{4}-\frac{1}{4}\log(\sqrt{2}+1).$$

153

(1) 焦点が x 軸上にあり, y 軸に関して対称であることから, 双曲線の方程式は

$$\frac{x^2}{a^2}-\frac{y^2}{b^2}=1 \quad (a>0,\ b>0)$$

とおける.

焦点の座標より,

$$a^2+b^2=7. \qquad \cdots ①$$

焦点からの距離の差が 2 より,

$$2a=2. \qquad \cdots ②$$

①, ② より,

$$a=1, \quad b=\sqrt{6}.$$

よって, l の方程式は,

$$y=\pm\sqrt{6}\,x.$$

(2) 2 点 A, B を焦点とし, 焦点からの距離の和が $4\sqrt{2}$ である楕円の方程式を

$$\frac{x^2}{p^2}+\frac{y^2}{q^2}=1 \quad (p>q>0)$$

とおく.

焦点の座標より,

$$p^2-q^2=7. \qquad \cdots ③$$

焦点からの距離の和が $4\sqrt{2}$ より,

$$2p=4\sqrt{2}. \qquad \cdots ④$$

③, ④ より,

$$p=2\sqrt{2}, \quad q=1.$$

よって, 楕円の方程式は,

$$\frac{x^2}{8}+y^2=1.$$

l と傾きが同じで, y 切片が k である直線の方程式は,

$$y=\pm\sqrt{6}\,x+k$$

である.

この直線が楕円と接する条件は, x の 2 次方程式

$$\frac{x^2}{8}+(\pm\sqrt{6}\,x+k)^2=1$$

が重解をもつことである.

$$x^2+8(6x^2\pm2k\sqrt{6}\,x+k^2)=8.$$

$$49x^2\pm16k\sqrt{6}\,x+8(k^2-1)=0$$

より, 判別式を D とすると,

$$\frac{D}{4}=(8\sqrt{6}\,k)^2-49\cdot8(k^2-1)=0.$$

$$k^2=49.$$

よって,

$$k=\pm7.$$

154

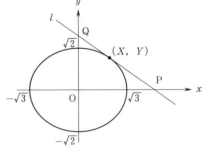

(1) 楕円 $\dfrac{x^2}{3}+\dfrac{y^2}{2}=1$ 上の第 1 象限の点 $(X,\ Y)$ における接線 l の方程式は,

$$\frac{Xx}{3}+\frac{Yy}{2}=1$$

であるから,

$$y=-\frac{2X}{3Y}x+\frac{2}{Y}$$

より, 傾きは,

$$-\frac{2X}{3Y}.$$

(2) l と x 軸, y 軸との交点は, それぞれ

$$P\Big(\frac{3}{X},\ 0\Big),\ Q\Big(0,\ \frac{2}{Y}\Big)$$

であるから,

$$\triangle \text{OPQ} = \frac{1}{2}\text{OP} \cdot \text{OQ}$$
$$= \frac{1}{2} \cdot \frac{3}{X} \cdot \frac{2}{Y}$$
$$= \frac{3}{XY}.$$

ここで，$X>0$，$Y>0$ であり，X，Y は
$$\frac{X^2}{3} + \frac{Y^2}{2} = 1$$
を満たすから，相加平均と相乗平均の大小関係により，
$$1 = \frac{X^2}{3} + \frac{Y^2}{2} \geqq 2\sqrt{\frac{X^2}{3} \cdot \frac{Y^2}{2}} = \frac{2}{\sqrt{6}}XY$$
が成り立つ．

等号が成立する条件は，
$$\frac{X^2}{3} = \frac{Y^2}{2} \quad \text{かつ} \quad \frac{X^2}{3} + \frac{Y^2}{2} = 1 \quad \text{かつ}$$
$$X>0, \quad Y>0$$
より，
$$(X, \ Y) = \left(\frac{\sqrt{6}}{2}, \ 1\right).$$

よって，
$$1 \geqq \frac{2}{\sqrt{6}}XY$$
より，
$$\triangle \text{OPQ} = \frac{3}{XY} \geqq \sqrt{6}$$
であるから，三角形 OPQ の面積の最小値は，
$$\sqrt{6}.$$

このとき，
$$(X, \ Y) = \left(\frac{\sqrt{6}}{2}, \ 1\right).$$

((2)の別解)

l と x 軸，y 軸との交点は，それぞれ
$$\text{P}\left(\frac{3}{X}, \ 0\right), \ \text{Q}\left(0, \ \frac{2}{Y}\right)$$
であるから，
$$\triangle \text{OPQ} = \frac{1}{2}\text{OP} \cdot \text{OQ}$$
$$= \frac{1}{2} \cdot \frac{3}{X} \cdot \frac{2}{Y}$$

$$= \frac{3}{XY}.$$

ここで，
$$X = \sqrt{3}\cos\theta, \quad Y = \sqrt{2}\sin\theta \quad \left(0 < \theta < \frac{\pi}{2}\right)$$
と表せることから，
$$\triangle \text{OPQ} = \frac{3}{\sqrt{6}\sin\theta\cos\theta}$$
$$= \frac{\sqrt{6}}{\sin 2\theta}.$$

$0 < \theta < \frac{\pi}{2}$ より，$0 < 2\theta < \pi$ であるから，

$2\theta = \frac{\pi}{2}$ すなわち，$\theta = \frac{\pi}{4}$ のとき $\sin 2\theta$ は最大値 1 をとり，三角形 OPQ は最小となる．

よって，三角形 OPQ の面積の最小値は，
$$\sqrt{6}.$$

このとき，
$$(X, \ Y) = \left(\sqrt{3}\cos\frac{\pi}{4}, \ \sqrt{2}\sin\frac{\pi}{4}\right)$$
$$= \left(\frac{\sqrt{6}}{2}, \ 1\right).$$

（(2)の別解終り）

155

(1)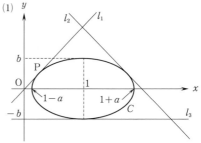

$0 < t < 1$ より，$-t < 0$ であるから，C と l_3 は $(1, \ -b)$ で接する．

よって，
$$b = t.$$

また，C と l_1 が接することから，

$$\begin{cases} \dfrac{(x-1)^2}{a^2}+\dfrac{y^2}{t^2}=1, \\ y=x \end{cases}$$

から y を消去した x の 2 次方程式

$$\dfrac{(x-1)^2}{a^2}+\dfrac{x^2}{t^2}=1$$

は重解をもつ. これは,

$$(t^2+a^2)x^2-2t^2x+t^2(1-a^2)=0 \quad \cdots①$$

と変形でき, 判別式を D とすると,

$$\dfrac{D}{4}=(t^2)^2-(t^2+a^2)t^2(1-a^2)=0.$$

これより,

$$t^2a^2(t^2-1+a^2)=0.$$

$ta\neq0$ であるから,

$$a^2=1-t^2. \qquad \cdots②$$

l_1 と l_2, および C は直線 $x=1$ に関して対称であるから, l_1 と C が接するとき, l_2 と C も接する.

$a>0$, $0<t<1$ より,

$$a=\sqrt{1-t^2}.$$

(2) ② より, ① は,

$$x^2-2t^2x+t^4=0.$$
$$(x-t^2)^2=0.$$

よって,

$$x=t^2$$

より, P の座標は,

$$(t^2, \ t^2).$$

(3) $Q(t+2, -t)$ であるから, 直線 PQ の方程式は,

$$y=\dfrac{t^2-(-t)}{t^2-(t+2)}\{x-(t+2)\}-t$$

より,

$$y=\dfrac{t}{t-2}x-\dfrac{t(t+2)}{t-2}-t.$$

この直線が点 $(1, 0)$ を通ることより,

$$0=\dfrac{t}{t-2}-\dfrac{t(t+2)}{t-2}-t.$$
$$t(2t-1)=0.$$

$0<t<1$ より,

$$t=\dfrac{1}{2}.$$

(4) $t=\dfrac{1}{2}$ のとき,

$$a=\sqrt{1-\left(\dfrac{1}{2}\right)^2}=\dfrac{\sqrt{3}}{2}, \quad b=\dfrac{1}{2},$$
$$P\left(\dfrac{1}{4}, \ \dfrac{1}{4}\right)$$

であるから,

$$\begin{cases} 1+\dfrac{\sqrt{3}}{2}\cos\beta=\dfrac{1}{4}, \\ \dfrac{1}{2}\sin\beta=\dfrac{1}{4}. \end{cases}$$

これより,

$$\begin{cases} \cos\beta=-\dfrac{\sqrt{3}}{2} \\ \sin\beta=\dfrac{1}{2} \end{cases}$$

であるから, $0\leqq\beta<2\pi$ より,

$$\beta=\dfrac{5}{6}\pi.$$

(5) 2 直線 l_1, l_2 と曲線 C_1 で囲まれた図形は次の図の網掛け部分.

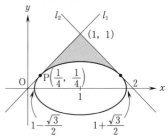

この図を, x 軸を基準として y 軸方向に $\sqrt{3}$ 倍に拡大した次の図形を考える.

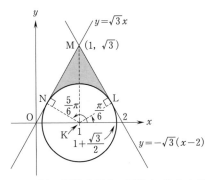

この図の網掛け部分の面積を S' とすると,

$$S' = \sqrt{3}\,S$$

である.

図のように点 K, L, M, N を定めると,

$S' = [$四角形 KLMN$] - [$扇形 KLN$]$

$\quad = [$直角三角形 KLM$] \times 2 - [$扇形 KLN$]$

$\quad = \dfrac{1}{2} \times \dfrac{\sqrt{3}}{2} \times \dfrac{3}{2} \times 2 - \dfrac{1}{2}\left(\dfrac{\sqrt{3}}{2}\right)^2 \cdot \dfrac{2}{3}\pi$

$\quad = \dfrac{3\sqrt{3}}{4} - \dfrac{\pi}{4}.$

よって,

$$S = \dfrac{1}{\sqrt{3}}S' = \dfrac{3}{4} - \dfrac{\pi}{4\sqrt{3}}.$$